DROHNENFÜHRERSCHEIN KOMPAKT

DAS LEHRBUCH ZUM DROHNENFLUG

Andreas Platis / Nico Ninov

Motor buch Verlag

Einbandgestaltung: Joachim Schreiber
Foto Titelseite: Uwe Nortmann; Foto Rückseite: Nico Ninov

Bildnachweis: Sofern nicht anders vermerkt stammen die Bilder vom Autor bzw. aus dessen Archiv.

ISBN 978-3-613-04700-6

3. Auflage 2026

Sie finden uns im Internet unter www.motorbuch-verlag.de

Dieses Buch wurde nach den geltenden Vorschriften der General Product Safety Regulation (GPSR) entwickelt. Bei Fragen oder Problemen wenden Sie sich bitte an den Verlag unter folgender E-Mail-Adresse: gpsr@paul-pietsch-verlage.de

Innengestaltung: WS – WerbeService Linke, 76185 Karlsruhe
Druck und Bindung: Graspo CZ, 76302 Zlin
Printed in Czech Republic

Inhalt

Die Farbkodierung der Seitenzahlen wird auf Seite 8 unter Hinweise zum Buch erklärt.

A1/A3

A2

H

Vorwort

Drohnen sind zunehmend in aller Munde und der Markt wächst stetig. Während anfänglich die kleinen Fluggeräte ein Zeitvertreib für Hobbybastler waren, haben sich unbemannte Luftfahrzeug Systeme (UAS) in den letzten Jahren zu einem wach- senden Wirtschaftsfaktor entwickelt. Ihre einfache Handhabung sowie niedrige An- schaffungskosten bei gleichzeitig geringen Betriebskosten machen ihre Verwendung zunehmend lukrativ. Um aber einen sicheren Betrieb der UAS zu gewährleisten und eine Gefährdung der bemannten Luftfahrt sowie von Personen und Gegenständen am Boden auszuschließen, mussten Regularien für den Einsatz von UAS geschaffen werden. Seit dem 01.01.2021 ist dies durch die neue, europaweit einheitliche EU-Droh- nenverordnung geregelt und gilt sowohl für private als auch für gewerbliche Fernpi- loten. Damit hat das EU-Regulativ deutsche Drohnengesetze abgelöst, und ergänzend dazu gibt es länderspezifische Vorgaben der EU-Mitgliedstaaten, die auch in Deutschland bei einem UAS-Betrieb zusätzlich erfüllt werden müssen. Im Zuge der neuen EU-Drohnenverordnung werden Nachweise und Qualifikationen für fast alle Fernpiloten zur Pflicht.

Das vorliegende Schulungsbuch ist entwickelt worden, um einen Überblick über die europäischen und nationalen Regeln in Deutschland für den Betrieb mit UAS zu geben. Ferner bietet es eine akribische, fachliche Vorbereitung für das Erreichen der zwei Qualifikationsstufen „EU-Kompetenznachweis A1/A3“, der sogenannte kleine EU-Drohnenführerschein mit den Basiskenntnissen zum UAS-Betrieb, und das zusätzlich erforderliche Wissen für die Theorieprüfung zum Erwerb des „Fernpilotenzeugnis A2“ gemäß UAS.OPEN.030(2)(c) der EU-Verordnung-2019/947.

Das Buch beinhaltet in kompakter Form alle prüfungsrelevanten Informationen für den Erwerb der beiden Qualifikationen sowie ausreichend Hintergrundinformationen zum Verständnis der prüfungsrelevanten Themenfelder: Betriebsvorschriften, Luftraumordnung, Flugbetrieb, Flugplanung, Sicherheitsrisiken und Meteorologie. Im Buch sind zur gezielten Vorbereitung daher die Themen der Basiskenntnisse immer mit dem Hinweis auf die Kompetenzstufe „A1/A3“ versehen, die Themen für die A2-Prüfung sind gesondert mit dem Hinweis „A2“ und Hintergrundwissen noch einmal extra gekennzeichnet. Durch diese Aufteilung eignet sich das Buch zur Prüfungsvorbereitung und zum erfolgreichen Erwerb einer Fernpilotenlizenz. Darüberhinaus wird der Themenbereich für den Betrieb in der speziellen Kategorie nach den Kriterien der Standardszenarien STS-01, STS-02 und eine Übersicht der verschiedenen „Predefined Risk Assesments“ (PDRA) sowie deren Anwendungsgebiete behandelt.

Das Buch soll zudem die fachliche Grundlage für den Umgang mit den unbemannten Luftfahrtzeugen vermitteln und bietet deshalb viele praktische Beispiele und Tipps für den alltäglichen Betrieb von UAS, ob in der Flugvorbereitung, im Flugbetrieb oder bei unvorhergesehen Ereignissen.

Es ist sehr verbreitet per UAS Bilder aus der Vogelperspektive aufzunehmen – dies birgt jedoch die Gefahr einer Verletzung der Privatsphäre, des Urheberrechts und von datenschutzrechtlichen Vorschriften. Auch bei der Nutzung von Künstlicher Intelligenz (KI) zur Flugsteuerung werden ständig Bild-, Ton- und Videoaufnahmen angefertigt Darüber hinaus erlegt die neue europäische KI-Verordnung (Artificial Intelligence Act) nicht nur den Anbietern, sondern auch den Betreibern von KI bestimmte Pflichten auf. Aus diesem Grund erläutert das Buch, wie Luftaufnahmen in Rechte Dritter eingreifen können, und bietet eine

A1/A3
A2
H

Übersicht über die rechtliche Zulässigkeit sowie eine kurze Einführung in die relevanten Regelungen der KI-Verordnung. Dazu verfasste Rechtsanwalt Dr. Thomas Hieber, Partner der Kanzlei K&E Rechtsanwälte für Kultur & Entertainment in München den Themenbereich Persönlichkeitsrecht, Datenschutz, Urheberrecht und künstliche Intelligenz.

Zusammenfassend dient das Buch folglich:

- als Prüfungsvorbereitung für den EU-Kompetenznachweis (A1/A3) und das EU-Fernpilotenzeugnis (A2).
- als Nachschlagewerk und als fachliche Grundlage für den Betrieb mit unbemannten Luftfahrtsystemen.
- als Grundlage für Anfänger, die sich mit der Anwendung von UAS noch nicht auskennen und einen Überblick über ihre Anwendungsbereiche erhalten wollen.
- für Profis als Nachschlagewerk für alle relevanten luftrechtlichen und betrieblichen sowie meteorologische Fragen, die ihr Wissen im Bereich der Flugvorbereitung und des Flugbetriebs mit UAS vertiefen wollen.
- als Überblick über Persönlichkeitsrecht, Datenschutz, Urheberrecht, welche bei Luftbildaufnahmen mit einem UAS relevant sind.

Der Begriff „Drohne" ist im öffentlichen Diskurs bis heute oft negativ behaftet und wird häufig primär mit militärischen Konflikten assoziiert. Diese Assoziation sowie die Sorge vor einer potenziellen Bedrohung der öffentlichen Infrastruktur und Gesellschaft durch missbräuchlich eingesetzte Drohnen führen dazu, dass noch immer fast jeder zehnte Bürger diese Technologie skeptisch betrachtet oder generell ablehnt. In einer Zeit, in der auch „Trittbrettfahrer" ohne fundiertes Wissen den Luftraum nutzen, wächst die Notwendigkeit für eine klare Abgrenzung zwischen verantwortungsvollem Betrieb und riskantem Fehlverhalten.
Als Autoren dieses Buches befürworten wir daher die Verwendung des neutraleren und fachlich präziseren Begriffs **„unbemannte Luftfahrtsysteme" (UAS)**. Trotz der bestehenden Vorbehalte wandelt sich das Bild in der Gesellschaft zusehends, da die Akzeptanz vor allem dort wächst, wo UAS einen unmittelbaren gesellschaftlichen Mehrwert bieten. Insbesondere bei Behörden und Organisationen mit Sicherheitsaufgaben (BOS), wie der Feuerwehr und Rettungskräften, haben sich diese Systeme als unverzichtbare, zeitsparende und effizienzsteigernde Betriebsmittel erwiesen. Wie bereits in der Fachbuchreihe *„Drohneneinsatz bei Feuerwehr, Rettungsdienst und THW"* von Ninov und John dargelegt, ist moderne Technik heute ein entscheidender Faktor bei der Lebensrettung.
Technologisch hat sich das Feld in den letzten Jahren rasant entwickelt. Moderne UAS für den professionellen Einsatz – wie etwa die DJI Matrice Serie oder die kompakte DJI Mavic Enterprise Serie – verfügen standardmäßig über hochauflösende Optiken, Wärmebildkameras und Laser-Entfernungsmesser. Spezialisierte Systeme wie die kollisionstolerante Flyability Elios für Innenräume oder das kabelgebundene Fotokite Sigma, das eine kontinuierliche Luftaufklärung ohne aktiven Piloten ermöglicht, erweitern das Einsatzspektrum signifikant. Diese Innovationen finden längst nicht mehr nur im Rettungswesen, sondern auch in der Photovoltaik-Inspektion, der Vermessung oder der Industrieanwendung ihren Platz. Im Einklang mit den Bestrebungen der Bundesregierung, den Luftstandort Deutschland für unbemannte Luftfahrt sicher zu gestalten, wird die Professionalisierung der Piloten zum entscheidenden Sicherheitsfaktor.

Mit diesem Buch möchten wir Sie ermutigen, durch die systematische Aufbereitung der aktuellen Rechtsgrundlagen Berührungsängste abzubauen. Unser Ziel ist es, Sie dazu zu befähigen, UAS rechtskonform, sicher und professionell einzusetzen – um sich klar von unqualifizierten Akteuren abzugrenzen und das volle Potenzial dieser Technologie verantwortungsbewusst zu nutzen.

PD Dr. Andreas Platis und Nico Ninov

Hinweise zum Buch und zur Farbkodierung

A1/A3

A2

H

Dieses Buch ist modular aufgebaut, es behandelt die Prüfungsthemen für den EU-Kompetenznachweis (A1/A3) auch „kleiner Drohnenführerschein" genannt, sowie den „großen Schein" das sogenannte EU-Fernpilotenzeugnis A2. Dazu beinhaltet das Werk Hintergrundinformationen, welche nicht prüfungsrelevant sind, aber für ein besseres Verständnis dienen. Die Kapitelüberschriften sind deshalb farblich gekennzeichnet. Die Prüfungsthemen für A1/A3 in rot und für A2 in violett. Hintergründe und fachliche nicht prüfungsrelevante Grundlagen sind blau markiert. Zusätzlich kennzeichnen Pagemarker auf jeder Seite das Qualifikationsniveau bzw. Hintergundswissen, welches auf der jeweiligen Buchseite behandelt wird. In den Abschnitten 2.4.1 (A1/A3) und 2.4.3 (A2) ist zudem eine Übersicht der Prüfungsthemen mit dem entsprechenden Verweis auf das jeweilige Kapitel zu finden.
Rechtlich relevante Texte sind aus Übersetzungen von EU-Verordnungen und zugehörigen EASA-Veröffentlichungen und/oder der BMVI- / LBA-Veröffentlichungen zitiert.

Dieses Werk ist keine öffentliche Publikation des Bundesministeriums für Verkehr (BMV) oder einer Luftfahrtbehörde. Es kann daher keine 100% Garantie auf Richtigkeit der Angaben gegeben werden. Fernpiloten eines UAS sind verpflichtet, sich jederzeit über den aktuellen Stand der Regulierung zu informieren, die für den geplanten Betriebsort maßgeblich ist!
Es sei zudem darauf hingewiesen, dass die zahlreichen Abbildungen mit Aus- schnitten aus den ICAO-Karten nicht für navigatorische Zwecke geeignet sind. Alle ICAO-Kartenausschnitte sind mit freundlicher Genehmigung der DFS Deutsche Flugsicherung GmbH zur Verfügung gestellt worden. Es können keine Ansprüche gegenüber der DFS Deutsche Flugsicherung GmbH geltend gemacht werden.
Wichtige aktuelle Änderungen oder Korrekturen zur vorliegenden Auflage werden bei Bedarf auf der Homepage des Autors Andreas Platis unter www.uav-consult.de veröffentlicht. Insbesondere Änderungen zu geografischen Gebieten, der aktuellen Gesetzeslage und Möglichkeiten zur Weiterbildung durch Theorie- und Praxiskurse über das A2-Fernpilotenzeugnis hinaus findet sich auf der Homepage des Co-Autors Nico Ninov unter www.dronemaps24.org

Hinweis zur Sprache und Schreibweise: In dieser Neuauflage haben wir uns bewusst dazu entschieden, auf eine mehrgeschlechtliche Schreibweise mit Sonderzeichen wie dem Doppelpunk oder Sternchen zu verzichten. Wir sind uns der gesellschaftlichen Debatte hierüber sehr bewusst und möchten betonen, dass diese Entscheidung keinesfalls einen Ausschluss darstellt – im Gegenteil: Wir schätzen die Vielfalt aller Personen, die UAS-Technologie vorantreiben, ausdrücklich wert. Um jedoch die Lesbarkeit dieses kompakten Fachbuches zu optimieren und eine konsistente Terminologie zu den zitierten Gesetzestexten (wie der EU-Drohnenverordnung) zu wahren, verwenden wir das generische Maskulinum. Fachbegriffe wie „unbemannt“ oder „Fernpilot“ sind dort rechtlich feststehend definiert. Wir nutzen diese Begriffe daher in ihrer traditionellen Form, wobei sich explizit alle Geschlechter gleichermaßen angesprochen und wertgeschätzt fühlen dürfen.

Wichtige Abkürzungen

A

ACL	Anti-Collision Light
AGL	Above Ground Level, Höhe über Grund
AIC	Aeronautical Information Circular, Luftfahrtinformationsrundschreiben
AIP	Aeronautical Information Publication, Luftfahrthandbuch
AIS	Aeronautical Information Services, Flugberatungsdienst
ALT	Altitude, Flughöhe
AMC	Acceptable Means of Compliance, annehmbares Nachweisverfahren der EU-Drohnenverordnung
AMSL	Above Mean Sea Level, über Meereshöhe
ANSP	Air Navigation Service Provider, Flugsicherungsdienstleister
ARC	Air Risk Class, Luftrisikoklasse
ATC	Air Traffic Control
ATIS	Automatic Terminal Info Service, Automatische Ausstrahlung von Lande- und Startinformationen
ATM	Air Traffic Management, Luftverkehrsmanagement

B

BAZL	Bundesamt für zivile Luftfahrt (Schweiz)
BFU	Bundesstelle für Flugunfalluntersuchung, Braunschweig
BKN	Broken (5-7 Achtel)
BMVI	Bundesministerium für Verkehr und digitale Infrastruktur
BOS	Behörden und Organisationen mit Sicherheitsaufgaben
BVLOS	Beyond Visual Line Of Sight, außerhalb der Sichtweite

C

C	Celsius, Grad Celsius
CAT	Clear Air Turbulence, Turbulenz in wolkenfreier Luft
CAVOK	Visibility, Cloud and present weather better than prescribed value or conditions
CB, Cb	Cumulonimbus
CC,Cc	Cirrocumulus
CE-Zeichen	Kennzeichnet Konformität mit produktspezifisch geltenden Mindestanforderungen der EU
CI, Ci	Cirrus
CIG	Ceiling, Hauptwolkenuntergrenze
CLD	Clouds, Wolken
ConOps	Concept of Operations, Betriebskonzept
CS, Cs	Cirrostratus
CTR/CTA	Control zone/control area, Kontrollzone
CU, Cu	Cumulus

D

DAeC	Deutscher Aero Club e. V.
D-CTR	Kontrollzone
DEG	Degrees, Grad
DFS	Deutsche Flugsicherung GmbH
DMFV	Deutscher Modellflieger Verband e.V.
DWD	Deutscher Wetterdienst

E

EASA	European Aviation Safety Agency
EVLOS	Extended Visual Line Of Sight, Erweiterter Sichtflug

F

F/V	Flight visibility, Flugsicht
FAI	Fédération Aviation Internationale
FEW	Few, geringer Bedeckungsgrad einer Wolkenschicht 1/8-2/8
FIS	Flight Information Service
FL	Flight Level, Flugfläche, z. B. Flughöhe 10000 ft = FL 100

FL	Forced landing, erzwungene Landung
FPV	First Person View
ft	Feet, Fuß, wobei 1ft = 0,3 m
FT	Flight determination, Flugabbruch

G

GAFOR	General Aviation Forecast, Vorhersage für die Allgemeine Luftfahrt
GM	Guidance Material, Leitfaden für EASA-Regularien
GND	Ground, Grund
GPS	Global Positioning System
GRC	Ground Risk Class, Bodenrisikoklasse

H

H	Hochdruckgebiet
h	Hour, (volle) Stunde
hPa	Hektopascal

I

ICAO	International Civil Aviation Organization, Internationale Zivilluftfahrtorganisation
IFR	Instrument Flight Rules, Instrumentenflugregeln
ILS	Instrument Landing System, Instrumentenlandesystem
IMC	Instrument meteorological conditions, Instrumentenwetterbedingungen
ISOL	Isolated, vereinzelt

J

JAR-FCL	Joint Aviation Requirements Flight Crew Licensing
JARUS	Joint Authorities for Rulemaking on Unmanned Systems, Internationales Expertengremium zur Erarbeitung einheitlicher Regelungen für UAS

K

km	Kilometer
km/h	Kilometer pro Stunde
KNW	Kenntnisnachweis
KT, kt	Knots, Knoten

L

L	Left, links (Pistenkennung)
L	Low, Tiefdruckgebiet
LAT	Latitude, Breite (geografisch)
LBA	Luftfahrt-Bundesamt in Braunschweig
LFZ	Luftfahrzeug
LiPo	Lithium-Poylmer (Akku)
Li-Ion	Lithium-Ionen (Akku)
LLB	Landesluftfahrtbehörde
LON	Longitude, Länge (geografisch)
LUC	Light UAS Operator Certificate, Betreiberzeugnis für leichte UAS
LuftVG	Luftverkehrsgesetz
LuftVO	Luftverkehrs-Ordnung

M

mAh	Milliamperestunden
MEZ	Mitteleuropäische Zeit
MSL	Mean sea level, Meereshöhe
MTOM	maximum take off mass / maximale Abflugmasse (gleich wie MTOW)
MTOW	maximum take off weight / maximales Abfluggewicht (gleich wie MTOM)

N

NfL	Nachrichten für Luftfahrer
NN	Normal Null
NOSIG	No significant change, keine signifikante Änderung
NOTAM	Notice to Airmen, Notiz an Luftfahrer
NS	Nimbostratus

O

OAT	Outside air temperature, Außentemperatur
OSO	Operational Safety Objectives, operationelle Sicherheitsanforderungen
OVC	Overcast, Bedeckungsgrad einer Wolkenschicht 8/8
OM	Operations Manual (Betriebshandbuch)

P

pc_met	Selfbriefing-Wetter-System für Luftfahrer (DWD)
PID	Proportional-Integral-Derivative – Regelschleife zur Stabilisierung des Fluggerätes
PIREP	Pilot Report, Pilotenmeldung
PDRA	Predefined Risk Assessment

Q

QFR	Aktueller Luftdruck, bezogen auf die Flugplatzhöhe / Schwellenhöhe
QNE	Höhe eines Flugplatzes über 1013 hPa
QNH	Luftdruck in NN, reduziert mit Temperaturwerten der Standardatmosphäre

R

RMZ	Radio Mandatory Zone, Luftraum mit Sprechfunkkontaktpflicht zur zugehörigen Bodenstelle
RTH	Return to Home, Sicherheitsfunktion, die UAS automatisch zum Startpunkt zurückkehren lässt.
RTL	Return to Launch, Sicherheitsfunktion, die UAS automatisch zum Startpunkt zurückkehren lässt.
RWY	Runway, Start-und Landebahn

S

SAIL	Specific Assurance and Integrity Level, spezifisches Sicherstellungs- und Integritätslevel
SC, Sc	Stratocumulus
SERA	Standardized European Rules of the Air
SEV	Severe, schwer/stark
SR	Sunrise, Sonnenaufgang
SS	Sunset, Sonnenuntergang
ST, St	Stratus
STS	Standardszenarien
SORA	Specific Operational Risk Assessment, Risikoanalyseprozess für Einsätze der spezifischen Kategorie

T

T	Temperature, Temperatur
TAF	Terminal Aerodrome Forecast, Flugplatzwettervorhersage
TCU	Towering cumulus, hoch aufgetürmter Cumulus
TMA	Terminal Control Area, Nahverkehrsbereich
TMZ	Transponder Mandatory Zone, Luftraum mit Transponderpflicht
TS	Thunderstorm, Gewitter
TURB	Turbulence, Turbulenz
TWR	Aerodrome Control Tower or Aerodrome Control, Flugplatzkontrolle

U

UA	Unmanned aircraft, unbemanntes Luftfahrzeug
UAS	Unmanned aircraft system, unbemanntes Luftfahrtsystem
UAV	Unmanned aerial vehicle, unbemanntes Luftfahrzeug
UAV DACH	Verband für unbemannte Luftfahrt
uLFZ	Unbemanntes Luftfahrzeug
U-Space	Projekt zur Erarbeitung eines ATM speziell für UAS
UTC	Universal Time Coordinated
UTM	Unmanned Traffic Management, siehe U-Space

V

VDC	Volt Direct Current (Spannung bei Gleichstrom)
VFR	Visual Flight Rules, Sichtflugregeln
VIS	Visibility, Sichtweite
VLOS	Visual Line Of Sight, permanent Sichtkontakt zu dem Fluggerät
VMC	Visual Meteorological Conditions, Sichtwetterbedingungen
VSP	Vertical speed, Vertikalgeschwindigkeit
VTOL	Vertical Take Off and Landing, Senkrechtstart und -landung
VWS	Vertical wind shear, vertikale Windscherung

W

WRNG	Warning, Warnung
WS	Wind Shear, Windscherung

Z

Z	Zulu-time (UTC), Z-Zeit (UTC)

Schnellübersicht für den Drohnenflug

Seit Mitte 2019 sind EU-Verordnungen erlassen, die den Betrieb mit unbemannten Luftfahrtsystemen (UAS) in der Europäischen Union (EU) einheitlich regeln.

- Mit der neuen Regulierung werden die verschiedenen nationalen Gesetze zur unbemannten Luftfahrt der EU-Mitgliedstaaten vereinheitlicht.
- Die neue EU-Verordnung 2019/947, welche Vorschriften und Verfahren für den Betrieb unbemannter Luftfahrzeuge in der EU regelt, ist seit dem 31.12.2020 in Kraft. Seit dem 18.06.2021 ist das europäische Regulativ in deutsches Gesetz überführt worden.
- Die Grundidee des EU-Regulativ basiert, wie die bisherigen nationalen Regelungen, auf einem risikobasierten Ansatz. Nicht die Art und der Zweck der Flugmission mit dem UAS sind dabei entscheidend, sondern das zu erwartende Risiko (z.B. Gefährdung von unbeteiligten Personen am Boden) beim jeweiligen UAS Betrieb, siehe dazu Abb. 1. Bei steigendem Risiko sind deshalb sowohl höhere Qualifikationsanforderungen an Fernpiloten gefordert als auch höhere technische Anforderungen an das UAS. Darüber hinaus unterliegt eine Betriebsgenehmigung einem höheren administrativen Aufwand. Der risikobasierte Ansatz ist ausdifferenzierter als die bisherige nationale Regulierung, indem sie drei verschiedene Betriebskategorien beinhaltet.
- Der Betrieb mit UAS wird nach Einsatzzweck und Betriebszweck in drei Hauptkategorien:
    - „OFFEN (open)",
    - „SPEZIELL (specific)",
    - „ZULASSUNGSPFLICHTIG (certified)"

  unterteilt. Je nach Kategorie gibt es dabei erhebliche Unterschiede in den Qualifikationsanforderungen an die Fernpiloten (Art des Drohnenführerscheins) und an den benötigten Aufwand für eine Betriebsgenehmigung.
- Die für Freizeitpiloten relevante Kategorie OFFEN wird in drei weitere Unterkategorien (A1/A2/A3) aufgeteilt, und je nach Kategorie wird eine entsprechende Qualifikation (EU-Kompetenznachweis A1/A3 oder EU-Fernpilotenzeugnis A2) der Fernpiloten gefordert.
- In der offenen Unterkategorie A1 und A2 dürfen nur noch zertifizierte Drohnen (C-Klasse) geflogen werden, wenn sie mehr als 250g Abfluggewicht aufbringen. Alle Bestandsdrohnen über 250g sind in der A3 Unterkategorie erlaubt.
- In der Kategorie OFFEN ist ein Aufstieg mit dem UAS bis zu 120 m über Grund gestattet. Prinzipiell untersagt sind: Überflug von Menschenansammlungen, der Abwurf von Gegenständen und der Transport von gefährlichen Gütern.
- Für jeden, der/die ein UAS:
    - mit einem Abfluggewicht von mehr als 250 g,
    - einer Aufprallenergie ab 80 Joule, oder
    - mit einer an Bord befindlichen Kamera betreibt,

  gilt eine Registrierungspflicht (electronic-ID, eID). Die Registrierung erfolgt in Deutschland online beim Luftfahrt-Bundesamt. Für die Registrierung müssen Betreibe eine Haftpflichtversicherung für den UAS-Betrieb abschließen und nachweisen können. UAS, die unter die EU-Spielzeugrichtlinie fallen, sind von der Registrierung ebenfalls ausgenommen.

- UAS bis zu einem Abfluggewicht unter 250 g und ohne Kamera dürfen von Fernpiloten ohne Qualifikationsnachweis geflogen werden. Es besteht jedoch die o.g. Pflicht eine Haftpflichtversicherung abzuschließen, sobald eine Kamera verwendet wird.
- Zusätzlich können EU-Mitgliedstaaten weitere Erfordernisse in sogenannten geografischen Gebieten für den Betrieb von UAS festlegen. Diese sind in Deutschland in der Luftverkehrs-Ordnung (LuftVO) §21h festgelegt und verbieten oder beschränken in bestimmten Zonen den Betrieb von UAS, u. a. aus Gründen der Privatsphäre, des Lärmschutzes und der Sicherheit, obwohl der Betrieb nach den Bestimmungen der Kategorie OFFEN ansonsten zulässig wäre. Darunter fallen beispielsweise folgende Zonen:
    - o Flughäfen sowie Hubschrauberlandeplätze.
    - o Industrieanlagen, Stromleitungen, Energieerzeugungsanlagen.
    - o Gefängnisse, Kasernen.
    - o Bundesfernstraßen, Bahnanlagen, Bundeswasserstraßen.
    - o Behörden, Botschaften, Einsatzorte.
    - o Naturschutzgebiete, Wohngrundstücke.

  In den hier aufgelisteten Zonen wird für einen Aufstieg mit einem UAS eine zusätzliche Genehmigung der zuständigen Luftfahrtbehörde oder bestimmte Anforderungen an das UAS benötigt.

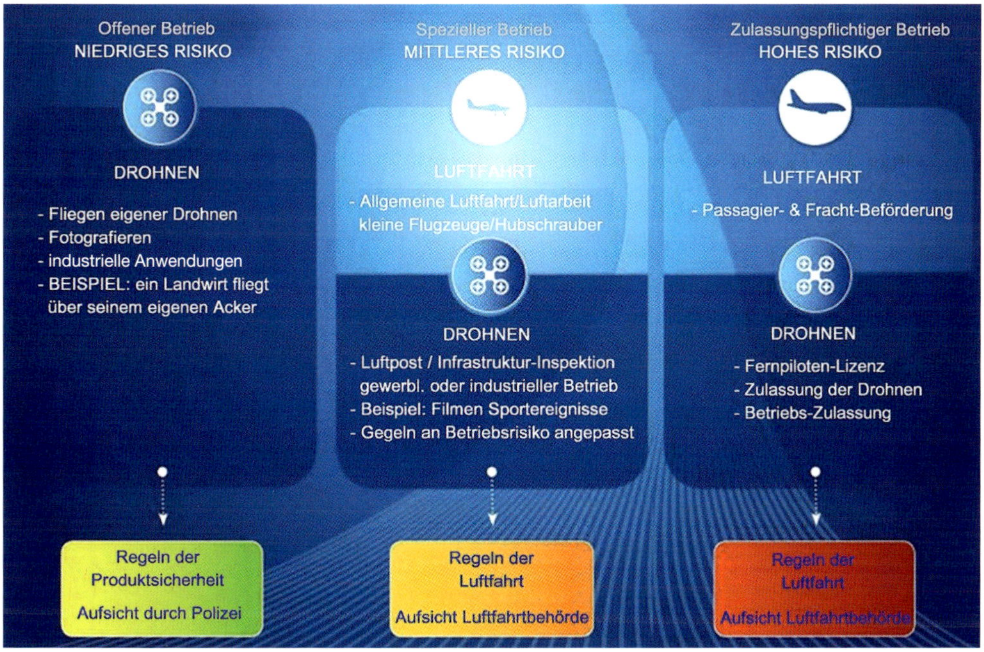

Abb 1: Luftverkehr-Betriebskategorien gemäß Risikoniveau

BETRIEB IN DER KATEGORIE „OFFEN“, NIEDRIGES RISIKO

In die **Kategorie OFFEN** (Abb. 2) fällt ein UAS Betrieb mit niedrigem Betriebsrisiko, wenn:

- Das UAS weniger als 25 kg wiegt.
- Das UAS nicht über Menschenansammlungen betrieben wird. (eine Menschenansammlung ist dabei definiert als eine Vielzahl von Menschen, die so dicht gedrängt stehen, dass es einer einzelnen Person nahezu unmöglich ist, sich aus dieser Menge zu entfernen)
- Eine Flughöhe von 120 m über dem Boden nicht überschritten wird und in Kontrollzonen nur mit Freigabe der zuständigen Kontrollstelle geflogen wird.
- Das UAS nur in direkter Sichtverbindung betrieben wird – der so genannten Visual Line of Sight (VLOS), und
- kein Gefahrgut oder Menschen transportiert werden.
- Bedingungen und Vorgaben für Flüge in geografische Gebiete nach §21h LuftVO eingehalten werden.
- Betreiber müssen sich vorab registriert haben und mindesten 16 Jahre alt sein.

Darüber hinaus wird die Kategorie OFFEN in drei Unterkategorien (A1, A2, A3) unterteilt, welche sich aus dem Betriebsrisiko und den technischen Anforderungen an das UAS ableiten. Abbildung 3 zeigt die Zuordnung der technischen UAS-Klassen (UAS-Klassenmarkierung C0-C4) zu den Unterkategorien der Betriebskategorie OFFEN und zugehörigen Fernpiloten-Qualifikationen.

Die Qualifikationen der Fernpiloten teilen sich in der Kategorie OFFEN in zwei Kategorien auf:

- **EU-Kompetenznachweis A1/A3** wird für den Betrieb von UAS ab einem Gewicht von 250 g in der gesamten EU benötigt wird. Der Nachweis bestätigt, dass Fernpiloten über ausreichende Kompetenz für das Steuern von UAS mit einem relativ niedrigen Gefährdungspotential verfügen. Mit dieser Qualifikation dürfen UAS in den risikoärmsten Unterkategorien A1 und/oder A3 geflogen werden. Der Kompetenznachweis kann in Deutschland im Rahmen eines Online-Kurses und einer Online-Prüfung auf der Webseite des Luftfahrt-Bundesamtes (LBA) erworben werden. Dieser Nachweis ist Grundlage für den Erwerb weiterführender Qualifikation wie das EU-Fernpilotenzeugnis (A2) (da es sich hierbei um eine juristische Definition handelt, wird dieser Begriff nicht in Genderform dargestellt).

- **EU-Fernpilotenzeugnis A2** ist eine Ergänzung zum EU-Kompetenznachweis A1/A3 und wird benötigt, wenn ein UAS in der Unterkategorie A2 betreiben wird. Zusammen mit dem Kompetenznachweis wird das Zeugnis für weitergehende Qualifikationen benötigt, um zum Beispiel ein Aufstiegsvorhaben in der Kategorie SPEZIELL durchzuführen.

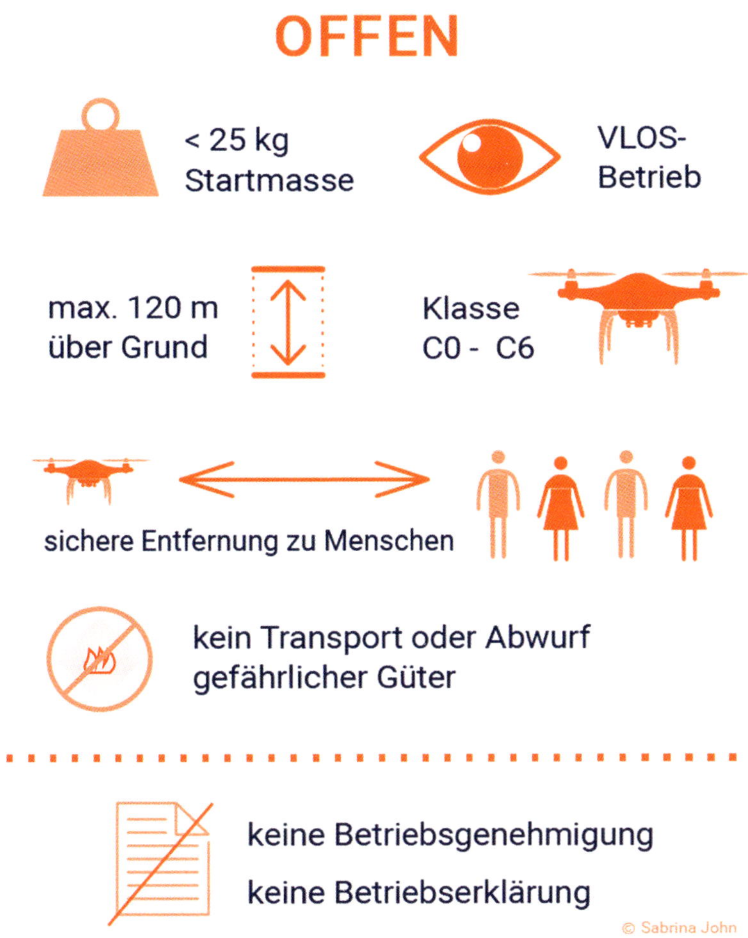

Abb 2: Anforderungen für die Betriebskategorie OFFEN

Unterkategorie	UAS-Klasse	Erlaubter Betriebsbereich	Qualifikation
A1 Nahe Menschen	**C0** < 250 g	Bereiche, in denen nicht ausgeschlossen werden kann, dass **unbeteiligte Personen** überflogen werden.	keine
	C1 < 900 g	Bereiche, in denen angenommen werden kann, dass **keine unbeteiligten Personen** überflogen werden.	Online-Training und Online-Prüfung
A2 Sichere Distanz zu Menschen	**C2** < 4 kg	Bereiche, in denen ein horizontaler Mindestabstand von **30 m (5 m)** zu unbeteiligten Personen eingehalten werden kann.	Online-Training und Online-Prüfung, praktische Selbsterklärung
A3 Weit von Menschen entfernt	**C3** < 25 kg **C4** < 25 kg	Bereiche, in denen keine unbeteiligten Personen gefährdet werden (größerer Sicherheitsabstand) und zumindest 150 m entfernt von Wohnsiedlungen, Industrieanlagen, Freizeitanlagen und Ähnlichem.	Online-Training und Online-Prüfung

© Nico Ninov

Abb 3: Betriebsbereich und Qualifikation je nach Unterkategorie und UAS-Klasse

BETRIEB IN DER KATEGORIE „SPEZIELL“, MITTLERES RISIKO

In die **Kategorie SPEZIELL** (Abb. 4) fällt ein UAS Betrieb, wenn es mindestens eine der Bedingungen der Kategorie OFFEN verletzt, oder es eines der folgenden Kriterien erfüllt:

- Das UAS überschreitet das maximal zulässige Abfluggewicht von 25 kg, oder
- der Betrieb erfolgt oberhalb von 120 m oder in speziellen Lufträumen, oder
- der Betrieb erfolgt außerhalb der direkten Sichtverbindung (BVLOS, Beyond Visual Line of Sight), und
- keine der Bedingungen zu Zulassungspflicht von UAS ist gegeben.
- Bedingungen und Vorgaben der geografischen Gebiete nach §21h LuftVO können nicht eingehalten werden.

Betriebsarten für die eine Erlaubnis zum Betrieb in der Kategorie SPEZIELL über das zuständige Luftamt erteilt werden kann:

- Betriebsgenehmigung (operations approval, OA), oder
- Erklärung zu Einhaltung der Anforderungen der Standard Szenarien (STS), oder
- Betreiberzulassung LUC.

Basis für alle Genehmigungen der Kategorie SPEZIELL ist eine Risikobewertung gemäß SORA-v2.5.

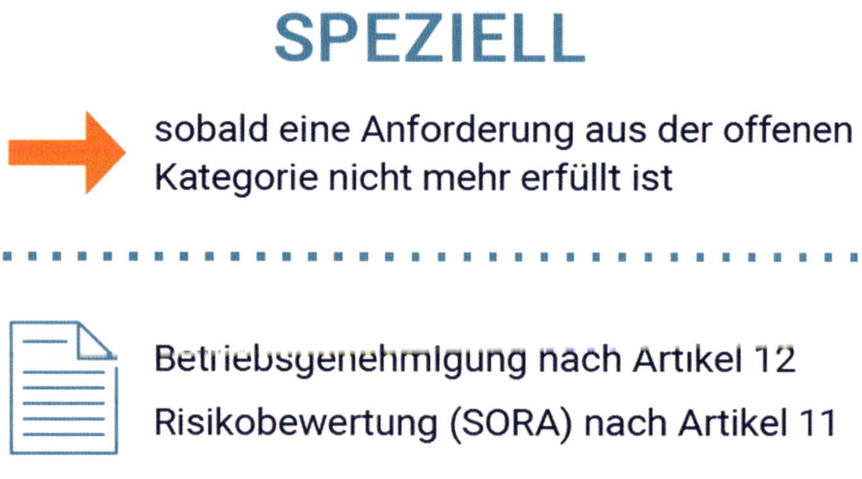

© Sabrina John

Abb 4: Spezielle Betriebskategorie mit Betriebsgenehmigung und Risikobewertung (SORA) nach Artikel 11 bzw. 12 der EU-Verordnung 2019/947.

BETRIEB IN DER KATEGORIE „ZULASSUNGS-PFLICHTIG“, HÖHERES RISIKO

Unter die **Kategorie ZULASSUNGSPFLICHTIG** (Abb. 5) fällt ein UAS, wenn eines der folgenden Kriterien gegeben ist:

- die typische Dimension des UA überschreitet 3 m, oder
- der Betrieb erfolgt über Menschenansammlungen, oder
- es wird risikoreiches Gefahrgut transportiert, oder
- es werden Menschen transportiert, oder
- die zuständige Luftfahrtbehörde fordert es im Rahmen der Risikobewertung.

Die Zulassung wird erteilt bei Erfüllung der Anforderungen gemäß der Luftfahrtverordnungen für:

- Lufttüchtigkeit des Musters
- Erhalt der Lufttüchtigkeit
- Lizenzierung des Personals
- Lizenzierung von Betrieben

Abb 5: Zulassungspflichtige Betriebskategorie

ÜBERSICHT ÜBER DEN ZEITLICHEN ABLAUF VON WICHTIGEN REGULARIEN

- **31. Januar 2020:** Die EU-Drohnenverordnung 2019/947 gilt ab dem 31. Dezember 2020.
- **30. April 2021:** Registrierungspflicht für UAS beim LBA.
- **18. Juni 2021:** Das europäische Regulativ ist in deutsches Gesetz überführt worden.
- **01. Januar 2021 bis 01. Januar 2022:** Vorhandene Genehmigungen und Zeugnisse über die Kompetenz von Fernpiloten bleiben in diesen Zeitraum weiter gültig, müssen aber entsprechend der EU-Verordnung umgewandelt werden.
  01. Januar 2021 bis 01. Januar 2023: Der Flugbetrieb im Rahmen von Modellflug-Vereinen kann nach nationalem Recht ohne Genehmigung weitergeführt werden.
- **01. Juli 2020 bis 31. Dezember 2022:** Zeitraum der Übergangsfrist für den Betrieb von UAS ohne UAS-Klassifizierung (UAS-Klassen).
- **März und April 2024:** Verordnung (EU) 2024/1108 und 2024/1110 zur erstmaligen Lufttüchtigkeit unbemannter Luftfahrzeugsysteme, die einer Zertifizierung unterliegen,
- **20.03.2024:** Allgemeinverfügung für den Drohneneinsatz in der Landwirtschaft und zur Tierrettung
- **10. April 2024:** Die Übergangsfrist von UAS ohne C-Klassifizierung ist ausgelaufen. Ab dem **01.01.2024** dürfen daher nur noch folgende UAS in der **Kategorie OFFEN** betrieben werden:
  - C-klassifizierte UAS in den Kategorien C0 bis C4
  - Privat hergestellte UAS (Selbstbau): Unter 250g Abfluggewicht in A1 und über 250g in A3
  - Bestandsdrohnen, sofern Sie vor dem 31.12.2023 in den Markt gebracht wurden, dürfen nur A3 betrieben werden, außer unter 250g, die weiterhin in A1 betrieben werden dürfen.

Betreiber von Bestandsdrohnen die innerstädtisch fliegen möchten, benötigen nun eine Betriebsgenehmigung in der speziellen Kategorie oder müssen sich eine zertifizierten Drohne neuanschaffen.

1 Begriffsbestimmungen

1.1 BEGRIFFLICHKEITEN ZUR UNBEMANNTEN LUFTFAHRT

Durch die rasante Entwicklung von unbemannten Luftfahrzeugen und deren Systemen sowie dazugehöriger Technologien und einer bis dato noch nicht harmonisierten internationalen Rechtsprechung, gibt es mittlerweile eine Vielzahl von Abkürzungen, Begriffen und Definitionen in diesem Bereich. Eine der wichtigsten Begriffsdefinitionen gemäß des neuen EU-Regulativs, ist die des unbemannten Luftfahrzeugsystems (unmanned aircraft system, UAS). Darunter zu verstehen ist ein Luftfahrzeug und die dazugehörigen Elemente, das ohne Luftfahrzeugführer an Bord betrieben wird. Das bedeutet entweder, dass das UAS autonom fliegt, also von keinem Fernpiloten kontrolliert wird, zum Beispiel einer „Paketdrohne“, oder dass das UAS von einem Fernpilot im automatischen, teilautomatischen oder manuellen Betriebsmodus geführt wird. Dabei beschreibt UAS immer das gesamte System bestehend aus unbemanntem Luftfahrzeug (unmanned aircraft, UA) und den dazugehörigen Bodenkomponenten.
Umgangssprachlich werden unbemannte Luftfahrzeuge im Angelsächsischen wie im Deutschen meist als drones/Drohnen bezeichnet. Der Begriff wird sowohl für militärisch als auch für zivil genutzte unbemannte Luftfahrzeuge verwendet als auch für Flugmodelle (remotely piloted aircraft systems, RPAS) oder Multicopter.
Die derzeit im Internet gebräuchlichste Abkürzung hierfür ist UAV: Unmanned Aerial Vehicle. Jedoch findet dieser Begriff bei den Gesetzgebern inzwischen keine Verwendung mehr. In der deutschen Gesetzgebung finden die Begriffe unbemannte Luftfahrzeuge, unbemannte Luftfahrtsysteme oder unbemannte Fluggeräte Verwendung. Dieses Buch verwendet größtenteils die Abkürzung UAS, wenn auf das gesamte System verwiesen wird. Wird nur das unbemannte Luftfahrzeug ohne dessen Bodenstation betrachtet findet die Abkürzung UA Verwendung.

1.1.1 Flugmodell und unbemanntes Luftfahrtzeug

Die Unterscheidung zwischen Flugmodellen und unbemannten Luftfahrzeugen wird nur in Deutschland getroffen und ist in §1 LuftVG vorgegeben:
Flugmodelle sind Luftfahrzeuge im Sinne von § 1 Abs. 2 S. 1 Nr. 9 LuftVG. Dieser Paragraph definiert unbemannte Luftfahrtsysteme als Luftfahrzeuge, die nicht zu Zwecken des Sports oder der Freizeitgestaltung betrieben werden.

„Luftfahrzeuge sind ... 9. Flugmodelle ...; Ebenfalls als Luftfahrzeuge gelten unbemannte Fluggeräte einschließlich ihrer Kontrollstation, die nicht zu Zwecken des Sports oder der Freizeitgestaltung betrieben werden (unbemannte Luftfahrtsysteme)“

Die Unterscheidung geschieht also lediglich durch den Zweck des Betriebs. Somit kann z.B. ein Multicopter je nach Einsatzzweck ein UAS oder ein Flugmodell sein. Die

EU-Verordnung 2019/947 unterscheidet mit Artikel 16 dagegen nur den UAS-Betrieb außerhalb bzw. innerhalb von Modellflugzeug-Vereinigungen und -Clubs.

1.1.2 Wichtige Definitionen

Im Folgenden sind die wichtigsten Definitionen und Begriffe aufgelistet, die sowohl beim Betrieb von unbemannten Luftfahrzeugen sowie auch in Gesetzgebung und in der Theorieprüfung angewendet werden. Die Begrifflichkeiten sind gemäß den Definitionen der EASA, des Luftfahrtbundesamtes (LBA) und aus dessen Online-Trainings-Tool für den Kompetenznachweis für Fernpiloten (A1/A3) übernommen. Darüber hinaus gibt es in diesem Buch auch ein Abkürzungsverzeichnis (Seite 8) der in diesem Buch verwendeten Begriffe.

- **unbemanntes Luftfahrzeugsystem (unmanned aircraft system, UAS):** ein unbemanntes Luftfahrzeug (ein Luftfahrzeug ohne Piloten und Besatzung) sowie die Ausrüstung für dessen Fernsteuerung.
- **Unbemanntes Luftfahrzeug (unmanned aircraft, UA):** ein unbemanntes Luftfahrzeug ohne Ausrüstung für dessen Fernsteuerung. Ein UA kann als Drehflügler als auch als Starrflügler oder ein Hybrid Version der beiden ausgeführt sein.
- **Betreiber eines unbemannten Luftfahrzeugsystems (UAS-Betreiber)** (unmanned aircraft system operator, UAS operator): eine juristische oder natürliche Person, die ein oder mehrere UAS betreibt oder zu betreiben gedenkt.
- **geografisches Gebiet** (geographical zone, GeoZone): ein von der zuständigen Behörde festgelegter Teil des Luftraums, der den UAS-Betrieb ermöglicht, einschränkt oder ausschließt, um den mit dem UAS-Betrieb verbundenen Risiken für die Sicherheit, den Schutz der Privatsphäre und personenbezogener Daten, die Sicherheitslage oder die Umwelt Rechnung zu tragen.
- **Betrieb in direkter Sichtlinie** (visual line of sight operation, VLOS): eine UAS-Betriebsart, bei der Fernpiloten in der Lage sind, einen ununterbrochenen und nicht unterstützten Sichtkontakt mit dem unbemannten Luftfahrzeug auf- rechtzuerhalten, sodass sie dessen Flugweg so steuern können, dass Kollisionen mit anderen Luftfahrzeugen, Menschen und Hindernissen vermieden werden.
- **Automatischer Betrieb:** jeglicher UAS-Betrieb, der mit automatisierten Prozessen zusammenhängt, jedoch letztlich ein manuelles Eingreifen ermöglicht. Beispiele sind die „Return-to-Home"-Funktion, Stabilisierungssysteme oder automatische Landesysteme.
- **Autonomer Betrieb:** im autonomen Betrieb ist das UAS vollkommen eigenständig „unterwegs" und es besteht keine Möglichkeit, von außen in den Betrieb einzugreifen. Dieser Betrieb hat aktuell und insbesondere in der OFFENEN Kategorie keine Bedeutung.
- **Beteiligte Personen:** Personen, die bei dem Betrieb des unbemannten Luftfahrzeuges helfen / assistieren, werden als beteiligte Personen bezeichnet und müssen auch über Anweisungen und Sicherheitsvorkehrungen der UA Betreibern oder der Fernpiloten aufgeklärt sein, welche im Notfall anzuwenden sind. Mögliche Aufgabenbereiche sind die Luftraumbeobachtung, die Kommunikati-

on, oder die Absicherung des Start- und Landeplatzes. Wichtig ist eine ausführliche Einweisung und die präzise Absprache von Zuständigkeiten während eines „Briefings" vor dem Flug. (vgl. „Unbeteiligte Personen")

- **VLOS / Sichtflugbetrieb:** die englische Abkürzung steht für „Visual Line Of Sight" und beschriebt den UAS Betrieb in Sichtweite eines Fernpilots.
- **BVLOS / Betrieb außerhalb direkter Sicht:** die englische Abkürzung steht für „Beyond Visual Line Of Sight" und meint den UAS-Betrieb außerhalb der Sichtweite. Dies ist in der OFFENEN Kategorie nicht erlaubt. (vgl. „VLOS")
- **Flughöhen:** in der Luftfahrt kann zwischen verschiedenen Flughöhen unterschieden werden. Die wichtigsten sind die Flughöhe über Grund (AGL – Above Ground (GND) Level) und diejenige über mittlerem Meeresspiegel (MSL – Mean Sea Level). Die Flughöhe über Grund (AGL) gibt die Flughöhe über einem bestimmten Punkt am Boden an (z.B. der Startposition). In hügeligem Gelände kann Höhenangabe je nach Grund variieren. Da sich die Angabe nur lokal auf einen Ort (meistens der Startort), aber nicht auf die ganze Region bezieht, kann je nach Standort die Höhenangabe AGL mitunter falsch sein. Die Höhe über mittlerem Meeresspiegel (MSL) wird in der Regel auch von tief fliegenden, bemannten Luftfahrzeugen benutzt und bezieht sich auf einen veröffentlichten Referenz-Luftdruck (das so genannte QNH; örtlicher Luftdruck umgerechnet auf Meereshöhe).
- **FPV-Flüge:** Die englische Abkürzung steht für „First Person View" und beschreibt das Fliegen mittels einer virtuellen Realität (VR) Brille. Ein solcher Betrieb wird als VLOS eingestuft, da sich das UAS in direkter Sichtverbindung der verpflichtenden Beobachtern aufhält.
- **Massenbegriffe (insbesondere MTOM):** In der Luftfahrt werden verschiedene Massenbegriffe unterschieden, von denen beim UAS-Betrieb jedoch insbesondere die „höchstzulässige Startmasse" von Bedeutung ist. Dies ist die von UAS-Herstellern festgelegte maximale Startmasse inklusive Nutzlast und Kraftstoff; das Gesamtsystem darf diese Masse also zu keinem Zeitpunkt überschreiten. Häufig wird die Abkürzung „MTOM" für „Maximum Take-Off Mass" verwendet.
- **Menschenansammlung:** Die AMC und GM der EU-Drohnenverordnung versteht darunter eine Ansammlung von Menschen, die so dicht gedrängt stehen, dass sich einzelne Personen nicht mehr problemlos aus dieser Menge entfernen können. Diese Definition bietet Anlass zur Vorsicht, denn häufig lässt sich dieses Kriterium aus der Ferne nicht immer exakt bestimmen und beurteilen. Daher wird empfohlen beispielsweise bei Skipisten, auf Waldwegen und vor allem in urbanen Gegenden beim geringsten Zweifel eher von einer „Menschenansammlung" auszugehen.
- **Nutzlast / Payload:** Alle Teile, die nicht dazu verwendet werden, das unbemannte Luftfahrzeug zu betreiben oder zu steuern, werden als Nutzlast bezeichnet. NICHT dazu gehören also das Flugwerk, der Motor und die Propeller. Instrumente, Ausrüstungen, Zubehör und jegliche optionale Teile sowie auch zusätzliche Kommunikationsausrüstungen und Kameras gehören zur Nutzlast. Dabei ist nicht entscheidend, ob die Teile eingebaut, oder schnell abnehmbar angebracht sind.
- **Unbeteiligte Personen:** Dies umfasst Personen, die am Betrieb des UAS nicht beteiligt sind und/oder die Anweisungen und Vorschriften eines UAS-Betriebs nicht kennen. Es ist dabei nicht relevant, ob die Personen dem UAS unmittelbar

und direkt ausgesetzt sind. So gelten beispielsweise auch Personen in Autos, Bussen, Zügen oder Flugzeugen als unbeteiligte Personen. Für unbeteiligte Personen gelten besonders sensible Regeln, die Fernpiloten jederzeit im Blick haben müssen. (vgl. „Beteiligte Personen“)

- **Gefährliche Güter (dangerous goods):** Von einem unbemannten Luftfahrzeug als Nutzlast mitgeführte Gegenstände oder Stoffe, die bei einem Zwischenfall oder einem Unfall eine Gefahr für die Gesundheit, die Sicherheit, Gegenstände oder die Umwelt darstellen. Oft auch als „Gefahrgut“ bezeichnet.
- **Remote-ID:** Steht für Remote Identification (Fernidentifizierung) und ist eine Technik, die es ermöglicht, eine Drohne während des Betriebs (im Flug) aus der Ferne zu identifizieren.
- **Follow-me-Modus:** Ein Betriebsmodus eines UAS, bei dem das unbemannte Luftfahrzeug den Fernpiloten innerhalb eines vorher festgelegten Radius ständig folgt.
- **Geo-Sensibilisierung (Geo-awareness):** Eine Funktion, die ausgehend von den durch die EU-Mitgliedstaaten bereitgestellten Daten eine potenzielle Verletzung der Luftraumgrenzen erkennt und die Fernpiloten daraufhin warnt, sodass diese sofortige und wirksame Maßnahme zur Vermeidung dieser Verletzung greifen kann.
- **Privat hergestelltes UAS (privately built UAS):** Ein UAS, das von Fernpiloten für ihre eigenen Zwecke zusammengebaut oder hergestellt wurde, mit Ausnahme von UAS, die aus Bauteilen zusammengesetzt werden, die als Fertigbausatz in Verkehr gebracht werden.
- **Kontrollierter Bereich am Boden (controlled ground area):** Ein Bereich am Boden, innerhalb dessen das UAS betrieben wird und die UAS-Betreiber dafür sorgen können, dass nur beteiligte Personen anwesend sind.
- **Luftraumbeobachter:** Eine Person, die Fernpiloten dabei unterstützt den Luftraum, in dem das unbemannte Luftfahrzeug operiert, ohne technische Hilfe rein visuell auf mögliche Gefahren in der Luft abzusuchen sowie das unbemannte Luftfahrzeug im VLOS zu halten und den Flug sicher durchzuführen.
- **Nacht:** Als Nacht wird der Zeitraum zwischen jenen Zeitpunkten definiert, in welchen sich der Mittelpunkt der Sonnenscheibe am Abend und am Morgen sechs Grad unter dem Horizont befindet.
- **ICAO:** Die Internationale Zivilluftfahrtorganisation (ICAO, englisch International Civil Aviation Organization) ist eine Sonderorganisation der Vereinten Nationen (UN). Sie legt einheitliche Richtlinien und Normen fest, die über die einzelnen Staatsgrenzen hinausgreifen, um die internationale Zusammenarbeit in der zivilen Luftfahrt zu verbessern. Die von der ICAO festgelegten Standards sind für die Mitgliedsstaaten der ICAO verpflichtend.
- **Starrflügler (fixed wing):** Ein Starrflügler oder Starrflügelflugzeug (fixed wing aircraft) ist ein Luftfahrzeug, welches schwerer als Luft ist. Es erzeugt seinen Auftrieb mit Flügeln (Tragflächen), welcher durch die Vorwärtsgeschwindigkeit des Luftfahrtzeugs und die ihrer Form verursacht wird.
- **Drehflügler:** Sind Luftfahrzeuge, die ihren Auftrieb durch mindestens einen, um eine vertikale Achse drehenden, Rotor erzeugen. Bekannteste Vertreter dieser Gruppe von Luftfahrzeugen sind die Hubschrauber oder Tragschrauber. Bei unbemannten Luftfahrtzeugen sind dies Multikopter, welche über mehrere fest montierten Rotoren verfügen und darüber ihren Auftrieb erhalten.

- **Hybrid:** Ist eine Kombination aus Starrflügler und Multikopter UAS. Der Hybrid startet senkrecht wie ein Multikopter und schaltet nach Erreichen seiner Flughöhe in den Starrflüglermodus um, was höhere Geschwindigkeiten und eine größere Reichweite ermöglicht.
- **Flugplatz:** Ist als Oberbegriff für Flughäfen (Verkehrsflughäfen und Sonderflughäfen), Landeplätze (Verkehrslandeplätze und Sonderlandeplätze) und Segelfluggelände zu verstehen. Ein Flughafen unterscheidet sich vom Landeplatz vor allem durch die Anzahl der Flugbewegung und die Größe der dort startenden und landenden Flugzeuge. Ein Segelfluggelände, umgangssprachlich auch Segelflugplatz genannt, ist ein Flugplatz, auf dem Segelflugzeuge und nicht selbststartende Motorsegler generell starten und landen dürfen.
- **Hubschrauberlandeplätze:** Hubschrauberlandeplätze (auch Heliport oder Helipad genannt) fallen in die Kategorie Landeplatz. Auf diesen dürfen nur Hubschrauber starten und landen. Oft lassen sich diese bei einem Krankenhaus finden.
- **Landestellen im öffentlichen Interesse (PIS):** Landestellen im öffentlichen Interesse (Public Interest Site, kurz PIS) sind Landestellen ausschließlich für Operationen im öffentlichen Interesse. PIS sind in Deutschland grundsätzlich alle Hubschrauberlandestellen an Krankenhäusern, die sich in schwierigen Umgebungsbedingungen und/oder dicht besiedelten Gebieten befinden. Die Hubschrauberlandestellen gelten im luftrechtlichen Sinne nicht als Flugplätze.
- **C-Klasse:** Auch Drohnen-, UAS- oder Cx-Klassen genannt. Sie dienen zur Festlegung der technischen Voraussetzungen eines UAS, welche sich aus dem Risikoniveau des Betriebs in den Kategorien ergeben. Je nach Betriebsbedingung wird zwischen sieben C-Klassen (C0 bis C6) nach der EU-Verordnung 2019/945 unterschieden. Bei frei verkäuflichen UAS ist der Hersteller für die Klassifizierung verantwortlich.
- **Bestandsdrohne:** Eine Bestandsdrohne oder Legacy-Drohne bezieht sich auf ältere Drohnenmodelle, die bereits in Nutzung sind und keine C-Klassifizierung haben.
- **Fernpilot:** Der Fernpilot ist eine natürliche Person, die das UAS per Telemetrie steuert und für die sichere Durchführung eines UAS Fluges verantwortlich ist. Der Fernpilot überwacht bei einem automatischen Betrieb den Flugweg und technischen Zustand des UAS und bleibt in der Lage, jederzeit manuell einzugreifen um den Flugweg des UAS zu ändern.

A1/A3

Themenfeld 2 – Luftverkehrsrecht, Betriebsregeln

2.1 EINFÜHRUNG

Die EU-Kommission hat mit in Kraft treten der EU-Verordnung 2019/947 seit Ende 2020 die Luftverkehrs-Regulierung für den Betrieb mit unbemannten Luftfahrtsystem (UAS) neu geregelt. Ziel der neuen Regulierung ist es möglichst den administrativen Genehmigungsprozess für UAS Aufstiege zu verschlanken, ohne dabei die öffentliche Sicherheit und Ordnung zu gefährden. Mit der neuen EU-Regulierung werden die verschiedenen nationalen Gesetze zur unbemannten Luftfahrt der EU-Mitgliedsstaaten vereinheitlicht und sind seit 2021 für die EU-Mitgliedstaaten verpflichtend. Seit dem 18.06.2021 ist das europäische Regulativ daher auch in deutsches Gesetz überführt worden. Darauf aufbauend können die Mitgliedstaaten eigene länderspezifische Vorgaben und Regelungen erlassen, wie zum Beispiel die Festlegung geografischer UAS Gebiete in denen der Betrieb von UAS eingeschränkt oder untersagt ist.

Die Grundidee des neuen EU-Regulativs basiert, wie die bisherigen nationalen Regelungen, auf einem risikobasierten Ansatz. Entscheidend ist nicht die Art oder der Zweck der Flugmission, sondern mit welchem zu erwarteten Betriebsrisiko ein Aufstieg mit dem UAS durchgeführt wird. Wird zum Beispiel mit einem kleinen leichten UAS in einer ländlichen Region fernab von Siedlungen, Straßen und unbeteiligten Personen geflogen, ist das Betriebsrisiko als gering einzuschätzen. Anders verhält es sich bei Aufstiegen in einer Stadt, oder über Menschenansammlungen, mit einem schwerem UAS. Bei steigendem Risiko sind deshalb sowohl höhere Qualifikationsanforderungen an Fernpiloten gefordert, höhere technische Anforderungen an das UAS, als auch ein größerer administrativer Aufwand bei der Erlangung der Betriebsgenehmigung.

Die geforderten Qualifikationsanforderungen sind ebenfalls in der EU-Verordnung 2019/947 definiert. Dabei wird zwischen dem kleinen und dem großen „EU-Drohnenführerschein" unterschieden.

Der kleine Schein (EU-Kompetenznachweis) dient als Basiskompetenz für die risikoärmeren Betriebskategorien „OFFEN" A1/A3, abseits von unbeteiligten Personen und ist für die meisten UAS Aufstiege Pflicht. Er wird über einen Online-Kurs mit anschließender Online-Prüfung bei der jeweiligen nationalen Luftfahrtbehörde – in Deutschland ist dies das Luftfahrt-Bundesamt (LBA) – erworben. Die Themenbereiche sind in dieser EU-Verordnung unter Abschnitt UAS.OPEN.020 4)b) beschrieben und umfassen:

- Flugsicherheit
- Luftraumbeschränkungen
- Luftfahrtvorschriften
- Einschränkungen der menschlichen Leistungsfähigkeit
- Betriebsverfahren
- UAS-Allgemeinwissen

Für den risikoreicheren Betrieb in der Kategorie „OFFEN“ A2 näher am Menschen sind zusätzliche Kenntnisse im Rahmen des sogenannten „EU-Fernpilotenzeugnis A2“ gemäß UAS.OPEN.030 2)c) der EU-Verordnung 2019/947 gefordert:

- Grundkenntnisse in Meteorologie und Einflüsse von Wetterbedingungen auf den UAS-Betrieb.
- Flugleistungen mit Hinblick auf den typischen Betriebsbereich von UAS.
- Umgang mit Batterien/Akkus.
- Technische und betriebliche Minderung von Risiken am Boden beim UAS Betrieb.

Eine detaillierte Auflistung aller Themenschwerpunkte für beide Qualifikationen ist in diesem Buch unter Kapitel 2.4.1 für A1/A3 und 2.4.3 für A2 gegeben. Dort befinden sich auch Verweise auf die entsprechenden Kapitel, welche die einzelnen Kursthemen für das Selbststudium in diesem Buch ausführlich behandeln, um ein profundes Wissen zum Bestehen der Prüfung zu erlangen. Darüber hinaus bietet das Buch über die geforderten gesetzlichen Kompetenzen hinaus Hintergrundwissen, um auch Laien ohne Vorkenntnisse ein möglichst umfassendes fundiertes Verständnis für den UAS Betrieb zu vermitteln.
Es muss (zukünftigen) Fernpiloten klar sein: Sobald sie mit ihrem UA vom Boden abheben sind sie Teilnehmer am Luftverkehr und unterliegen damit auch allen Pflichten nach dem Luftverkehrsrecht! Allen Fernpiloten sollte sich diese hohe Verantwortung bewusst sein, da ihr fliegendes UA eine potenzielle Gefahrenquelle für andere Luftfahrtteilnehmer (bemannt oder unbemannt) sowie für Personen und Gegenstände am Boden sein kann.
In diesem Kapitel werden alle luftrechtlichen Themen und Betriebsvorschriften behandelt, die für den Betrieb mit einem UAS nach dem neuen EU-Regulativ und der in Deutschland seit Mitte Juni 2021 nationalen Regulierung verpflichtend sind. Es umfasst insbesondere die Inhalte für die Fernpiloten Qualifikationen (A1/A3) Flugsicherheit, Luftfahrtvorschriften und Luftraumbeschränkungen, welche in der EU-Verordnung 2019/947 unter UAS.OPEN.020 für die aufgelistet sind.

2.2 LUFTVERKEHRSSYSTEM UND EUROPÄISCHE REGULIERUNG

2.2.1 Einführung in die EASA

Die Agentur für Flugsicherheit der Europäischen Union (EASA, European Union Aviation Safety Agency, Abb. 6) wurde 2002 als Agentur der EU eingerichtet.
Ihre Aufgaben sind durch die Grundverordnung Luftfahrt EU-VO-2018/1139 (Art.64ff) legitimiert und in den Art.77ff zugewiesen. Ihr hauptsächlicher Tätigkeitsbereich ist die Erarbeitung einheitlicher europäischer Flugsicherheits-Regeln und -Standards. Die EASA hat eine beratende Funktion für die Kommission und die nationalen Behörden, darüber

Abb 6: Logo der EASA. Quelle: EASA

hinaus fungiert sie als EU-Vertretung im internationalen Bereich der Luftfahrt sowie als Zertifizierungs- und Aufsichtsorgan im Rahmen der o.a. Grundverordnung Luftfahrt. In dieser Funktion schlägt sie der EU-Kommission Regulierungsentwürfe vor, die im Anschluss von der Kommission als EU-Verordnungen beschlossen werden können. Derzeit haben sich 32 Staaten (alle EU-Mitgliedstaaten sowie Schweiz, Norwegen, Island, Lichtenstein und das Vereinigte Königreich) verpflichtet, die EU-Luftfahrtregeln und EASA-Standards anzuwenden.
Die EU-Luftfahrtverordnungen erscheinen in allen Sprachen der 32 unterzeichnenden Staaten und ersetzen somit die bestehenden nationalen Bestimmungen ab dem Datum des Inkrafttretens. Abweichungen sind dann nur dort möglich, wo den unterzeichnenden Staaten einzelne Bereiche zur nationalen Regulierung überlassen werden. Dazu gehören die Benennung zuständiger Behörden, Festlegung der nationalen Verwaltungsvorschriften sowie bezüglich UAS z.B. die Definition und Einrichtung der geografischen Gebiete, die dann im jeweils nationalen Recht vorgenommen werden. Die EASA-Staaten außerhalb der EU müssen die EU-Verordnungen erst in nationales Recht überführen, damit sie Gültigkeit erlangen.
Das EU-Regulierungssystem bestehend aus den Verordnungen sowie die dazugehörigen AMC (Acceptable Means of Compliance) und das GM (Guidance Material) können auf der Internetseite der EASA über die „Easy Access Rules for Unmanned Aircraft Systems“ eingesehen und heruntergeladen werden. Die AMC sind eine Art Sekundärliteratur und erläutern wie UAS-Betreiber regelkonform im Sinne der Verordnung handeln können. Das GM beschreibt zum besseren Verständnis den Hintergrund einer Regel und gibt zusätzliche Hinweise.

2.2.2 Die EU-Grundverordnung (Basic Regulation)

Die EU-Grundverordnung (Basic Regulation) (EU) 2018/1139 ist seit 2018 in Kraft und unmittelbar anwendbar, damit verdrängt sie nationales Luftverkehrsrecht bezüglich aller geregelten Tatbestände. Sie beinhaltet die Grundanforderungen für die gesamte europäische Luftfahrt. Erstmalig sind darin UAS als Luftfahrzeuge definiert. Für UAS gilt (Abschnitt VII und Annex IX) fortan zum Beispiel, dass:

- UAS eine Identifizierung und geografische Überwachung ermöglichen sollen.
- Eine Limitierung von UAS-Betrieb in bestimmten Bereichen stattfinden kann.
- UAS-Betreiber registriert sein müssen.
- unbemannte Luftfahrzeuge (UA) so konstruiert sein müssen, dass sie Personen nicht gefährden und die Betriebs-Risiken minimiert werden.
- Betreiber und Fernpiloten über die geltenden Regelungen Bescheid wissen müssen.
  - Fernpiloten gewisse Kompetenzen besitzen müssen.
  - Einzelheiten dazu in nachgeordneten Rechtsakten erlassen werden können.

Die nachgeordneten Rechtsakte (Durchführungsverordnungen/Delegierte Verordnungen) für UAS gelten in ihrer jeweils konsolidierten aktuellen Fassung:

1. Der delegierte Rechtsakt (delegated act, DA) **EU 2019/945**, wird in diesem Buch als EU-Verordnung 2019/945 bezeichnet, enthält die technischen Anforderungen für UAS, aufgegliedert in z.Zt. sieben UAS-Klassen und den Weg zur Überwachung der Einhaltung der Anforderungen durch die EU-Marktmechanismen (CE-Kennzeichnung).
2. Die UAS-Durchführungsverordnung (EU) **2019/947**, wird in diesem Buch EU-Verordnung 2019/947 genannt, enthält die Vorschriften, die beim Betrieb von UAS zu beachten sind. Dazu gehören die Bestimmungen der verschiedenen Betriebskategorien und Unterkategorien.
3. Die Durchführungsverordnung (EU) 923/2012 SERA (Standardised European rules of the air) ist für UAS-Betrieb nur teilweise anwendbar.

Neben dem EU-Regulativ zum Betrieb von UAS gibt es gibt es aber noch länderspezifische Vorgaben der EU-Mitgliedstaaten. Im Folgendem wird nun auf die in der Bundesrepublik Deutschland geltenden nationalen Regulierungen und Institutionen eingegangen, welche die vorgegebenen EU-Bestimmungen auf der Bundesebene umsetzen. Außerdem werden die Nachbarländer Österreich und Schweiz auf Abweichungen geprüft.
Im 2012 geschlossenen „Vertrag über die Arbeitsweise der Europäischen Union" (AEUV) ist festgelegt, in welchen Bereichen die EU zuständig ist. Nach Artikel 100 Absatz 2 dürfen das Europäische Parlament und der Rat zum Beispiel Regeln für die Luftfahrt erlassen. Laut Artikel 288 gelten EU-Verordnungen direkt und verbindlich in allen Mitgliedstaaten. Das heißt, sie müssen nicht erst in nationales Recht umgewandelt werden.

2.2.3 Ausnahmeregelungen für Behörden und Organisationen mit Sicherheitsaufgaben (BOS)

Obwohl mit dem Vertrag über die Arbeitsweise der Europäischen Union (AEUV) die Befugnis auf die Europäische Union überging, geeignete Luftfahrtvorschriften zu erlassen, gilt dies nicht uneingeschränkt für sämtliche Bereiche. Die europäische Grundverordnung 2018/1139, welche gemeinsame Regeln für die Zivilluftfahrt festlegt, listet in Artikel 2 Absatz 3 a) bestimmte Ausnahmen auf. Demnach fallen Luftfahrzeuge und deren Einsätze für Militär, Polizei, Such- und Rettungsdienste, Feuerwehr, Grenzschutz oder Küstenwache grundsätzlich nicht unter diese europäischen Bestimmungen. Dabei handelt es sich typischerweise um Bereiche, die in die Hoheit der einzelnen Staaten fallen. Europäische Gesetze finden hier also keine Anwendung – es sei denn, ein Mitgliedstaat beschließt, alle oder bestimmte dieser Tätigkeiten freiwillig nach den europäischen Vorgaben zu regeln (siehe Artikel 2 Absatz 6 VO (EU) 2018/1139). Deutschland hat jedoch von dieser sogenannten Opt-In-Möglichkeit keinen Gebrauch gemacht.
Somit sind Behörden und Organisationen mit Sicherheitsaufgaben (BOS) grundsätzlich von den genannten Regelungen ausgenommen. Diese Aussage gilt jedoch nur eingeschränkt. Denn im Anschluss an die genannten Ausnahmen schreibt Artikel 2 Absatz 3 vor, dass die Mitgliedstaaten sicherstellen müssen, dass die angestrebten Sicherheitsziele der Verordnung als Mindestmaß beachtet werden. Das bedeutet, dass der Be-

trieb von UAS durch BOS mindestens das gleiche Sicherheitsniveau aufweisen muss wie vergleichbare UAS-Betriebe außerhalb des BOS-Bereichs. Dies dient zum einen dazu, Schäden durch BOS-UAS zu vermeiden. Zum anderen wird so berücksichtigt, dass auch BOS-UAS Teil des Luftverkehrs sind und von anderen Verkehrsteilnehmern ein entsprechendes Verhalten erwartet wird – vor allem dann, wenn von außen nicht erkennbar ist, ob es sich um ein reguläres UAS oder ein BOS-UAS handelt.

In Österreich wurde festgelegt, dass unbemannte Luftfahrzeuge, die für Such- und Rettungsdienste, die Brandbekämpfung, den Katastrophenschutz und Aufgaben des Zolldienstes eingesetzt werden, den europäischen Vorschriften unterstehen (siehe § 24j Abs. 1 LFG). Die Polizei bildet hierbei die einzige Ausnahme.

In der Schweiz sind die EU-Bestimmungen seit dem 01.01.2023 gültig. Nach Artikel 2(2) LFV bleiben dort Luftfahrzeuge, die im Militär-, Zoll- oder Polizeieinsatz stehen, von den europäischen Regelungen ausgenommen. Zusätzlich hat das Bundesamt für Zivilluftfahrt (BAZL) im Zuge der rechtlichen Anpassungen Blaulichtorganisationen vom Großteil der europäischen Vorschriften, mit Ausnahme der Registrierungspflicht, befreit. Künftig müssen diese Organisationen jedoch bestimmte neue Anforderungen hinsichtlich Schulung und Betrieb erfüllen, was beispielsweise auch eine Risikoanalyse bei komplexeren Einsätzen beinhaltet. Die genauen Vorschriften dazu sind derzeit noch in der Entwicklung.

2.2.4 Das nationale Luftverkehrsrecht (Luftverkehrsgesetz LuftVG)

Das nationale Luftverkehrsrecht der einzelnen EU-Mitgliedsstaaten referenziert die Vorgaben der EU und regelt ergänzend nur noch die den Mitgliedsstaaten verbleibenden Regulierungsbestände.
Zum Beispiel gibt die UAS-Verordnung der EU vor, dass geografische Gebiete geschaffen werden müssen, in denen der Betrieb von UAS entweder erlaubt oder verboten sein kann. In ihren nationalen Gesetzen und Verordnungen legen die einzelnen Nationalstaaten dann fest, in welchen Gebieten sie UAS-Flugverkehr erlauben und zu welchen Bedingungen dieser durchgeführt werden kann.
In Deutschland ist das LuftVG das oberste deutsche Gesetz zur Regelung der Belange des Luftverkehrs über dem Hoheitsgebiet der Bundesrepublik. Es schlägt den Bogen zwischen den durch die EU-Regulierung vorgegebenen Bestimmungen und den zusätzlich zu regelnden nationalen Belangen, welche in den nationalen Verordnungen erlassen werden.

2.2.5 Die nationalen Luftverkehrs-Verordnungen

Mit der Änderung der nationalen Gesetze und Verordnungen in Deutschland vom 18. Juni 2021

„Gesetz zur Anpassung der nationalen Regelungen an die Durchführungsverordnung (EU) 2019/947 der Kommission vom 24. Mai 2019 über die Vorschriften und Verfahren für den Betrieb unbemannter Luftfahrtzeug (Bundesgesetzblatt 2021, Teil I Nr. 32, S1766 ff.)“,

sind die Bestimmungen der bisherigen „Drohnenregulierung“ von April 2017 in die seit 31.12.2020 wirksamen EU-Verordnungen überführt worden. Die Regulierung für den Betrieb mit UAS ist in Deutschland hauptsächlich durch die Luftverkehrs-Ordnung (LuftVO), das Luftverkehrsgesetz (LuftVG), die Luftverkehrs-Zulassungs-Ordnung (LuftVZO) und die Kostenverordnung der Luftfahrtverwaltung (LuftkostV) festgelegt.

2.2.6 Die nationale Luftfahrtverwaltung

Für Fernpiloten und Betreiber von UAS ist es wichtig zu wissen, an welche Luftfahrtbehörden sie sich wenden müssen. Diese Behörden werden auch als die „zuständige Luftfahrtbehörde“ (Englisch „competent authority“) bezeichnet und wer- den vom jeweiligen EU-Mitgliedsstaat festgelegt. Da der Betrieb eines UAS in unter- schiedlichen Staaten Europas stattfinden kann (wie zum Beispiel in Grenzregionen), sind eventuell mehrere unterschiedliche Behörden für ein unbemanntes Luftfahrzeug zuständig.
Die für Fernpiloten und Betreibern von UAS jeweilige zuständige Luftfahrtbehörde ist die nationale Luftfahrtbehörde des EU-Staates, in dem der ständige Wohnsitz der Fernpiloten/Betreiber registriert wurde. Die nationale Behörde ist verantwortlich für:

- die Registrierung von UAS, bzw. UAS-Betreiber und Fernpiloten.
- die Bereitstellung des Onlinekurses zur Erlangung eines Kompetenznachweises.
- die eventuelle Abnahme von Theorieprüfungen sowie
- die Aufsicht und Kontrolle von Luftfahrzeugen oberhalb des eigenen nationalen Luftraums.

In Deutschland nimmt diese Aufgaben das Luftfahrt Bundesamt (LBA) im Geschäftsbereich des Bundesministeriums für Verkehr (BMV) wahr. Daneben bestehen weitere Luftfahrtbehörden auf Bundes- und Länderebene, denen die Zuständigkeiten gemäß Vorgabe der nationalen Luftverkehrsgesetzgebung nach Fachgebieten oder geografischen Gebieten zugewiesen sind.
Aufgrund des föderalen Verwaltungssystems in Deutschland ist wichtig zu beachten, dass:

- es in der UAS-Betriebskategorie OFFEN bei den Luftfahrtbehörden der Länder (LLB) keine angesiedelten Funktionen / Aufgaben mehr gibt.
- solange die Betriebsbedingungen OFFEN eingehalten werden, alle bisher erforderlichen Erlaubnis- bzw. Genehmigungsverfahren entfallen.

In der folgenden Tabelle ist eine Gesamtübersicht der in Deutschland seit dem 18.06.2021 beschlossen Zuständigkeiten gegeben:

Registrierung für UAS-Betreiber:innen und zulassungspflichtige UAS	LBA
Ausstellung Nachweis über EU-kompetenznachweis (Kategorie OFFEN A1/A3)	LBA
Ausstellung EU-Fernpilotenzeugnis (Kategorie OFFEN A2)	LBA
Aufsicht in der OFFENE Kategorie	LLB
Ausstellung von Betriebsgenehmigungen in der Kategorie SPEZIELL einschl. Aufsicht	LLB nach Wohnsitz/Firmensitz
Aktualisierung von Betriebsgenehmigung für den UAS-Betrieb im Ausland	LLB nach Wohnsitz/Firmensitz
Genehmigung von LUC einschl. Aufsicht (Kategorie SPEZIELL)	LBA
Betriebsgenehmigung für UAS Betreiber aus EU-Ländern und Drittländern für den UAS-Betrieb in Deutschland	LBA
Erteilung Betreiberzeugnis (Kategorie ZULASSUNGSPFLICHTIG) einschl. Aufsicht	LBA
Erteilung Fernpiloten-Lizenzen (Kategorie ZULASSUNGSPFLICHTIG)	LBA
Festlegung und Veröffentlichung von geografischen Gebieten	BMV
Erteilung von Zulassung für den Betrieb in geografischen Gebieten	LLB
Betriebsgenehmigungen für den Modellflug	BMV/LLB

Tabelle 1: National zuständige Luftfahrtbehörden gemäß LuftVO in Deutschland.

2.3 BETRIEBSVORSCHRIFTEN FÜR UAS

Fernpiloten, die ein UAS betreiben und das nicht in Innenräumen fliegt, sind automatisch Teilnehmer am Luftverkehr. Bei jedem Aufstieg gilt das Luftrecht, dabei ist völlig unerheblich in welcher Höhe das UAS geflogen wird. So ist beispielsweise auch bei einer Flughöhe von einem halben Meter über Grund von einem Aufstieg zu sprechen. Folglich müssen Betriebsvorschriften während des Aufstieges mit dem UAS eingehalten werden. Das EU-Recht kennt hierzu drei Betriebskategorien:

- OFFEN (open)
- SPEZIELL (specific)
- ZULASSUNGSPFLICHTIG (certified)

deren Anforderungen gemäß ihrem Betriebsrisiko untergliedert sind.

2.3.1 Betriebskategorie OFFEN (open)

2.3.1.1 Allgemeine Bestimmungen, Flugregeln und Betriebsverbote

Die nachfolgenden rechtlichen Bestimmungen sind der EU-VO-2019/947 und zugehörigen AMC&GM (acceptable means of compliance & guidance material) entnommen und entsprechen somit teilweise auch den Formulierungen sowie Abbildungen auf der Lern- und Prüfungsplattform des LBA.
In die Betriebskategorie OFFEN fällt ein UAS, wenn es folgenden Bedingungen genügt:

- Maximal zulässige Abflugmasse (MTOM) <25 kg.
- Maximal erreichbare Flughöhe 120m GND.
- Flugbetrieb nur innerhalb Sichtweite (VLOS).
- Sicherheitsabstand zu Menschen und sensiblen Bodeneinrichtungen.
- Einhalten technischer Standards C0 bis C4.
- Einhalten von technischen Betriebsbegrenzungen.
- Kein Transport von Gefahrgut und Personen.
- Kein Abwurf von Gegenständen / Material.
- Einhalten von operativen Betriebsbeschränkungen Unterkategorien A1 bis A3.
- Identifizierung.

Diese Kategorie unterliegt keinem Erlaubniszwang. Es müssen auch keine Erklärungen zur Einhaltung von Bestimmungen der EU-Verordnung abgegeben werden. Für die Erlangung der Fernpiloten-Kompetenzen (A1/A3 und A2) sind Kenntnisse der Betriebskategorie OFFEN ausreichend.
Die Einhaltung der Maximalhöhe wird dabei wie im Bild (Abb. 7) definiert und beträgt in den meisten Fällen 120 m über dem Boden (gemessen vom nächsten Punkt der Erdoberfläche). Über Bauwerke die 120 m Höhe überschreiten darf die maximale Flughöhe überschritten werden, jedoch nur bis 15 m über der Gebäudehöhe (siehe Abb. 8) und nur bei Vorliegen der Erlaubnis des Bauwerkbetreibers bzw. Verantwortlichen.

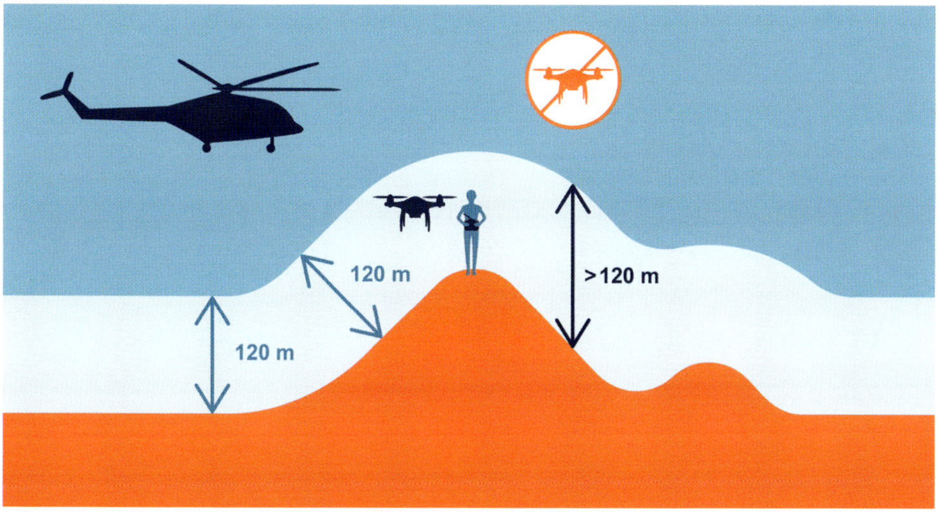

Abb 7: Maximal zulässige Flughöhe in der Betriebskategorie OFFEN.

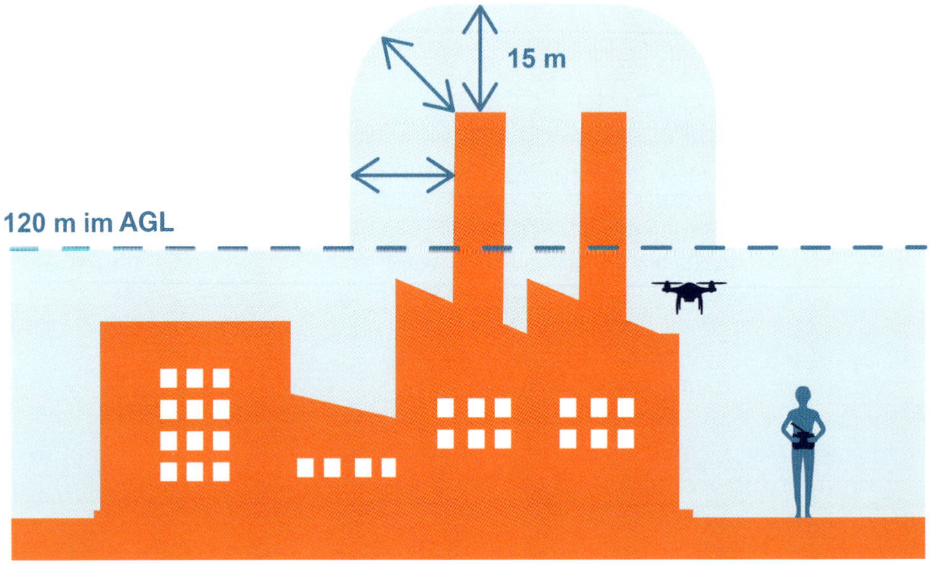

Abb 8: Maximal zulässige Flughöhe in der Betriebskategorie OFFEN über Gebäudeteile, die 120m AGL überschreiten.

Je nach Risiko in dem Bereich, über dem der UAS-Betrieb stattfinden soll, ist der Betrieb einer der Unterkategorien OFFEN A1, A2 oder A3 zugeordnet.
Die mit dem Betrieb verbundenen Risiken hängen von mehreren Faktoren ab. Hauptsächlich ist die Masse des UA und das Einsatzgebiet entscheidend, zum Beispiel wie stark ist das Fluggebiet besiedelt, wie viele Menschen befinden sich dort.
Zusätzlich werden UA in Abhängigkeit von ihrer maximalen Abflugmasse (MTOM) und ihrer technischen Ausstattung in Klassen (C-Klassen: C0, C1, C2, C3, C4, C5, C6) unterteilt (siehe Kapitel 2.8.2 Klassifizierung C-Klassen). Die Kopplung der technischen Standards an die Betriebsbedingungen (Unterkategorien, A1, A2, A3) veranschaulicht nachstehende Tabelle (Abb. 9). Darüber hinaus kann ein UA mit der C-Klasse C5 in der speziellen Kategorie nach STS-01 und ein UA mit der C-Klasse C6 in der speziellen Kategorie nach STS-02 betrieben werden.
Die einzuhaltenden Betriebsregeln hängen somit von der C-Klasse (C0-C6) und den Betriebsbedingungen, also dem Einsatzbereich (A1-A3, STS-01, STS-02) ab, siehe dazu auch die Übersicht in Abb. 9.

2.3.1.2 UAS Betrieb in der Unterkategorie A1

Die Unterkategorie A1 ist die am wenigsten restriktive Kategorie (Abb. 10). Sie erlaubt sogar den Betrieb von UAS über besiedeltem Gebiet und vereinzelt über Menschen. Deshalb dürfen in dieser Kategorie für die Einsatzbereiche nur sehr leichte und langsam fliegende UA verwendet werden:

Mit UAS-Klasse **C0 oder selbstgebauten UAS unter 250 g** ist es erlaubt, mit äußerster Vorsicht auch über unbeteiligte Personen zu fliegen. Dies sollte jedoch möglichst vermieden werden, weniger wegen Gefährdung, sondern wegen Störung.

Flugbetrieb		Fernpilot	UAS					
Unter-kategorie	Nur VLOS (Sichtweite), entfernt von Flugplätzen, max. Höhe 120 m	Kompetenzanforderung – Mindestalter 16 Jahre – Nationale Reduzierung auf 12 Jahre möglich	Klasse des UAS	MTOM / Joule [J]	Elektr. Antrieb Max. VDC	Wesentliche technische Anforderungen (CE Erklärung/Kennzeichnung)	Elektronische ID / Position bekannt	Registrierung
A1 Flug über Menschen	Flugbetrieb möglich über unbeteiligten Personen (keine Menschenansammlungen)	– Kenntnis des Betriebshandbuchs des Drohnenherstellers	Eigenbau		N/A	Vmax < 19 m/s; (bei follow me < 50 m Abstand) Höhenlimitierung		
			C0	< 250 g	24 VDC	Betriebshandbuch, V < 19 m/s, Spielzeug oder keine scharken Kanten, einstellbare Höhengrenze	Nein	Nein
	Bei C1 zeitliche Minimierung des Überflugs von unbeteiligten Personen	Kenntnis – Betriebshandbuch – Online-Training – Online-Prüfung bestand.	C1	< 80 J oder < 900 g	24 VDC Low Batt	Betriebshandbuch, V < 19 m/s, mechanische Stabilität, keine scharfen Kanten, DL-Recovery, DL-Schutz, einstellbare Höhengrenze; Lärm < 85 dBA	ID & Geo Seriennummer	Ja
A2 Flug nahe an Menschen	Flugbetrieb in sicherer Entfernung zu unbeteiligten Personen (abhängig vonm Fluggeschwindigkeitsmodus)	– Betriebshandbuch – Online-Training – Online-Prüfung bestand. – Theorie-Prüfung bei PStF bestanden – Praxis-Selbsttraining	C2	< 4 kg	48 VDC Low Batt	Betriebshandbuch, mechanische Stabilität, keine scharfen Kanten, DL-Recovery, DL-Schutz, einstellbare Höhengrenze, Lamgsamflug-Modus; Lärm < 85 dBA	ID & Geo Seriennummer	Ja
A3 Flug weit entfernt von Menschen	Flugbetrieb – In Gebieten, in denen keine unbeteiligten Personen sind – Einhalten eines sicheren Abstands zu bebautem Gebiet sichere Entfernung zu Menschen	– Betriebshandbuch – Online-Training – Online-Prüfung bestand.	C3		48 VDC Low Batt	Betriebshandbuch, DL-Recovery, DL-Schutz, einstellbare Höhengrenze; Lärm < ???, Dmax. < 3 m		
			C4	< 25 kg	N/A	Betriebshandbuch, kein Automatik-Flug		Ja
			Eigenbau		N/A	N/A	Je nach Anforderung der Flugzone	

Abb 9: Übersicht zur Kopplung der technischen Standards an die Betriebsbedingungen. Seit 01.01.2024 sind C-Klassen für Neugeräte in der Kategorie OFFEN verpflichtend.

A1/A3

A2

Bei UAS-Klasse **C1 (UA unter 900 g oder unter 80 Joule Aufprallenergie, maximale Horizontalgeschwindigkeit unter 19 m/s und zusätzlichen Sicherheitsmechanismen C0, C1)** müssen Fernpiloten vor Beginn des Fluges das Einsatzgebiet inspizieren und darauf achten, dass keine unbeteiligte Person überflogen wird. Bei dieser „Lagebeurteilung“ sollte Folgendes berücksichtigt werden:

- die aktuelle Situation vor Ort (z. B. Vorhandensein von Straßen, Wegen, Fußgänger- oder Radwegen).
- Möglichkeiten zur Sicherung des Einsatzortes gegen Zutritt Unbeteiligter sowie
- das Einhalten der Tageszeit.

Für den Betrieb mit einem UA unter 250 g ist keine Qualifikation des Fernpiloten erforderlich, bei einem Gewicht zwischen 250 g und 900 g ist der EU- Kompetenznachweis (A1/A3) nötig.

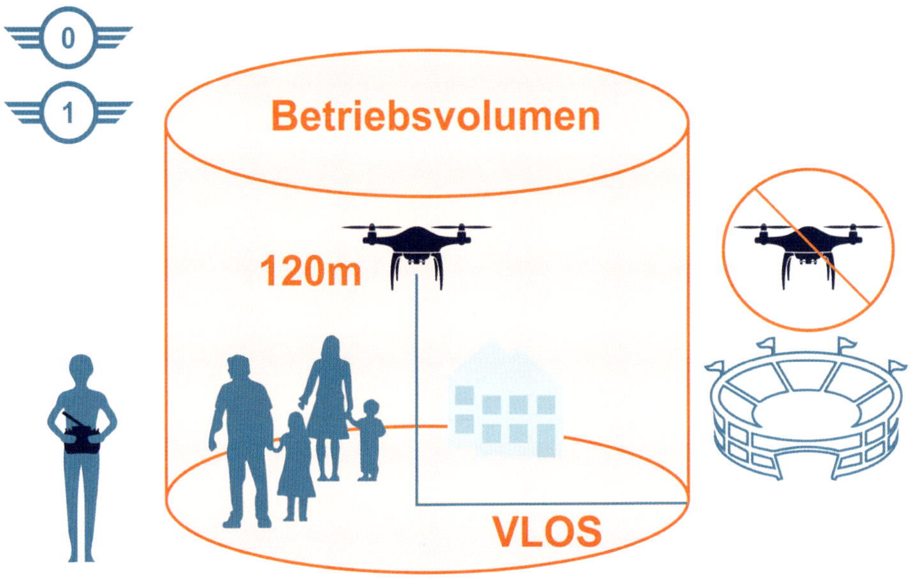

© Nico Ninov

Abb 10: Bedingungen der Betriebskategorie OFFEN in der Unterkategorie A1 für die UAS Klassen C0 und C1.

2.3.1.3 UAS Betrieb in der Unterkategorie A2

Diese Unterkategorie (Abb. 11) erlaubt den Betrieb von relativ schweren **UA** (bis zu **4 kg**) in der Nähe von Menschen. Deshalb sind hier nicht nur die technischen Anforderungen an UAS (ausschließlich Klasse **C2**, kein Eigenbau, die in der Unterkategorie A2 betrieben werden können) am höchsten, sondern auch die Anforderungen an die Fernpiloten. Hier wird ein Erwerb zusätzlicher Kompetenzen, und ein EU-Fernpilotenzeugnis (A2) erforderlich.
Da das Verletzungsrisiko durch UA zunimmt, wenn außer deren Masse auch die horizontale Fluggeschwindigkeit (z. B. bei Steuerungsfehlern) höher ist (höhere Aufprall-

energie), hängt der seitliche Sicherheitsabstand neben der Höhe auch von der Fluggeschwindigkeit des UA ab.
Dieser beträgt (außer bei Starrflüglern):

- im langsamen Flugbetriebsmodus 5 m und
- ansonsten 30 m.

Bei Starrflüglern (Flugzeug mit Tragflächen auch Flächenflugzeug genannt) gilt als Regel, dass der Sicherheitsabstand mindestens der Strecke entsprechen muss, die in 2 sec bei maximal erreichbarer Horizontalgeschwindigkeit zurückgelegt werden kann. Dabei darf die Flughöhe jeweils nicht größer sein als der seitliche Abstand (1:1-Regel, siehe Kapitel 6.5.4).

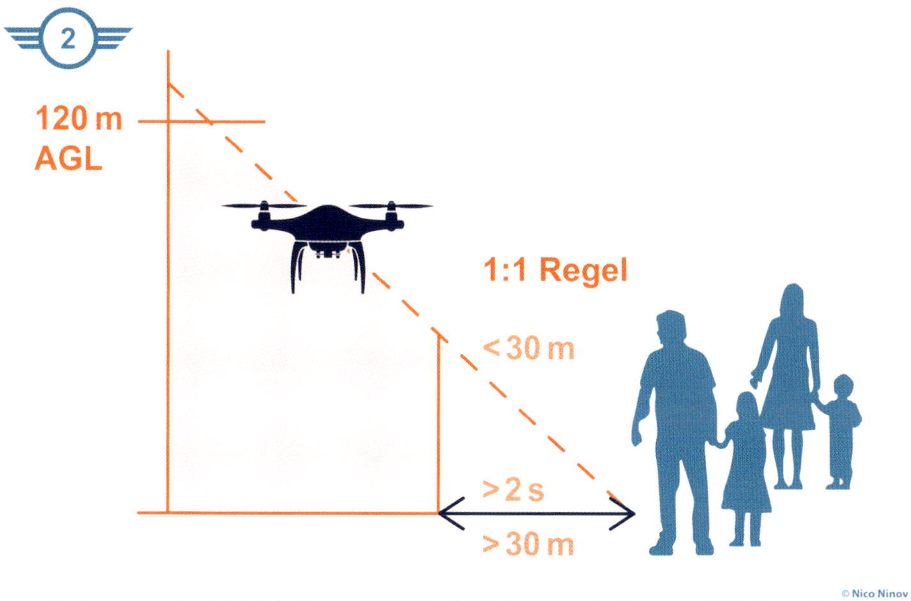

Abb 11: Bedingungen der Betriebskategorie OFFEN in der Unterkategorie A2 nur mit UAS-Klasse C2 möglich.

2.3.1.4 UAS Betrieb in der Unterkategorie A3

In dieser Unterkategorie dürfen die schwereren **UA bis 25 kg MTOM** (Abb. 12) ohne Genehmigung bis zu einer Flughöhe von 120 m über Grund betrieben werden. Die notwendige Sicherheit wird erzeugt durch Einhalten ausreichend großer Mindestabstände zu allen Menschen, besiedelten Gebieten, Bundesstraßen, Industrieanlagen usw.. Die technischen Anforderungen an das UA sind etwas gelockert im Vergleich zu Unterkategorie A2. Es sind UAS der **Klassen C3** und **C4** zulässig. Als Qualifikation reicht der Erwerb des EU-Kompetenznachweises (A1/A3).
Unbeteiligte Personen dürfen nicht überflogen werden und es muss immer ein sicherer seitlicher Abstand eingehalten werden. Ist die Einhaltung des sicheren Abstandes zu unbeteiligten Personen nicht möglich, muss der Betrieb sofort eingestellt werden.

A1/A3

Als sicherer Abstand gelten:

- mindestens 30 m horizontal, und mehr als die 1:1 Regel besagt (50 m Abstand bei 50 m Flughöhe) sowie
- mindestens der Abstand, den das UA in 2 Sekunden zurücklegt, was ungefähr
- der Reaktionszeit von Fernpilot:innen entspricht.

Weiter gilt: Privat hergestellte Drohnen in der Kategorie A3 dürfen **keine Flüge** durchführen, bei denen das System **vollständig autonom** agiert, ohne dass der Fernpilot eingreifen kann. Natürlich müssen auch in dieser Unterkategorie die allgemeinen Regeln der Kategorie OFFEN eingehalten werden.

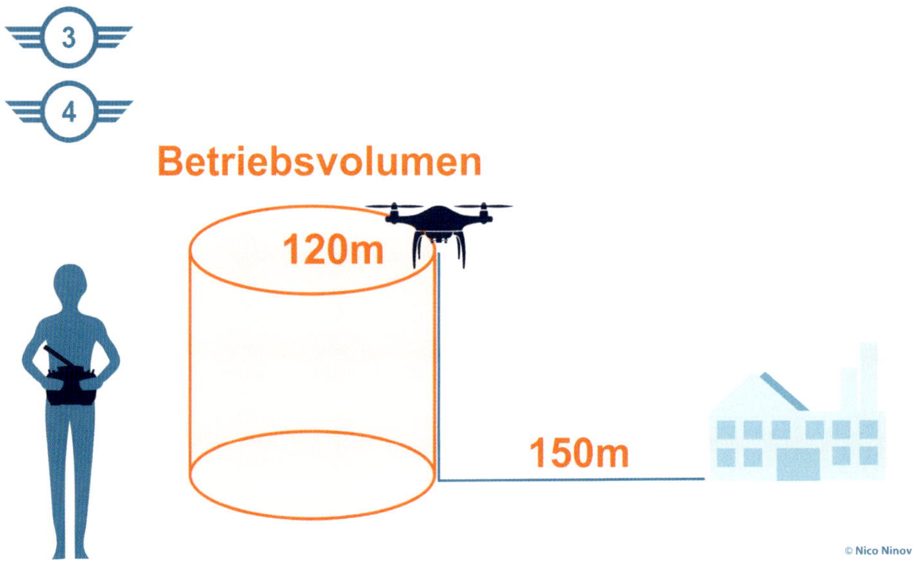

Abb 12: Bedingungen der Betriebskategorie OFFEN in der Unterkategorie A3 für die UAS Klassen C3 und C4.

2.3.2 Betriebskategorie SPEZIELL (specific)

Sofern eine der in der Betriebskategorie OFFEN festgelegten Anforderungen nicht erfüllt werden oder der UAS-Betrieb eines der nachfolgenden Kriterien entspricht, sind UAS- Betreiber verpflichtet, bei der zuständigen Behörde eine Betriebsgenehmigung einzuholen.

- Das UAS überschreitet das maximal zulässige Abfluggewicht von 25 kg.
- Der Betrieb erfolgt oberhalb von 120 m über Grund oder in speziellen Lufträumen.
- Der Betrieb erfolgt außerhalb der direkten Sichtverbindung (BVLOS, Beyond Visual Line of Sight).
- Bedingungen und Vorgaben der geografischen Gebiete für den UAS Betrieb nach §21h LuftVO können nicht eingehalten werden.

Der Betrieb in der Kategorie SPEZIELL unterliegt immer den Anforderungen, die aufgrund der Risikobewertungen Bestandteil der erteilten Betriebsgenehmigung oder des Standardszenarios (STS) sind. Dabei sind die Regelungen der EU-Verordnung 923/2012 (SERA) einzuhalten.

2.3.2.1 Verfahren für eine Betriebsgenehmigung

Die zuständige Behörde des Mitgliedstaats, in dem das UAS registriert ist, ist in Deutschland gemäß LuftVG festgelegt als die Luftfahrtbehörde des Landes (LLB), in dem die Antragsteller ihren Wohnsitz oder Firmensitz haben. Die Zuständigkeit liegt beim Luftfahrt-Bundesamt (LBA), wenn UAS-Betreiber mit Betriebsgenehmigung aus einem EU-Mitgliedsstaat in Deutschland fliegen möchten.
Die Antragsteller müssen zur Erlangung einer Betriebsgenehmigung die in Artikel 11 der EU-Verordnung 2019/947 geforderte Risikobewertung (SORA) durchführen und diese zusammen mit dem Antrag einreichen, in dem auch geeignete Maßnahmen zur Risikominderung darlegt sind. Die zuständige Behörde kann ergänzend dazu die Vorlage eines Prüfgutachtens verlangen, oder dieses selbst anfordern.
Wenn die Behörde zu der Auffassung kommt, dass die Risiken nicht ausreichend gemindert sind, kann sie die Genehmigung verweigern bzw. entsprechende Nachbesserungen verlangen.
In Deutschland ist für die Erteilung einer Betriebsgenehmigung in der „speziellen“ Betriebskategorie die Luftfahrtbehörde des Landes zuständig in dem ein Fernpilot als natürliche Person den Hauptwohnsitz hat. Bei Firmen (juristischen Personen) wird nach dem Hauptwohnsitz des Antragsstellers beurteilt. Gerne helfen wir dir mit unserem Genehmigungsservice, um schnell die Erlaubnisse zu erhalten. In folgenden Bundesländern ist immer das Luftfahrtbundesamt verantwortlich:

- Bayern
- Berlin
- Brandenburg
- Mecklenburg-Vorpommern
- Nordrhein-Westfalen
- Saarland
- Sachsen
- Sachsen-Anhalt
- Schleswig-Holstein
- Thüringen

In den übrigen Bundesländern ist die jeweilige Landesluftfahrtbehörde zuständig. Die Ansprechpartner sind:

- Baden-Württemberg
- Bremen
- Hamburg
- Hessen (Darmstadt)
- Hessen (Kassel)
- Niedersachsen
- Rheinland-Pfalz

Wenn UAS-Betreiber mit einer existierenden Betriebsgenehmigung grenzüberschreitend tätig werden möchten, müssen sie ihre gültige Betriebsgenehmigung zusammen mit einer Beschreibung der Örtlichkeit des geplanten UAS-Betriebs in dem Mitgliedsstaat bei der zuständigen Behörde des entsprechenden Mitgliedsstaates mit ihrem Antrag vorlegen. Gegebenenfalls müssen sie zusätzliche Minderungsmaßnahmen gemäß örtlichen Zusatzanforderungen nachweisen (Abb. 13).

Gemäß den Artikeln 12 und 13 der Durchführungsverordnung (EU) 2019/947 muss für einen Antrag zur Genehmigung des Flugbetriebs in einem anderen Mitgliedsstaat bereits eine Betriebsgenehmigung aus dem Mitgliedsstaat vorliegen, in dem der Betreiber gemeldet ist.

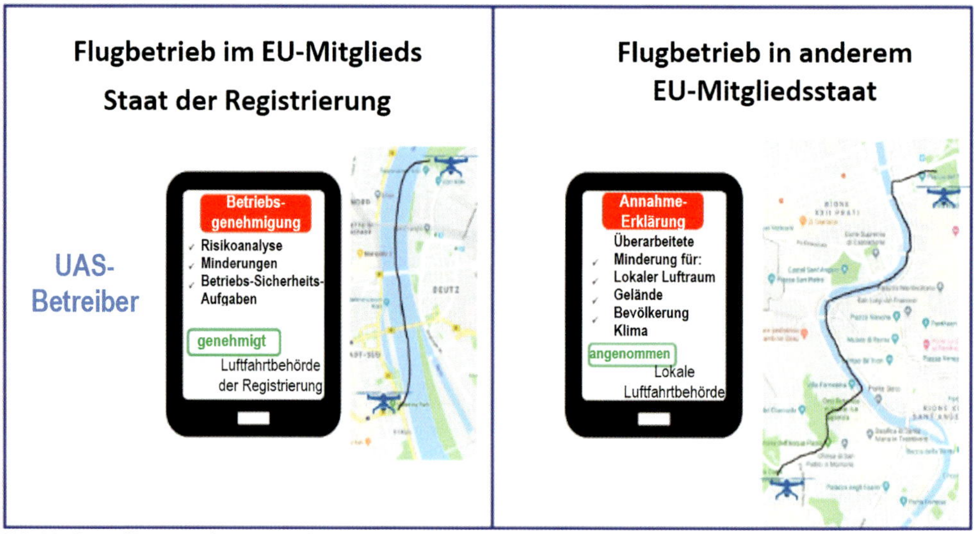

Abb 13: Grenzüberschreitender UAS-Betrieb zwischen EU-Mitgliedstaaten.

Wenn beispielsweise also eine Betriebsgenehmigung (SORA) aus Deutschland besteht und ein Flug in der Schweiz nach derselben SORA geplant ist, gilt:

Zuständigkeit: Bei einer bestehenden Betriebsgenehmigung aus einem EASA-Land (z. B. Deutschland) muss für Flüge in der Schweiz das **Bundesamt für zivile Luftfahrt (BAZL)** kontaktiert werden.

Antragstellung: Die Anmeldung erfolgt über ein spezielles Antragsformular des BAZL für grenzüberschreitende UAS-Einsätze.

Betriebsart: Im Antrag ist anzugeben, ob der Betrieb ortsgebunden **(„location-specific")** oder ortsunabhängig **(„location-independent")** stattfindet.

Betriebshandbuch (OM): Es muss auf die relevanten Abschnitte im vorhandenen Betriebshandbuch verwiesen werden, welche die Sicherheits- und Risikominimierungsmaßnahmen beschreiben.

Lokale Anpassung: Die Verfahren müssen – falls erforderlich – an die spezifischen geografischen oder örtlichen Gegebenheiten in der Schweiz angepasst werden.

Prüfprozess: Das BAZL prüft den Antrag zeitnah. Nach erfolgreicher Prüfung erfolgt eine Bestätigung, die zur Aufnahme des Flugbetriebs berechtigt.

Es gibt eine vereinfachte Methode im Fall von STS-Betrieb in der speziellen Kategorie. Hierbei reicht es aus, die Erklärung, welche von der Landesluftfahrtbehörde aus dem Heimatland, (Member State of registration) in dem der Betreiber registriert ist, bestätigt wurde dem anderen Mitgliedsstaat (another Member State) zur Kenntnisnahme zu senden. Eine Empfangsbestätigung reicht aus, eine Prüfung oder erneute Genehmigung ist nicht erforderlich, wie in der nachfolgenden Abbildung dargestellt.

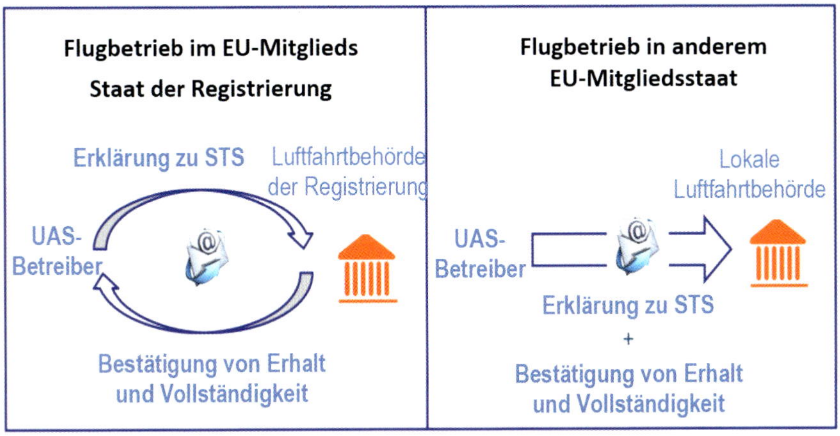

Abb 14: Grenzüberschreitender UAS-Betrieb zwischen EASA-Mitgliedstaaten im STS-Betrieb. Quelle: Easa-Website

2.3.3 SORA 2.5 (Risikoanalyse des geplanten UAS-Betriebs)

Seit dem 1. Oktober 2025 ist die SORA 2.5 (Specific Operations Risk Assessment) in Kraft getreten und ersetzt damit die vorherige Version SORA 2.0, die nicht mehr gültig ist. Diese Aktualisierung markiert einen bedeutenden Schritt in der Regulierung von unbemannten Luftfahrzeugen (UAS) in der EU, insbesondere für Operationen in der «spezifischen» Kategorie. SORA ist ein zentraler Bestandteil der Risikobewertung für Drohnenoperationen und wurde ursprünglich von JARUS (Joint Authorities for Rulemaking on Unmanned Systems) im Jahr 2017 entwickelt. Seitdem hat sich die Methode weiterentwickelt, um die Anforderungen der Operateure zu vereinfachen und die Sicherheit noch weiter zu erhöhen.

Die SORA 2.5 wurde notwendig, weil die Vorgängerversion SORA 2.0 mehrere Herausforderungen aufwies. Zu diesen gehörten unter anderem eine qualitative Beschreibung der Bodenrisiken, die schwierig anzuwenden war, zu strenge oder nicht praktikable Bedingungen für die Einhaltung des operativen Volumens sowie eine unklare Sprache und Struktur, die es den Drohnenoperatoren erschwerte, die Anforderungen zu verstehen und umzusetzen. Darüber hinaus wurde festgestellt, dass die ursprüngliche Methode zu einer nicht harmonisierten Anwendung der Drohnenregulierung innerhalb der EU führte.

Die Hauptveränderungen in SORA 2.5 zielen auf eine praxisnähere und harmonisierte Umsetzung ab: Statt einer rein qualitativen Bewertung der Bodenrisiken durch Bevölkerungsdichte wird nun eine präzisere, quantifizierbare Herangehensweise verwendet, was die Anwendung erleichtert. Die Anforderungen an die Eindämmung (Containment) der Operationen wurden weniger restriktiv gestaltet, um übermäßige Vorschriften zu vermeiden, und die gesamte Struktur sowie die Formulierungen sind klarer und nutzerfreundlicher geworden. Neue Ergänzungen umfassen unter anderem das Annex F und Anpassungen in den Annexen A, B, E und I, die von JARUS im Mai 2024 veröffentlicht wurden. Im Vergleich zu SORA 2.0, die seit 2019 als Acceptable Means of Compliance (AMC) diente, bietet Version 2.5 mehr Flexibilität – etwa bei Operationen mit höherem Specific Assurance and Integrity Level (SAIL) – und fördert ein level playing field für alle Betreiber in der EU.

Was bedeutet das für die Praxis und den Übergang? EASA erklärt die neue AMC/GM-Entscheidung unmittelbar seit dem 01.10.2025 anwendbar, sodass Betreiber ihre Anträge auf Basis von SORA 2.5 einreichen können. Mitgliedstaaten legen fest, wie lange sie Anträge nach SORA 2.0 noch akzeptieren; bereits erteilte Genehmigungen nach SORA 2.0 bleiben in Deutschland für höchstens 2 Jahre ab Genehmigungszeitpunkt gültig. Da SORA 2.0 teils konservativer und strenger war (insbesondere bei Containment), kann sich die Umstellung auf SORA 2.5 für bestehende Operationen lohnen. Der Autor Nico Ninov bietet hierzu eine preiswerte Erstberatung, die bei Beauftragung eines Änderungsantrags über seine Firma inklusive ist.

In diesem Kapitel werden wir detailliert auf die Neuerungen der SORA 2.5 eingehen, die Unterschiede zur Vorgängerversion hervorheben und die Auswirkungen auf Drohnenoperateurinnen und -operatoren sowie Hersteller beleuchten. Wir werden auch auf die erwarteten Vorteile und möglichen Herausforderungen bei der Umsetzung dieser neuen Regelungen eingehen.

Sinn der Risikoanalyse und -bewertung ist die Festlegung und Einhaltung von UAS-Betriebsvolumina, die gewährleisten, dass niemand außerhalb dieser Bereiche am Boden und in der Luft ernsthaft gefährdet werden kann. Dazu wurde ein Schalenmodell definiert, in denen der normale Arbeitsbetrieb in einem Arbeitsvolumen stattfindet. Dieses Volumen ist umgeben von einem Pufferbereich, in dem mit Sicher-

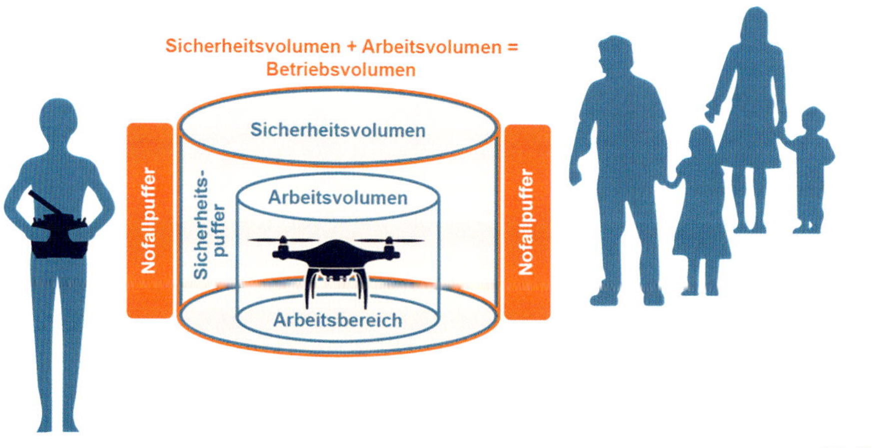

Abb 15: Betriebsvolumen bestehend aus Arbeitsvolumen und Sicherheitspuffer und zusätzlichem Notfallpuffer.

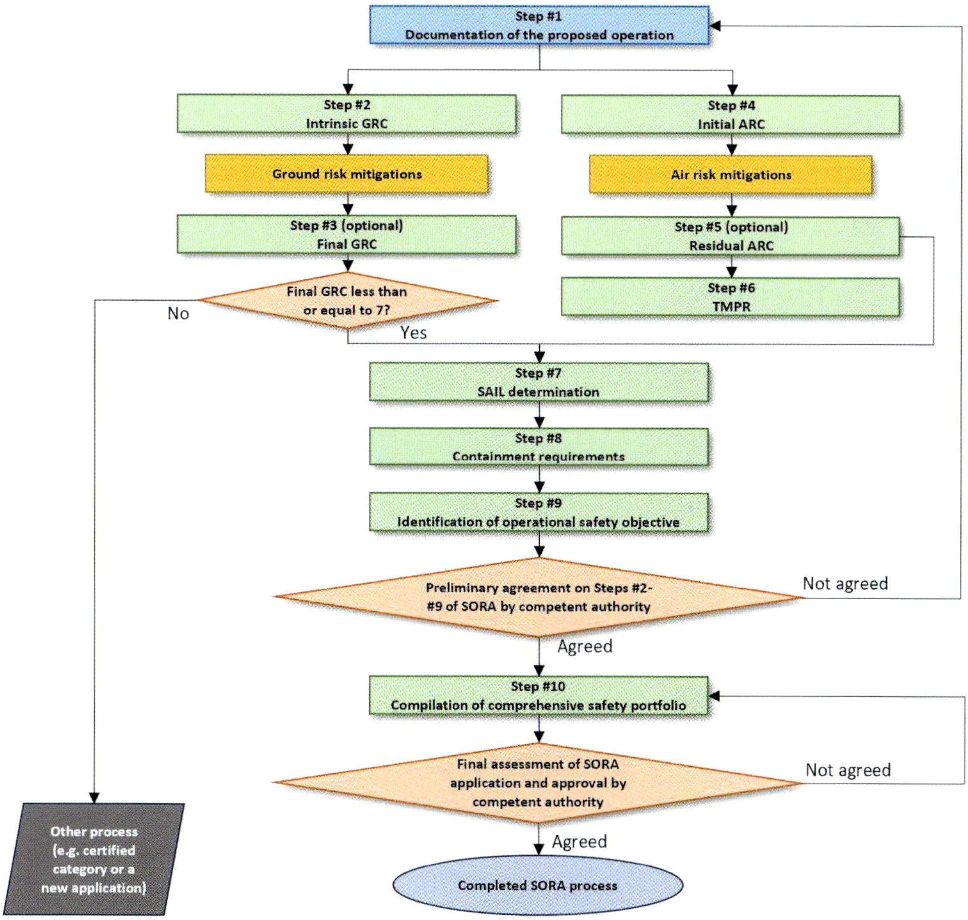

Abb 16: Schematische Darstellung des SORA 2.5 Prozesses nach EASA AMC. Falls das Ergebnis positiv ist, dann ist der Betrieb genehmigungsfähig durch die zuständige Behörde.

H

heitsmaßnahmen (Sicherheitsvolumen) ein Verlassen des gesicherten Bodenbereichs verhindert und eine Rückführung in das Arbeitsvolumen sichergestellt werden soll. Darüber hinaus gibt es einen zusätzlichen Notfallpuffer in dem die „Notbremse" gezogen werden kann, wenn das UA außer Kontrolle geraten ist und droht, das Sicherheitsvolumen zu verlassen.

Als Sicherheitsmaßnahmen gelten dabei alle Manöver, die bei voller Kontrolle des UA durch Umschalten auf einen vorhandenen Betriebsmodus die Rückkehr in das Arbeitsvolumen ermöglichen. Als Notfallmanöver gelten dann die Notausfunktionen und forcierten Notlandungen am Fallschirm oder mittels gesteuerten Absturzes. Die jeweiligen Puffer hängen von der Bauform und Betriebsart des UA ab.

Die Beschreibung des gesamten UAS-Betriebs wird Betriebshandbuch (engl. Operations Manual, kurz: OM) genannt. In älteren Anträgen wurde hierzu auch der gleichbedeutende Begriff (Concept of Operations, kurz: ConOps) verwendet. Das jeweilige Vorhaben muss ausführlich und gleichzeitig selbsterklärend sein. Nur dann kann die im OM ebenfalls enthaltene SORA-Risikoanalyse glaubhaft nachvollzogen werden,

indem verständlich dargelegt wird, dass die risikomindernden Maßnahmen ausreichend sind, um die öffentliche Sicherheit und Ordnung nicht zu gefährden. Dazu schreibt die EASA in den AMC und GM detailliert vor, welche Elemente in welcher Qualität in dem OM enthalten sein müssen. Die Beschreibung des Betriebskonzepts (OM) ist die Grundlage für alle anderen Aktivitäten und sollte so genau und detailliert wie möglich sein. Das OM sollte nicht nur den Betrieb beschreiben, sondern auch einen Einblick in die Betriebssicherheitskultur der UAS-Betreiber geben.
Entsprechen die Darstellungen und zugehörigen Nachweise nicht den Anforderungen, kann die Behörde entweder den Antrag ablehnen, Nachbesserungen fordern, oder über ein Gutachten feststellen lassen, ob die Ausführungen sachlich und fachlich ausreichend sind. Der auf Basis des OM durchgeführte SORA-Prozess durchläuft dabei zehn Stufen (siehe Abbildung 15 SORA).
Das OM sollte auch enthalten, wie und wann gegebenenfalls mit dem Flugsicherungsdienstleister (ANSP) zu interagieren ist. Die einzelnen Schritte sind in den o.a. AMC und GM ausführlich beschrieben und erfordern viel Sachverstand für deren Bearbeitung. Stellen mit erfahrenen Experten wie z.B. der droneLIONS Academy sind dabei behilflich.

2.3.3.1 Standardszenarien STS

Für einige UAS-Operationen, die in der Kategorie SPEZIELL eingestuft sind, werden UAS-Betreibern Alternativen zur Durchführung einer vollständigen Risikobewertung angeboten:
UAS-Betreiber mit geringeren intrinsischen Risiken können eine Erklärung abgeben werden, wenn die Operationen den Standardszenarien (STS) entsprechen, die in der EU-Verordnung 2019/947 aufgeführt sind. Diese haben Einschränkungen damit der Betrieb in der SAIL II durchgeführt werden könnte. Folgende STS sind bis zum Zeitpunkt der Erstellung des Buches definiert:

STS #	Ausgabe / Datum	UAS-Merkmale	BVLOS / VLOS	Überflogenes Gebiet	Maximale Reichweite von Fernpilot:innen	Maximale Höhe	Luftraum
01	1.0/06 2020	C5	VLOS	Kontrollierter Bodenbereich z.B. in bewohntem Gebiet	500 m	120m	G oder D-CTR (ARC-b)
02	1.0/06 2020	C6	BVLOS	Kontrollierter Bodenbereich ausschließlich in dünn besiedeltem Gebiet	2 km mit visuellem Beobachter, 1 km im VLOS	120m	G oder D-CTR (ARC-b)

Tabelle 2: Übersicht Standard Szenarien EU-VO2019/947

Legen UAS-Betreiber der zuständigen Behörde eine Erklärung für einen geplanten Betrieb vor, der einem der genehmigten Standardszenarios genügt, müssen die UAS-Betreiber keine Betriebsgenehmigung beantragen. Die zuständige Behörde ist dafür in Deutschland das LBA, in der Schweiz das BAZL und in Österreich die Austrocontrol. Dabei ist nur wichtig, in welchem dieser Mitgliedsstaaten der Betreiber registriert ist und nicht, wo die eigentliche Drohnen-Mission durchgeführt werden soll. Die An-

erkennung des STS-Betriebs läuft über das s.g. Cross-Border Approval (vgl. Kapitel 2.3.2.1 Verfahren für eine Betriebsgenehmigung).
Das Verfahren der Selbsterklärung zum STS-Betrieb in der speziellen Kategorie läuft wie folgt ab:
Nach Eingang der Erklärung überprüft die zuständige Behörde, ob alle erforderlichen Anlagen zur Erklärung vorliegen. Wenn das zufriedenstellend festgestellt ist, bestätigt sie den Erhalt und die Vollständigkeit der Erklärung, sodass die Betreiber den Betrieb aufnehmen können (Abb. 16). Bei fehlenden Unterlagen werden die Antragsteller aufgefordert dies entsprechend nachzubessern.
Weitere Anforderungen an den Betreiber sind, dass alle Fernpiloten über das erweiterte Fernpilotenzeugnis STS in Theorie und Praxis geprüft sein müssen, sowie ein Nachweis, dass die eingesetzten UA für STS-01 eine C5-Zertifizierung und für STS-02 eine C6-Zertifizierung des Herstellers haben.
Sollen für den Einsatz hingegen UA ohne eine solche Zertifizierung eingesetzt werden, gibt es dafür das Pendant PDRA-S01 und PDRA-S02, bei dem eine vereinfachte Betriebsgenehmigung beantragt werden muss. Diese enthält bereits vordefinierte Risikominderungsmassnahmen (Pre-defined Risk Assesment, kurz: PDRA) zu denen nur noch die Übereinstimmung zu den zertifizierten UA nachgewiesen werden muss.

2.3.3.1.1 Einführung in den BVLOS-Betrieb

Der Begriff BVLOS (Beyond Visual Line of Sight) beschreibt eine Betriebsart, bei der der Fernpilot die Drohne nicht mehr direkt im Blick hat. Während der herkömmliche Einsatz von unbemannten Luftfahrzeugen meist in direkter Sichtlinie (VLOS - Visual Line of Sight) stattfindet, eröffnet der BVLOS-Betrieb neue Einsatzmöglichkeiten, die besonders für Behörden und Organisationen mit Sicherheitsaufgaben (BOS) von großem Wert sein können.
Im Gegensatz zum VLOS-Betrieb, bei dem der Drohnenpilot in der Lage sein muss, "einen ununterbrochenen und nicht unterstützten Sichtkontakt mit dem unbemannten Luftfahrzeug aufrechtzuerhalten, sodass er dessen Flugweg so steuern kann, dass Kollisionen mit anderen Luftfahrzeugen, Menschen und Hindernissen vermieden werden", geht der BVLOS-Betrieb deutlich darüber hinaus.

Der BVLOS-Betrieb kann grundsätzlich in zwei Varianten unterteilt werden:

1. EVLOS (Extended Visual Line of Sight): Eine Betriebsart, bei der "eine oder mehrere zusätzliche Luftraumbeobachter anstelle der Drohnenpiloten das UA und dessen Umgebung im Luftraum permanent im Blick behalten und die Drohnenpiloten auf Gefahren hinweisen."
2. Reiner BVLOS-Betrieb: Eine Betriebsart, "bei der weder der Drohnenpilot noch ein Luftraumbeobachter das UAS im Blick hat."

Diese verschiedenen Betriebsarten unterliegen unterschiedlichen rechtlichen Rahmenbedingungen und erfordern spezifische technische und organisatorische Maßnahmen, um die Sicherheit im Luftraum zu gewährleisten.

2.3.3.2 Rechtliche Grundlagen für BVLOS-Operationen

Nach dem europäischen Rechtsrahmen fallen BVLOS-Operationen in der Regel unter die „spezielle“ Betriebskategorie, da sie nicht den Anforderungen der „offenen“ Kategorie entsprechen, die einen Betrieb nur innerhalb der Sichtweite des Fernpiloten (VLOS) erlaubt.

H

Für den Betrieb in der speziellen Kategorie gilt:

- Es wird eine Betriebsgenehmigung gemäß Artikel 12 der EU-DVO 2019/947 durch die zuständige Behörde benötigt.
- Der Betreiber muss ein Betriebskonzept erstellen und eine Risikobewertung (SORA - Specific Operations Risk Assessment) gemäß Artikel 11 der DVO (EU) 2019/947 durchführen.
- In dieser Risikobewertung werden sowohl das Bodenrisiko als auch das Luftrisiko untersucht und gegebenenfalls Maßnahmen zur Risikominderung festgelegt.

2.3.3.3 Ausnahmen für BOS-Einsätze

Für Behörden und Organisationen mit Sicherheitsaufgaben (BOS) gelten besondere Regelungen:

In Deutschland sind BOS gemäß § 21k LuftVO von der Betriebsgenehmigungspflicht befreit, sofern die eingesetzten UAS eine Startmasse von 25 kg nicht überschreiten.

Dennoch wird empfohlen, sich an die europäischen Sicherheitsstandards zu halten: „Es wird empfohlen, sich so weit wie möglich an den europäischen Rechtsrahmen zu halten. Hierzu zählen etwa der Einsatz EU-rechtskonformer UAS, die für Fernpiloten geforderten Kompetenznachweise und Zeugnisse, sowie festgelegte Verfahren für den Betrieb von UAS zum Schutze der Einsatzkräfte und unbeteiligter Dritter.“

2.3.4 BVLOS mit Luftraumbeobachtern (EVLOS)

2.3.4.1 Konzept und Organisation

Der EVLOS-Betrieb stellt eine Zwischenstufe zwischen dem klassischen VLOS-Betrieb und dem vollständigen BVLOS-Betrieb dar. Dabei befindet sich die Drohne zwar außerhalb der Sichtweite des Piloten, wird aber von Luftraumbeobachtern überwacht, die den Piloten über potenzielle Gefahren informieren können.

Die Rolle des Luftraumbeobachters ist eine „bewährte und äußerst hilfreiche Funktion innerhalb einer Drohneneinheit“. Diese Funktion unterstützt Drohnenpiloten dabei, „ihre Tätigkeit auszuüben und gleichzeitig Kollisionsgefahren im Luftraum rechtzeitig zu erkennen und zu vermeiden.“

Die Hauptaufgaben des Luftraumbeobachters umfassen:

- Überwachung des Luftraums auf andere Luftfahrzeuge, Hindernisse oder Vögel

- Unterstützung des Piloten, während dieser das Videobild betrachtet
- Überprüfung, dass der Luftraum vor jedem Start frei ist, insbesondere auch nach einem Akkuwechsel
- Ständige Kommunikation mit dem Piloten über Funk

H

2.3.4.2 Kommunikation und Protokolle

Die effektive Kommunikation zwischen Drohnenpilot und Luftraumbeobachtern ist entscheidend für einen sicheren EVLOS-Betrieb. Für Drohnenteams werden in der Regel eigene Funkkanäle vorgehalten.

Es gibt drei wesentliche Funksprüche, die Luftraumbeobachter dem Drohnenpiloten sofort mitteilen müssen, wobei sie sogar den ersten Teil der Funkdisziplin überspringen können:

1. „Nach [entgegengesetzte Himmelsrichtung] ausweichen – bemannte Luftfahrt aus [Himmelsrichtung] auf Kurs zur Drohne."
2. „STOP-Hindernis in Flugrichtung"
3. „AUSWEICHEN – anderes Fahrzeug/Luftfahrzeug auf Kollisionskurs zur Drohne"

Gleichzeitig gibt es Notfallsprüche, die der Drohnenpilot direkt durchgeben darf:

1. „DECKUNG – Drohne stürzt ab"
2. „ACHTUNG – Ausweichmanöver"
3. „VORSICHT – Notlandung"

2.3.4.3 Positionierung der Luftraumbeobachter

Die richtige Positionierung der Luftraumbeobachter ist entscheidend für einen erfolgreichen EVLOS-Betrieb. Je nach Einsatzszenario und Größe des Einsatzgebiets kann es erforderlich sein, mehrere Luftraumbeobachter einzusetzen.

Bei einem normalen Hausbrand reicht meist ein Luftraumbeobachter aus, während bei einer Personensuche im Wald oder einem Gebäudekomplex im Industriegebiet mehrere Luftraumbeobachter entlang des Einsatzgebiets erforderlich sind.

Eine empfohlene Praxis ist, die Luftraumbeobachter an strategischen Positionen zu platzieren, von denen aus sie Gefahren am Boden und in der Luft erkennen und per Funk melden können.

2.3.4.4 Vor- und Nachteile des EVLOS-Betriebs

Vorteile:

- Erweiterung des Operationsradius über die Sichtweite des Piloten hinaus
- Erhöhte Sicherheit durch zusätzliche visuelle Beobachtung
- Möglichkeit, um Hindernisse, wie Gebäude, herum zu operieren
- Flexibilität bei komplexen Einsatzlagen

Nachteile:
- Erhöhter Personalbedarf für Luftraumbeobachter
- Aufwendigere Koordination und Kommunikation
- Geografische Einschränkungen durch die Notwendigkeit, Luftraumbeobachter zu positionieren
- Abhängigkeit von Funkverbindungen

2.3.5 Automatisierter BVLOS-Betrieb aus Drohnen-Docks

2.3.5.1 Technologisches Konzept

Der vollautomatisierte Betrieb außerhalb der direkten Sichtweite (**BVLOS** – *Beyond Visual Line of Sight*) stellt die höchste Entwicklungsstufe aktueller Drohnenoperationen dar. In diesem Szenario agieren unbemannte Luftfahrtsysteme (UAS) aus speziellen **Drohnen-Docks** oder „Garagen“ heraus. Diese Stationen dienen als geschützter Stützpunkt, aus dem die Systeme autonom starten, ihre vordefinierten Missionen durchführen und zur anschließenden Landung sowie zum automatisierten Ladevorgang zurückkehren.
Ein markantes Beispiel für diese technologische Umsetzung ist das 2022 von DJI vorgestellte „Dock“-Konzept. Diese mobile Drohnengarage ermöglicht nicht nur den witterungsgeschützten stationären Einsatz, sondern auch das hocheffiziente Schnellladen der Akkus, wodurch die Einsatzbereitschaft des Systems nahezu unterbrechungsfrei gewährleistet bleibt.

2.3.5.1.1 Einsatztaktischer Mehrwert am Beispiel BOS

Unter Einhaltung der entsprechenden gesetzlichen Bestimmungen bietet diese Technologie einen entscheidenden Zeitvorteil für Behörden und Organisationen mit Sicherheitsaufgaben (BOS). Drohnen könnten bereits wenige Minuten nach einer Alarmierung am Einsatzort eintreffen – lange bevor die ersten bodengebundenen Einsatzkräfte eintreffen. Durch das frühzeitige Schweben über dem Gefahrengebiet kann unmittelbar ein Lagebild in Echtzeit an den Einsatzleiterwagen oder die Leitzentrale übertragen werden, was die taktische Entscheidungsfindung massiv beschleunigt.

2.3.5.1.2 Fernsteuerung und Überwachung aus Leitstellen

Das technologische Konzept sieht vor, dass die Steuerung der Systeme sowie der verbauten Sensorik und Kameras nicht mehr vor Ort, sondern von einem zentralen **Kommandozentrum** aus erfolgt. Dieses kann beispielsweise direkt in die Einsatzleitzentrale der Feuerwehr oder Polizei integriert sein.
In diesem Rahmen wird die Rolle des **Remote-Fernpiloten** neu definiert:
- **Zentralisierung:** Ein erfahrener Fernpilot steuert oder überwacht die UAS aus einer kontrollierten, stationären Umgebung heraus.
- **Effizienz:** Es ist nicht mehr zwingend erforderlich, dass Personal physisch am Startplatz präsent ist. Ein einzelner Operator kann von zentraler Stelle aus mehrere Drohnen überwachen und bei Bedarf aktiv in die Steuerung eingreifen.

- **Konnektivität:** Die Kommunikation zwischen dem UAS und dem cloudbasierten Betriebszentrum erfolgt über leistungsfähige **4G/5G-Mobilfunknetzwerke**. Dies bildet das Rückgrat für automatisierte Flottenoperationen und die sichere Koordination im gemeinsam genutzten Luftraum.

2.3.5.2 Anwendungsfall für den Betrieb nach STS-01

In der Kategorie OFFEN ist der Betrieb in besiedeltem Gebiet in der Nähe von unbeteiligten Personen nur in der Unterkategorie A2 möglich, wenn das gesamte Abfluggewicht weniger als 4 kg für UA der UAS-Klasse beträgt. Mithilfe des Standard Szenarios STS-01 ist es möglich, diesen Betrieb mit einem unbemannten Luftfahrzeug bis 25 kg durchzuführen, sofern die Auflagen zum kontrollierten Bodenbereich in Standardszenarios eingehalten werden und die entsprechenden Pufferzonen nach Abb. 17 berücksichtigt sind. Eine ausführliche Beschreibung der verschieden Sicherheitsbereiche und Volumen ist in Kapitel 6.4 gegeben.

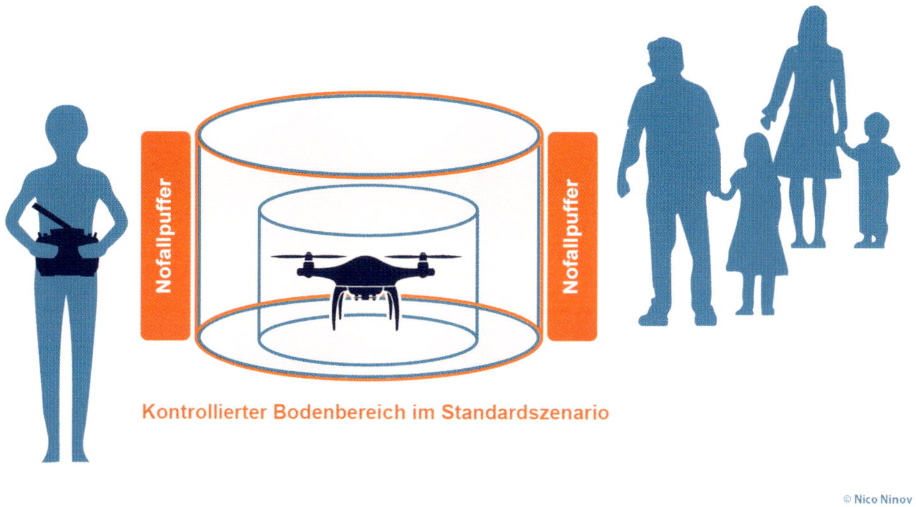

Abb 17: Kontrollierter Bodenbereich des STS01, mit entsprechenden Pufferzonen.

2.3.5.3 Praktisches Fallbeispiel STS 2

Der UA-Betrieb außerhalb der Sicht (Engl.: Beyond Visual Line of Sight; Kurz: BVLOS) im Standardszenario STS-02 ist eine Erweiterung des Sichtbereichs (VLOS) der Fernpiloten durch die Mithilfe weiterer unterwiesener Personen. Dabei dürfen Fernpiloten das UA außerhalb ihres Sichtbereichs steuern, sobald die unterwiesene Person („visueller Bobachter") vorher die Sichtverbindung hergestellt und dies den Fernpiloten mitgeteilt hat (Abb. 18).

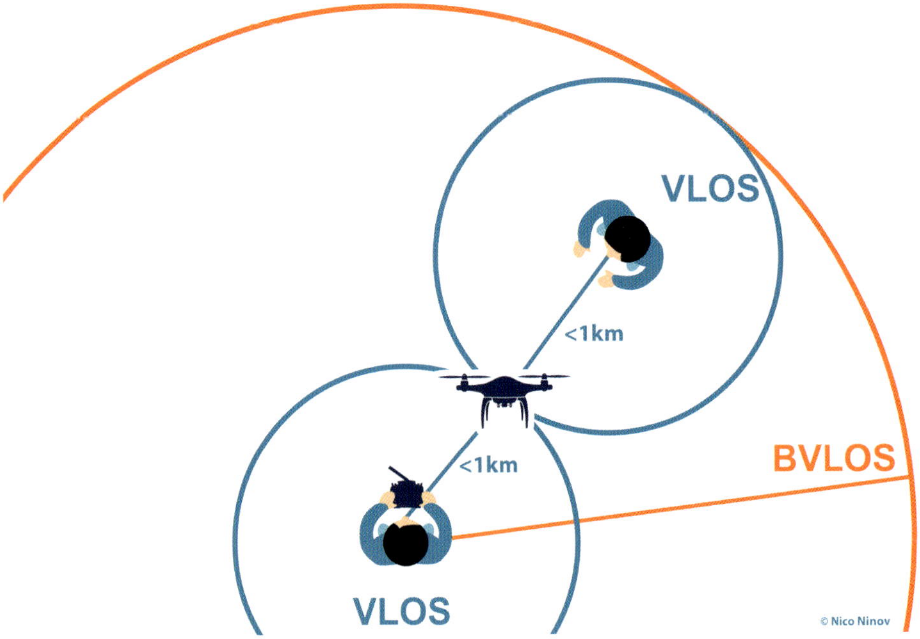

Abb 18: Betriebsbereich des STS02 BVLOS mit Fernpilot:in und Hilfsperson

Angenommen UAS-Betreiber möchten mit einem UA der UAS-Klasse C6 unter 4kg eine Burg auf einem Hügel umfliegen. Dabei stehen der Fernpilot auf der einen Seite der Burg und das UA befindet sich nach einem Halbkreis komplett außerhalb seiner Sichtlinie. Um diese Mission trotzdem fliegen zu dürfen, brauchen der Fernpilot mindestens eine Hilfsperson, welche ständig über eine Audioverbindung mit dem Fernpilot in Kontakt steht. Dies kann entweder durch Funkgeräte, eine Telefonverbindung oder ein Konferenzsystem bei mehreren Hilfspersonen realisiert werden. Sobald das UA aufgestiegen ist, befindet sich die unterwiesene Hilfsperson bereits auf der anderen Seite der Burg. In einem Übergangsbereich, bei dem sowohl Fernpiloten das UA sehen, als auch die Hilfsperson das UA sehen müsste, wartet der Fernpilot die Meldung der Hilfsperson ab, sobald diese die Sichtverbindung zum UA herstellen konnte. Erst dann fliegt der Fernpilot vorsichtig die geplante Route um die Burg herum, bis der Fernpilot das UA wieder auf der anderen Seite sehen kann. Dies bestätigt der Fernpilot per Audioverbindung seiner Hilfsperson. Diese ist nun informiert, dass das UA ggf. wieder außerhalb der Sichtverbindung der Hilfsperson zurück zu zum Fernpilot oder zur nächsten Hilfsperson fliegen wird. Der Vorgang wird so lange mit weiteren Hilfspersonen wiederholt, bis der Fernpilot am Ende der geplanten Flugroute die Landung am geplanten Landeplatz vornehmen kann.

2.3.5.4 Vordefinierte Risikobewertungen PDRA

Neben den Standardszenarien (STS) gibt es sogenannte vordefinierte Risikobewertungen (PDRA), mit denen man eine Betriebsgenehmigung in der Kategorie „SPEZIELL“ erhalten kann. Im Gegensatz zu den STS, die sehr genau beschrieben sind, sind die Vorgaben in den PDRAs allgemeiner gehalten. Das gibt Betreibern und Behörden mehr Spielraum, um die Regeln an den konkreten Einsatz anzupassen.
PDRAs konzentrieren sich ausschließlich auf Sicherheitsrisiken. Andere Aspekte wie Datenschutz oder allgemeine Sicherheitsvorgaben müssen zusätzlich berücksichtigt und ggf. separat geregelt werden.

H

Zurzeit (Januar 2026) sind folgende PDRA definiert als AMC zu Artikel 11 (Hinweis im AMC) und PDRA-Auswahl in EASA Form 208:

- PDRA-S01 — Für Agrararbeiten und kurzreichweitige Frachtmissionen mit niedrigerem Risiko (typisch VLOS/kurzes BVLOS) als standardisierte PDRA-Operation nutzbar;
- PDRA-S02 — Für Überwachungsaufgaben, Agrararbeiten und kurzreichweitige Frachtflüge mit geringem bis moderatem Risiko;
- PDRA-G01 — Für BVLOS Überwachung und Langstrecken Fracht primär in ländlichem/unkontrolliertem Luftraum;
- PDRA-G02 — Generische PDRA für ein breites Spektrum typischer Specific Category Einsätze innerhalb vorgegebener Grenzen;
- PDRA-G03 — Für lineare Inspektionen (z. B. Leitungen, Trassen) und Agrararbeiten entlang definierter Korridore.

Bei Ergänzungen der AMC&GM werden je nach Bedarf der Mitgliedsstaaten zusätzliche PDRA integriert.

2.3.5.4.1 Betreiberzeugnis LUC

Das Betreiberzeugnis LUC (light UAS operator certificate) ist eine Genehmigung für UAS-Betreiber, also zum Beispiel Firmen die Dienstleistungen mithilfe von UAS in der Betriebskategorie SPEZIELL erbringen. Mit dem Erwerb des LUC erübrigt sich das Einholen von Betriebsgenehmigungen sowie das Abgeben von Erklärungen zur Einhaltung der oben erwähnten Standardszenarios.
UAS-Betreiber müssen dazu ergänzend zu den Anforderungen der Betriebsge- nehmigungen beschreiben und glaubhaft machen, dass ihre Organisation in der Lage ist die Aufsicht über die Bestandteile des Betriebs und die Einhaltung von öffentlicher Sicherheit und Ordnung im Rahmen des abgewickelten UAS-Betriebs zu führen. Dazu erstellt sie ein „LUC-Handbuch“ zu dessen Einhaltung sich die Betriebsleiter Hauptgeschäftsführer für die gesamte Organisation des LUC-Halters verpflichten müssen. Das schließt auch alle Unterauftragnehmer und/oder Partner des LUC-Halters mit ein. In Deutschland ist das Luftfahrt-Bundesamt ist für die Zulassung von LUC zuständig. An den Nachweis der Eignung und Zuverlässigkeit des LUC-Antragstellers werden hohe Anforderungen gestellt, zu denen das Luftfahrt-Bundesamt (LBA) einen detaillierten Leitfaden erstellt hat.

2.3.5.5 Betriebskategorie ZULASSUNGSPFLICHTIG (certified)

Die Betriebskategorie eines UAS gilt nur dann als „zulassungspflichtig", wenn folgende Voraussetzungen erfüllt sind:

1) Das UA hat eine charakteristische Dimension von über 3 m und ist zum Betrieb über Menschenansammlungen ausgelegt.
2) Der Betrieb wird unter den folgenden Bedingungen durchgeführt:
   a) Menschenansammlungen werden überflogen,
   b) es werden Menschen befördert
   c) es werden gefährliche Güter transportiert, die bei einem Unfall ein hohes Risiko für Dritte darstellen können.

Darüber hinaus fällt ein UAS-Betrieb dann in die Kategorie „zulassungspflichtig", wenn die zuständige Behörde anhand einer Risikobewertung (SORA) nach Artikel 11 der EU-Verordnung 2019/947 der Auffassung ist, dass das Betriebsrisiko ohne eine Zulassung des UAS und der UAS-Betreiber und, je nach Sachlage, ohne Fernpiloten-Lizenz nicht angemessen gemindert werden kann.
Die Anforderungen für Entwicklung, Zulassung und Betrieb von zulassungspflichtigen UAS befinden sich noch in Erarbeitung durch die EASA. Das bedeutet im Klartext, der UAS-Betrieb über Menschenansammlungen und mit Menschen an Bord eines UA ist auf absehbare Zeit nicht möglich.

2.3.5.6 Modellflug in Deutschland

Flugmodelle sind im Sinne der LuftVO Luftfahrzeuge, die zum Zwecke des Sports oder der Freizeitgestaltung betrieben werden.
Seit 2024 gilt: Modellflug ist nur innerhalb eines bundesweit tätigen Luftsportverbandes privilegiert, wie DMFV oder MFSD in Deutschland. Ohne eine Mitgliedschaft gelten die strengeren Regeln der „offenen" oder „speziellen" Kategorie, und für bestimmte Betriebsarten sind zusätzliche Genehmigungen der Landesluftfahrtbehörde erforderlich.

Privilegierte Regeln im Rahmen der Verbände umfassen u.a.:
- Verbandsregeln gelten bis 150 kg Startmasse.
- Zusatzgenehmigung erforderlich bei:
  o Startmasse über 12 kg
  o Raketenantrieb mit Treibsatz über 20 g
  o Verbrennungsmotor unter 1,5 km Entfernung von Wohngebieten
  o Nachtflug

Alte Genehmigungen ohne Verbandsmitgliedschaft sind nicht mehr nutzbar

Der Modellflugbetrieb kann zudem im Rahmen der OFFENEN Kategorie erfolgen. Hierbei müssen die Modellflugpiloten die vorgeschriebenen Sicherheitsabstände, u.a. zu geografischen Gebieten einhalten und den erforderlichen Online-Kurs und Online-Test absolvieren. Weiter Informationen und Regelungen sind bei den jeweiligen Verbänden zu finden.

2.4 QUALIFIKATION DER FERNPILOTEN

Fernpiloten sind Bestandteil des Systems Luftfahrt und haben somit einen entscheidenden Einfluss auf die Sicherheit des Flugbetriebs. Sie tragen deshalb Verantwortung in Verbindung mit der ausgeübten Funktion und müssen dementsprechend eine den Betriebserfordernissen genügende Qualifikation nachweisen, um ein UAS steuern zu dürfen. Dies sind:

- das vorgeschriebene Mindestalter und
- angemessene Kenntnisse und Fertigkeiten (Kompetenz).

Das Mindestalter für Fernpiloten in der Kategorie OFFEN und SPEZIELL beträgt 16 Jahre. Die EU-Mitgliedsstaaten können jedoch auf nationalstaatlicher Ebene dieses Alter um bis zu vier Jahre herabsetzen. In Österreich gelten dieselben Regeln für den Betrieb von Modellflugzeugen, wie für den Betrieb von UAS.

Deutschland weicht nur beim Flugmodellsportbetrieb von dieser Regelung ab.
Die Regelungen über das Mindestalter kommen nicht zur Anwendung, wenn:

- ein unbemanntes Luftfahrzeug der Klasse C0 in der Unterkategorie A1 betrieben wird, das als Spielzeug im Sinne der Richtlinie 2009/48/EG gilt, oder
- ein privat hergestelltes UAS mit MTOM < 250g betrieben wird, oder
- ein qualifizierter Fernpilot den ‚minderjährigen' Fernpiloten direkt beaufsichtigt.

Das Qualifikationsniveau ist adäquat zu den Betriebskategorien der EU-Verordnung 2019/947, vorgegeben für die Unterkategorien A1/A3 (niedrigstes Niveau) sowie A2 (gehobenes Niveau). Im risikoreicheren Betrieb der Kategorie SPEZIELL legt die zuständige Behörde im Rahmen der Betriebsgenehmigungen bzw. Standardszenarien und Betreibergenehmigungen (LUC) den erforderlichen Kompetenzgrad fest. In der Betriebskategorie ZULASSUNGSPFLICHTIG wird es Fernpilotlizenzen entsprechend den Regeln der Allgemeinen Luftfahrt geben. Die beiden Qualifikationsniveaus sind in den beiden folgenden Kapiteln näher erklärt.

2.4.1 EU-Kompetenznachweis A1/A3

Um die Basis-Kenntnisse A1/A3 der Kategorie OFFEN zu erlangen, müssen (außer bei UAS mit MTOM < 250g ohne Aufzeichnungsmöglichkeiten) alle Fernpilot einen von der nationalen Luftfahrtbehörde bereitgestellten Online-Theoriekurs absolvieren und anschließend eine Online-Theorieprüfung mit 40 Multiple-Choice Aufgaben bestehen.
In dem Onlinekurs A1/A3 wird Fachwissen in den folgenden Bereichen vermittelt. Hierzu wird auf die entsprechenden Kapitel dieses Buches verwiesen, in denen diese Inhalte nachgeschlagen werden können, um somit für das Selbststudium eine adäquate Prüfungsvorbereitung zu ermöglichen:

Kenntnisse A1/A3	Kapitel
(a) Flugsicherheit:	2.3/2.8/5.2
(1) rücksichtsvolles Verhalten, Sicherheitsvorkehrungen für den UAS-Betrieb und grundlegende Anforderungen an gefährliche Güter.	5.2/5.3/4.2.7
(2) Starten oder Stoppen des Betriebs unter Berücksichtigung von Umweltfaktoren, UAS-Bedingungen und -Einschränkungen, Fernpiloten-Einschränkungen und menschlichen Faktoren.	2.8/2.9/5.2/7
(3) Betrieb in Sichtlinie (VLOS), welcher beinhaltet:	5.2/5.2.2
(i) Einen sicheren Abstand zu Menschen, Tieren, Eigentum, Fahrzeugen und anderen Luftraumnutzern halten.	5.1.3
(ii) Die Identifizierung von Versammlungen von Menschen.	2.9.3
(iii) Einen Verhaltenskodex für den Fall, dass das UA auf anderen Flugverkehr trifft.	5.3.1.1
(iv) Beachtung der Höhenbegrenzung.	2.8.2.5/7.6.1
(v) Bei Verwendung von UA-Beobachter die Verantwortlichkeiten und die Kommunikation zwischen dem UA-Beobachter und der Fernpiloten.	2.7/5.2.2.3/5.1.4
(4) Einarbeitung in die Betriebsumgebung, insbesondere:	
(i) Wie die in UAS.OPEN.020(1) und UAS.OPEN.040(1) geforderten Bewertungen der Anwesenheit unbeteiligter Personen im überflogenen Gebiet durchzuführen sind.	5.2.6
(ii) Information der beteiligten Personen.	5.1.4
(b) Luftraumbeschränkungen:	2.9 / 2.10
Erhalten und beachten aktualisierter Informationen über alle Flugbeschränkungen oder Flugbedingungen, die von den Mitgliedsstaaten gemäß Artikel 15 der UAS-Verordnung veröffentlicht wurden.	2.10.5.3/2.10.5.4/2.10.5.5
(c) Luftfahrtvorschriften:	2.2
(1) Einführung in die EASA und das Luftverkehrssystem.	2.2.1
(2) Verordnung EU-Verordnung 2019/945 und 2019/947:	2.2.2
(i) Ihre Anwendbarkeit auf EU-Mitgliedstaaten;	2.2.3 – 2.2.5
(ii) Unterkategorien in der Kategorie OFFEN und den zugehörigen UAS-Klassen.	2.3.1
(iii) Registrierung von UAS-Betreibern	2.5
(iv) Die Verantwortlichkeiten von UAS-Betreibern	2.6
(v) Die Verantwortlichkeiten des Fernpiloten	2.7
(vi) Vorfall – Unfallmeldung.	5.3.3
(d) Einschränkungen der menschlichen Leistungsfähigkeit:	7
(1) Der Einfluss psychoaktiver Substanzen oder Alkohol oder Ausfall der Zurechnungsfähigkeit aufgrund von Verletzung, Müdigkeit, Medikamenteneinnahme, Krankheit etc.	7.1 – 7.6
(2) Menschliche Wahrnehmung:	7.6
(i) Faktoren, die VLOS beeinflussen.	7.6.3/8.2.6
(ii) Die Entfernung von Hindernissen und die Entfernung zwischen dem UA und den Hindernissen.	6.5.3.1
(iii) Bewertung der Geschwindigkeit des UA.	7.6.2
(iv) Bewertung der Höhe der UA.	7.6.1/6.5.3.1
(v) Situative Aufmerksamkeit; und	7.6.1
(vi) Nachtoperationen.	7.6.4/7.6.5

(e) Betriebsverfahren:	5
(1) Vor dem Flug:	5.1
(i) Einschätzung des Einsatzgebietes und der Umgebung, einschließlich des Geländes und potenzieller Hindernisse und Hindernisse für die Aufrechterhaltung der VLOS des UA, potentieller Überflug unbeteiligter Personen und potentieller Überflug kritischer Infrastrukturen.	5.1.3
(ii) Identifizierung eines sicheren Bereichs, in dem der Fernpilot einen Übungsflug durchführen kann.	5.1.3
(iii) Umwelt- und Wetterbedingungen (z.B. Faktoren, die die Leistung des UAS beeinflussen können, wie: elektromagnetische Störungen, Wind, Temperatur usw.); Methoden zum Erhalten von Wettervorhersagen; und	5.2.5/5.3.1.5/8.14
(iv) Prüfung + des UAS-Zustands, Gebrauch der Checkliste.	5.1.1/5.1.2
(2) im Flug:	5.2
(i) Normale Verfahren; und	5.2.1/5.2.2
(ii) Verfahren für ungewöhnliche Situationen (z.B. für verlorene Datenverbindungsverbindungen).	5.3
(3) Nach dem Flug:	5.4
(i) Instandhaltung; und	5.4.2
(ii) Protokollierung von Flugdaten; Logbuch.	5.4.1
(f) UAS-Allgemeinwissen	4.1
(1) Grundprinzipien des Fliegens.	4.1.1
(2) Die Auswirkung von Umgebungsbedingungen auf die Leistung des UAS.	5.2.5/5.3.1.3/5.3.1.5
(3) Befehls- und Kontrollprinzipien (Steuerung):	4.1.3 – 4.1.5
(i) Überblick.	4.1.3 – 4.1.5
(ii) Datenverbindungsfrequenzen und -spektren; und	4.1.8/-4.1.10
(iii) automatische Flugmodi, Übersteuerung und manuelle Intervention.	4.1.7
(4) Mit den Anweisungen des Benutzerhandbuchs eines UAS vertraut sein, insbesondere bezüglich:	4.2.1
(i) Überblick über die Hauptelemente der UAS.	4.2.1
(ii) Einschränkungen (z.B. Masse, Geschwindigkeit, Umgebungsbedingungen, Batteriedauer usw.).	4.2.1
(iii) Steuerung des UAS in allen Flugphasen (z.B. Start, ggf. Schweben in der Luft, fliegen von Grundmustern und Landung).	4.2.1
(iv) Merkmale, die die Flugsicherheit beeinträchtigen.	5.2.4/5.3.1/4.3/8.2.6
(v) Einstellen der Parameter der Datenlink-Verlust Prozeduren.	5.3.1.3
(vi) Einstellen der maximalen Höhe.	2.8.2.5/4.1.7
(vii) Verfahren zum Laden von geografischen Zonendaten in das Geo-Sensibilisierungs-System;	2.9/2.8.2.7
(viii) Verfahren zum Laden der UAS-Betreiberregistrierungsnummer in das direkte Fernidentifikationssystem.	2.8.2.6
(ix) Sicherheitsaspekte:	
(A) Anweisungen zum Sichern der Nutzlast.	4.2.6
(B) Vorsichtsmaßnahmen zur Vermeidung von Verletzungen durch Rotoren und scharfe Kanten; und	2.9.3/5.1.3/5.1.4
(C) der sichere Umgang mit Batterien.	4.3/4.3.6/4.3.7
(x) Wartungshinweise:	5.3.4
(g) Privatsphäre und Datenschutz	3
(1) Verständnis des Risikos für Privatsphäre und Datenschutz; und	3.1
(2) die Leitprinzipien für den Datenschutz nach der DSGVO.	3.1.3

(h) Versicherung	2.11
(1) Haftung bei Unfällen oder Zwischenfällen.	2.11
(2) Allgemeine Kenntnisse der EU-Verordnungen.	2.11
(3) Kenntnis der möglichen unterschiedlichen nationalen Versicherungsanforderungen in den EU-Mitgliedstaaten.	2.11
(i) Sicherheit	5.2
(1) Ein Verständnis des Sicherheitsrisikos.	5.1.1 / 5.2.5
(2) Eine Übersicht über die EU-Verordnungen.	2.3
(3) Kenntnis der möglichen unterschiedlichen nationalen Sicherheitsanforderungen in den EU-Mitgliedstaaten.	2.2.3

Wenn die Prüfung mit Erreichen von 75% richtiger Antworten bestanden ist, stellt die nationale Luftfahrtbehörde den EU-Kompetenznachweis über die bestandene Online Prüfung A1/A3 gemäß nachstehendem Muster aus. Der Kompetenznachweis A1/A3 gilt EU-weit (Abb. 19) und seine Gültigkeit beträgt fünf Jahren, danach muss er erneut erworben werden.

Abb 19: EU-Kompetenznachweis A1/A3 zum „Nachweis über den Abschluss eines Online-Lehrgangs" (Quelle: LBA)

2.4.2 EU-Fernpilotenzeugnis

Aufbauend auf der Basis-Kompetenz des EU-Kompetenznachweises, können die Fernpiloten das nächsthöhere Kompetenzniveau (A2) erwerben. Dazu müssen sie zusätzliche theoretische Kenntnisse und eine Wissensprüfung nachweisen:

- Um die Sicherheitsrisiken im Zusammenhang mit einem UAS-Betrieb in unmittelbarer Nähe von unbeteiligten Personen oder mit einem schwereren unbemannten Luftfahrzeug (unmanned aircraft, UA) zu verstehen.
- In der Lage zu sein, das Bodenrisiko im Zusammenhang mit der Umgebung, in

der die Operation stattfindet, zu bewerten und in unmittelbarer Nähe zu unbeteiligten Personen zu fliegen.
- Grundkenntnisse über die Planung eines Fluges und die Festlegung von Notfallverfahren zu haben.
- Ein Verständnis zu haben, wie sich die Wetterbedingungen auf die Leistung der UA auswirken können.

Dazu hat das LBA gemäß §21e LuftVO qualifizierte Prüfstellen für Fernpiloten (PStF) benannt, bei denen die Bewerber nach Nachweis der erforderlichen Voraussetzungen eine zusätzliche Theorieprüfung A2 in drei Fachgebieten ablegen können. Die Voraussetzungen zur Zulassung sind:

- Nachweis der Identität und des Mindestalters.
- Nachweis der vorhandenen Kompetenz A1/A3 (siehe 2.4.1).
- Abschluss eines praktischen Selbststudiums der Betriebsbedingungen für UAS der Unterkategorie A3 (Selbsterklärung reicht).

2.4.3 Syllabus EU-Fernpilotenzeugnis A2

Der Syllabus (Themenübersicht der geforderten theoretischen Kenntnisse) zu diesen drei Fachgebieten ist in der EU-Verordnung 2019/947 im Anhang Teil A genau vorgegeben und vom LBA mit einer zugehörigen Mindestanzahl von Fragen je Gebiet belegt. Die Theorieprüfung kann je nach Zulassung der PStF als Präsenzprüfung oder wie bei der DE.PStF.048 (droneLIONS Academy) auch im Online-Verfahren abgelegt werden. Es müssen 75% der diesmal mindestens 30 Multiple-Choice Fragen der Theoriefächer richtig beantwortet werden. Die Prüfungsinhalte sind ebenfalls mit Verweis auf die entsprechenden Buchkapitel versehen:

Kenntnisse A2	Fragen	Kapitel
A) Meteorologie	6	8
i Wettereinflüsse auf den Betrieb eines unbemannten Luftfahrzeugs	5	8/5.3.1.5
a Wind (z.B. städtebauliche Effekte, Turbulenzen, etc.)		8.10
b Temperatur		8.2
c Sichtweite		8.2.6
d Luftdichte		8.2.4
ii Einholen von Wettervorhersagen	1	8.14
(i) Wie die in UAS.OPEN.020(1) und UAS.OPEN.040(1) geforderten Bewertungen der Anwesenheit unbeteiligter Personen im überflogenen Gebiet durchzuführen sind.		5.2.6
(ii) Information der beteiligten Personen.		5.1.4
B) Flugleistungen	11	4.2
i Typischer Betriebsbereich von unbemannten Luftfahrzeugen der Kategorien Drehflügler-, Starrflügler- und Hybrid-Konfiguration	1	4.2.4

ii Masse und Gleichgewicht, Schwerpunktlage	4	4.2.3
a Berücksichtigung des Gesamtgleichgewichts bei der Nutzung eines Gimbals oder anderen Nutzlasten		4.2.6/4.2.3.4
b Verständnis des Einflusses verschiedener Nutzlasten auf die Flugstabilität		4.2.3.3
c Verständnis dafür, dass verschiedene unbemannte Luftfahrzeuge verschiedene Schwerpunktlagen haben können.		4.2.3.3/4.2.3.4
iii Sicherung der Nutzlast	1	4.2.6.2
iv Batterien / Akkus	5	4.3
a Kenntnis von Stromquellen und der Stromversorgung und Vermeidung unsicherer Zustände		4.3.1/4.3.7
b Kenntnisse über verschiedene Arten von Batterien / Akkus		4.3
c Kenntnis der gängigen Begriffe in Zusammenhang mit Batterien / Akkus (z.B. Memory-Effekt, Kapazität, C-Faktor)		4.3.3
d Verständnis der Funktionsweise von Batterien / Akkus, einschließlich ihrer Pflege (wie Aufladen, Gebrauch, Gefahren, Aufbewahrung)		4.3.1/4.3.4
C) Technische und betriebliche Minderung von Risiken am Boden	13	6.2/6.5.1
i Funktionen im Langsam-Flug-Modus	5	6.5.1.1
ii Einschätzung der Entfernung zu Menschen	5	6.5.3
iii Die 1:1 Regel	3	6.5.4

Bei Bestehen der Prüfung erhalten die Bewerber ebenfalls direkt von der nationalen Luftfahrtbehörde (in Deutschland das LBA) das EU-Fernpilotenzeugnis A2 gemäß nachstehendem Muster (Abb. 20).

Abb 20: EU-Fernpilotenzeugnis A2 (Quelle: LBA)

Auch das Fernpilotenzeugnis A2 gilt EU-weit, und ist fünf Jahre gültig. Entsprechend muss es danach erneut erworben werden, oder durch eine Auffrischungsschulung bei einer dafür anerkannten Stelle verlängert werden.
Übergangsweise wird als A2-Ersatz der alte nationale Kenntnisnachweis in Verbindung mit dem Kompetenznachweis A1/A3 und der Selbsterklärung Praxis anerkannt (s.a. Tabellen 4 und 5).

2.4.4 Praktische Selbsterklärung

Die oben aufgeführte Selbsterklärung über den Abschluss des praktischen Trainings muss mittels des vom LBA vorgegebenen Formblatts abgegeben werden. Das praktische Selbsttraining sollte folgende Inhalte umfassen:

- mindestens fünf Flüge, um das UAS kennenzulernen,
- alle Betriebsbereiche und Limits Ihres UAS kennen und praktisch erfliegen,
- alle Steuerungs-Modi des UAS beherrschen lernen,
- sich mit der Bodenkontrollstation (Steuerung und all ihrer Elemente, Knöpfe und Tasten) vertraut machen,
- die Verfahren für Notsituationen oder abnormale Situationen gemäß Bedienerhandbuch üben (z.B. Rückkehrfunktion, Ausfall der Funkverbindung, etc.), sofern vorhanden.

Das LBA-Formblatt kann auf der Webseite des LBA in deutscher oder englischer Sprache heruntergeladen werden: LBA-Selbsterklärung
Navigation: LBA.de → Drohnen → Fernpiloten → EU-Fernpiloten-Zeugnis A2

2.4.5 Praktische Prüfung für STS-01 und STS-02

Anders als beim A2 ist bei der Ausbildung und Prüfung für den STS-Nachweis auch eine praktische Ausbildung durch eine zugelassene Ausbildungsorganisation, wie der DroneLIONS Academy erforderlich. Dies liegt daran, dass die STS-01 und STS-02 (Standard Scenarios) spezifische Anforderungen an die operationale Sicherheit stellen, die über die bloße theoretische Kenntnis hinausgehen. Die praktische Prüfung soll die Fähigkeit des Remote-Piloten unter Beweis stellen, die UAS sicher und effizient in den definierten Szenarien zu betreiben, wobei besondere Aufmerksamkeit auf Aspekte wie die Handhabung von Notfällen, die Einhaltung von Sicherheitsprotokollen und die Fähigkeit zur Risikominderung gelegt wird.

2.5 REGISTRIERUNG VON UAS-BETREIBERN

Gemäß Vorgabe der EU-Verordnung 2019/947, hat das Luftfahrt-Bundesamt (LBA) ein Online-Registrierungssystem eingerichtet, in dem sich alle UAS-Betreiber in Deutschland selbst registrieren können. Nach erfolgreicher Registrierung erhalten die UAS-Betreibereine Registrierungsnummer, die sogenannte „eID“.
Die Pflicht zur Registrierung gilt für Betreiber von UA, die die folgenden Bedingungen erfüllen:

- Wenn sie in der Betriebskategorie OFFEN betrieben werden und entweder
  a) eine MTOM größer 250 Gramm besitzen und bei einem Aufprall auf einen Menschen eine kinetische Energie von über 80 Joule übertragen können, oder

b) mit einem Sensor ausgerüstet sind, der personenbezogene Daten erfassen kann, es sei denn, das UA gilt als Spielzeug im Sinne der Richtlinie 2009/48/EG.

- Wenn sie in der Betriebskategorie SPEZIELL betrieben werden (unabhängig von ihrer Masse).

Die Registrierung muss immer in dem jeweiligen EU-Mitgliedsstaat vorgenommen werden, in dem die UAS-Betreiber ihren Wohnsitz oder bei Firmen seinen Hauptgeschäftssitz haben. Eine Registrierung in mehreren EU-Mitgliedsstaaten ist unzulässig. Die Registrierungsnummer muss auf jedem UA der Betreiber gut sichtbar angebracht sein, auch wenn diese selbst nicht Eigentümer des UA sind.
Eigentümer eines zulassungspflichtigen unbemannten Luftfahrzeugs müssen dieses registrieren lassen. Die Kennzeichnung des UA erfolgt für diesen Fall nach den Richtlinien der ICAO mit Nationalitätszeichen und Eintragungskennzeichen. Eine Mehrfachregistrierung zulassungspflichtiger UA ist unzulässig.

2.6 PFLICHTEN DER VERANTWORTLICHEN UAS BETREIBER

Nachzertifizierung am Beispiel einer DJI Air 2S
Die DJI Air 2S zählt zu den sogenannten Bestandsdrohnen, da sie vor dem 01.01.2024 in den Verkehr gebracht wurde und keine C-Klassifizierung gemäß EU-Verordnung 2019/945 besitzt. Für den Betrieb in der Kategorie „OFFEN“ bedeutet dies, dass sie ab 2024 nur noch in der Unterkategorie A3 betrieben werden darf, sofern keine Nachzertifizierung erfolgt.
Eine Nachzertifizierung ist grundsätzlich möglich, wenn der Hersteller – in diesem Fall DJI – eine technische Umrüstung und Konformitätsbewertung gemäß den Anforderungen der EU-Drohnenverordnung durchführt. Dies umfasst u.a. die Integration eines Remote-ID-Systems, Geo-Sensibilisierung und die Einhaltung der technischen Anforderungen der jeweiligen C-Klasse (z. B. C1 oder C2). DJI hat für einige Modelle wie die Mavic 3 und 4 Serie bereits C-Klassifizierungen erhalten, für die Air 2S ist hingegen eine Nachzertifizierung in der C1-Klasse möglich. Dazu gibt der Hersteller bestimmte Schritte vor, die durchgeführt und per Fotobeweis zur Überprüfung beim Hersteller eingereicht werden müssen. Nach erfolgreicher Prüfung bekommt man dann die Bestätigung und die zugehörigen C1-Aufkleber per Post zugesandt.
Betreiber, die ein nicht-zertifiziertes UA über 250g weiterhin innerstädtisch oder in der Nähe von Menschen fliegen möchten, müssen entweder auf eine zertifizierte Drohne umsteigen oder eine Betriebsgenehmigung in der Kategorie „SPEZIELL“ beantragen. Weitere Details zur Klassifizierung und den technischen Anforderungen finden sich im Kapitel 2.8.2 dieses Buches.
Damit der Betrieb in der Kategorie OFFEN von UAS immer den Anforderungen der EU-Regulierung genügt, müssen UAS-Betreiber Betriebsregelungen aufstellen, die der Organisation und den Verfahren des Betriebs so angepasst sind, dass das verbleibende Betriebsrisiko minimal ist.

Dazu müssen UAS-Betreiber für den Betrieb eines UAS verantwortliche Fernpiloten benennen.
Sofern Betreiber gleichzeitig auch Fernpiloten sind und nach den Betriebsverfahren des Flug- und Betriebshandbuch des UAS-Herstellers arbeiten, muss keine zusätzliche schriftliche Festlegung der Regeln erfolgen. Bei mehreren am Betrieb beteiligten Personen muss aber eine Liste des Personals und deren zugeordnete Funktion angefertigt werden.
Die Fernpiloten und alles andere am UAS-Betrieb beteiligte Funktionspersonal müssen so qualifiziert und trainiert sein, dass sie ihre Aufgaben sicher wahrnehmen können und insbesondere:

- sich in den Betriebskategorien der geplanten Betriebsarten auskennen,
- mit den Anweisungen des Herstellers des UAS vertraut sind,
- mit den Verfahren des UAS-Betreibers bestens vertraut sind,
- die für den beabsichtigten UAS-Betrieb relevanten Informationen über alle vom Betriebsmitgliedstaat gemäß Artikel 15 der EU-Verordnung 2019/947 veröffentlichten geografischen Gebieten erhalten haben.

Die Fernpiloten müssen die erforderliche Kompetenz nachweisen können; das übrige Personal muss einen intern ausgearbeiteten Lehrgang zur Ausbildung am Arbeitsplatz abgeschlossen haben.

Darüber hinaus müssen UAS-Betreiber:
- sicherstellen, dass alle Fernpiloten die Bandbreiten der Funkfrequenzen effektiv nutzen, und ihre effiziente Nutzung unterstützen, um schädliche Interferenzen zu vermeiden.
- die Verantwortung tragen für die ordnungsgemäße Identifizierung und technische Konformität der verwendeten UAS und für das Vorliegen der entsprechenden Dokumentation und Genehmigungen sorgen, insbesondere:
  - o dass die UA mit dem Kennzeichen der Betreiber-Registrierung (eID) gekennzeichnet sind,
  - o das entsprechende Kennzeichen des UAS-Klasse am UA angebracht ist,
  - o die jeweils gültige Information zu geografischen Gebieten des geplanten Betriebsbereiches im Geo-Sensibilisierung System des UAS eingerüstet ist (sofern vorhanden).
- dafür sorgen, dass alle beteiligten Personen, die sich innerhalb des Betriebsvolumens aufhalten, über die Betriebsrisiken aufgeklärt sind und der Teilnahme am Betrieb ausdrücklich zugestimmt haben.

2.7 PFLICHTEN DER FERNPILOTEN

Die Fernpiloten müssen abhängig von der jeweilige Betriebsphase alle Maßnahmen ergreifen, die zur Erfüllung der Anforderungen des beabsichtigten UAS-Betriebs erforderlich sind. Dazu gehören je nach Betriebsphase zahlreiche Pflichten:

A1/A3

Vor Aufnahme des UAS-Betriebs müssen Fernpiloten:

- Eine C0-C6 zertifizierte Drohne für den Betrieb in der offenen Kategorie A1 bis A3 verwenden. (Ausnahme: Drohne wiegt unter 250g → A1 sonst A3-
- kontrollieren, ob sie für die jeweilige Unterkategorie ein **gültiges Zeugnis** besitzen,
- die aktuellen Informationen über **geografische Gebiete** für den beabsichtigten Flug einholen und den Flug vorbereiten, für alle europäischen Länder (EASA Mitgliedsstaaten) z.B. mit Hilfe der Dronemaps24.org Plattform,
- die Betriebs-**Umgebung kontrollieren**, auf Hindernisse überprüfen und feststellen, ob unbeteiligte (nicht eingewiesene) Personen anwesend sind,
- sicherstellen, dass das UAS in einem **sicheren** und **betriebsbereiten Zustand** ist;
- die **Steuerungsfunktionen** prüfen (siehe Betriebshandbuch) und
- sicherstellen, dass die **Fernidentifizierung** ordnungsgemäß funktioniert, sofern dies erforderlich ist,
- sicherstellen, dass das maximale **Abfluggewicht** nicht überschritten wird,
- dafür sorgen, dass die sonstigen **Grenzwerte** des Systems und des Flugbereichs eingehalten werden können,
- jegliches rücksichtsloses Verhalten und unnötiges Risiko vermeiden.
- Bei auch nur geringem Zweifel an den eigenen Fähigkeiten sollte zunächst in einem sicheren Umfeld geübt werden.

Während des Fluges des UA:

- Müssen Fernpiloten bei Flügen in der OFFENEN Kategorie das UA in Sichtweite (VLOS) halten und ständig den das UA umgebenden Luftraum und Bodensicherheitsbereich (also die Betriebsumgebung) überwachen, um jedes Risiko einer Kollision mit einem bemannten Luftfahrzeug zu vermeiden.
- Bei einem FPV Piloten ist damit ein separater Beobachter für Flüge in der OFFENEN Kategorie erforderlich, der stets die Umgebung und UA in Sicht behält. Dürfen Fernpiloten keine Aufgaben ausführen, wenn sie unter dem Einfluss psychoaktiver Substanzen oder Alkohol stehen oder nicht in der Lage sind, ihre Aufgaben aufgrund von Verletzung, Müdigkeit, Medikamenteneinnahme, Krankheit oder sonstigen Gründen wahrzunehmen. (siehe hierzu auch I'M SAFE-Checkliste Kapitel 7.5)
- Müssen Fernpiloten den Flug unterbrechen und ggf. landen, sobald der Betrieb ein Risiko für Dritte, also ein anderes Luftfahrzeug, Menschen, Tiere, die Umwelt oder Gegenstände darstellt.
- Müssen Fernpiloten die Wetterbedingungen stetig kontrollieren und im Zweifel den Flug abrechen
- Wenn Fernpiloten bei ihren Aufgaben Beobachter einsetzen, müssen diese sich direkt neben den Fernpiloten befinden und durch direkte visuelle Beobachtung des UA und des umgebenden Luft- und Bodenraums die Fernpiloten in der sicheren Durchführung des Flugs unterstützen. Dazu müssen zwischen den Piloten und den Beobachtern des UA eine klare und effektive Kommunikation festgelegt und vorher trainiert werden.
- Müssen Fernpiloten an die in dem vom EU-Mitgliedsstaat eingerichteten geografischen Zonen festgelegten Betriebsbeschränkungen halten.
- Müssen Fernpiloten während des Fluges die maximale Flughöhe beachten und Mindestabstand zu geografischen Gebieten und Flugplätzen einhalten.

- Müssen Fernpiloten in der Lage sein, die Kontrolle über das unbemannte Luftfahrzeug aufrechtzuerhalten, sofern nicht ein Verlust der Datenverbindung vorliegt, oder sie das unbemannte Luftfahrzeug im Gleitflug betreiben.
- Müssen Fernpiloten das UAS nach dem vom Hersteller des UAS erstellten Benutzerhandbuch betreiben und dabei möglicherweise geltende Beschränkungen berücksichtigen.
- Müssen Fernpiloten, soweit vorhanden, sich an die Verfahren des Betreibers halten.
- Dürfen Fernpiloten nicht an Gebiete heranfliegen oder in Gebieten fliegen, in denen ein Notfalleinsatz stattfindet, sofern sie nicht von den zuständigen Notfalldiensten die Erlaubnis hierzu erhalten haben.
- Müssen Fernpiloten bei Nacht dafür sorgen, dass die erforderliche Beleuchtung aktiviert ist, insbesondere das grüne Blinklicht.

In Bezug auf Punkt eins zur Betriebsumgebung gilt es während des UA-Flugs im Detail zu beachten:

- Fernpiloten sollten die Betriebsumgebung beobachten und alle Bedingungen überprüfen, die den UAS-Betrieb beeinträchtigen könnten, wie z.B. die Standorte von Personen, Eigentum, Fahrzeuge, öffentlichen Straßen, Hindernisse, Flugplätze, kritischer Infrastruktur und anderen Elemente, die ein Risiko für die die Sicherheit des UAS-Betriebs darstellen.
- Fernpiloten sollten sich mit der Umgebung und den Hindernissen vor dem UAS-Aufstieg vertraut machen, wenn möglich durch Begehen des gesamten Bereichs, in dem die Operation durchgeführt werden soll.
- Fernpiloten sollten mit der Betriebsumgebung und den Lichtverhältnissen vertraut sein und angemessene Anstrengungen unternehmen, um potentielle Quellen elektromagnetischer Strahlung zu identifizieren, die unerwünschte Wirkungen wie elektromagnetische Störungen (Interferenzen) oder physische Schäden an der Betriebsausrüstung des Geräts verursachen können.
- Es sollte überprüft werden, ob die zum Zeitpunkt des Betriebsbeginns und für die gesamte Betriebsdauer erwarteten Wetterbedingungen mit den im Herstellerhandbuch festgelegten Vorgaben übereinstimmen.

Während des Fluges mit einem UA gelten für Fernpiloten – ähnlich wie im Straßenverkehr – auch im Luftverkehr sogenannte Vorrangregeln:

- Bemannte Luftfahrzeuge haben immer Vorrang vor UA.
- Wann immer ein Luftfahrzeug offensichtlich Probleme hat, hat es Vorrang.
- Landende Luftfahrzeuge haben Vorrang vor startenden.

Wenn unerwartet ein anderes unbemanntes oder bemanntes Luftfahrzeug in der Nähe des UA auftaucht, sollte der Flug schnellstmöglich und sicher beendet und erst fortgesetzt werden, sofern das Risiko einer Kollision ausgeschlossen ist. Ferner sollte niemals rücksichtlos in der Nähe anderer Luftfahrtzeuge geflogen werden, um die Gefahr einer Kollision zu vermeiden. Wichtig hierbei zu bedenken ist, dass es für Piloten von bemannten Luftfahrzeugen beinahe unmöglich ist, ein fliegendes UA zu erkennen. Denn ein fliegendes kleines Objekt wie ein UA ist bei den üblichen Annäherungsgeschwindigkeiten von mehr als 150 km/h aus dem Cockpit des bemannten Flugzeugs einfach nicht rechtzeitig zu erkennen.

2.8 TECHNISCHE ANFORDERUNGEN AN UAS

2.8.1 Konformität und Veränderungen an UAS

Mit der EU-Verordnung 2019/945 wurde eingeführt, dass die UAS der nicht zulas- sungspflichtigen Betriebskategorien nicht über Luftfahrtspezifikationen zum Verkehr zugelassen werden müssen, sondern nach den Marktmechanismen der Konformitätsbewertung kontrolliert werden. Wie funktioniert das mit dem Marktmechanismus bei UAS?
Um als Hersteller in der Europäischen Union ein Gerät in den Verkehr (in den Verkauf) zu bringen, benötigen alle Produkte, die der Konformitätsbewertung unterliegen, einer „CE-Kennzeichnung“ (Abb. 21).
Dieses Zeichen, das der Hersteller nach entsprechender Qualifizierung auf dem Produkt anbringen darf (muss), bescheinigt, dem Produkt die Erfüllung des jeweiligen Standards für den europäischen Markt. Dieses Produkt wird auf Sicherheit geprüft. Dies gilt auch für UAS.

Abb 21: CE-Kennzeichnung

Jede Modifikation oder Änderung an einem UAS, die nicht mit, oder vom Hersteller ausdrücklich erlaubten, Teilen oder Bausätzen nach seinen Vorgaben vorgenommen wird, führt zur Erlöschung der Konformitätserklärung des UAS und damit zum Verlust der CE-Kennzeichnung!

2.8.2 Klassifizierung C-Klassen

Zusätzlich zur CE-Kennzeichnung werden die UAS in sogenannte „C-Klassen” (auch Drohnen-, UAS- oder Cx-Klassen genannt) eingeteilt. Zur Festlegung der technischen Voraussetzungen, die sich aus dem Risikoniveau des Betriebs in den Kategorien A1, A2 und A3 ergeben, wurden die je Betriebsbedingung verwendbaren UAS in Klassen (C0 bis C6) eingeteilt. Durch die Einhaltung der darin vorgegebenen technischen Eigenschaften werden die Betriebsrisiken jeweils so gemindert, dass das erforderliche niedrige Risikoniveau der Betriebskategorien OFFEN erreicht wird (Abb. 22). Folgende typische Einsatzbereiche werden durch die Klassen ermöglicht:

- UAS der Klasse **C0** können in Bereichen eingesetzt werden, in denen nicht ausgeschlossen werden kann, dass unbeteiligte Personen überflogen werden.
- Bei Betrieb von UAS der Klasse **C1** können Fernpiloten hingegen aufgrund eigener Einschätzung annehmen, dass keine unbeteiligten Personen überflogen werden.
- Bei UAS der Klasse **C2** muss sichergestellt sein, dass ein horizontaler Mindestabstand von 30 m (5 m im Langsamflugmodus) zu unbeteiligten Personen immer eingehalten werden kann.
- UAS der Klassen **C3** und **C4** dürfen nur in Bereichen betrieben werden, in denen keine unbeteiligten Personen gefährdet werden und sie müssen zumindest 150 m entfernt von Wohnsiedlungen, Industrieanlagen, Freizeitanlagen und Ähnlichem geflogen werden.
- Mit den Standardszenarien **STS-01** und **STS-02** können Drohnenbetreiber in der Kategorie **SPEZIELL** ohne individuelle Risikoanalyse fliegen: STS-01 erlaubt VLOS-Flüge mit C5-Drohnen in besiedelten, kontrollierten Bereichen; STS-02

ermöglicht BVLOS-Flüge mit C6-Drohnen in dünn besiedelten Gebieten mit visuellen Beobachtern. Beide Szenarien erfordern eine praktische Prüfung und zertifizierte UAS.

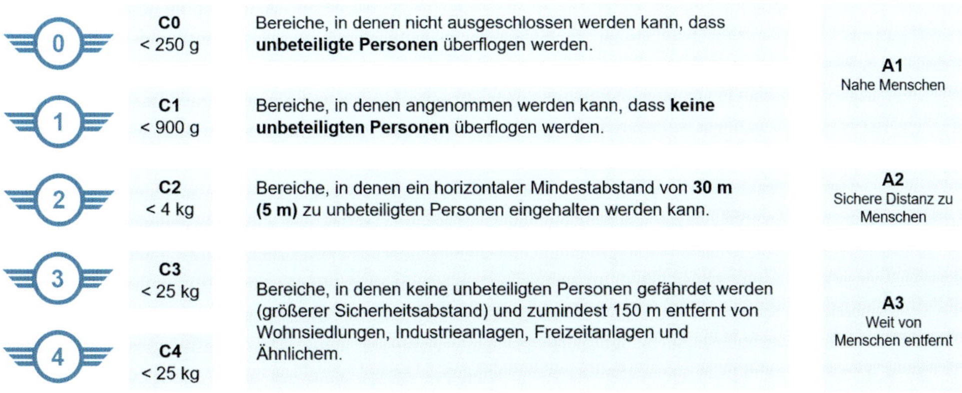

Abb 22: Zusammenhang zwischen der Betriebskategorie, Betriebsumgebung und UAS-Klassen.

Für den Betrieb mit UAS der Klassen C5 und C6 ist neben dem EU-Kompetenznachweis A1/A3 und dem EU-Fernpilotenzeugnis A2 auch eine **praktische Prüfung** durch eine zugelassene Ausbildungsorganisation erforderlich, z. B. für die STS-Zertifizierung. Diese Qualifikation wird in Kapitel **2.4.5 Praktische Prüfung für STS-01** und **STS-02** näher erläutert.

Alle UAS in der OFFENEN Kategorie, außer den privat hergestellten, müssen seit 2024 einer der oben genannten technischen Klassen entsprechen (siehe Gesamtübersicht in Abb. 23). Deshalb sollen diese inhaltlich genauer betrachtet werden:

2.8.2.1 MTOM-Grenze von 25 kg

Diese generelle Vorgabe der maximalen Abflugmasse (MTOM, maximum take off mass) gilt neben der prinzipiellen Begrenzung der charakteristischen UAS-Abmessungen auf 3m für alle großen UAS der Betriebskategorie OFFEN. Die maximale Abflugmasse ist durch den Hersteller ermittelt und vorgegeben und bezeichnet die Masse, die ein UAS inklusive aller Ausrüstungsgegenstände, Akkus, Antennen, Kameras, usw. bei Abflug höchstens wiegen darf. Sie ist neben der erreichbaren Fluggeschwindigkeit ein maßgebliches Kriterium für die Aufprallenergie und damit für das Betriebsrisiko.

- Die Klasse **C4** beinhaltet außer der **MTOM**-Grenze von **25 kg** und der o.a. Größenlimitierung keine weiteren technischen Vorgaben.
- Bei der Klasse **C3** gelten zusätzlich weitere technische Anforderungen, die später betrachtet werden.
- Die kleineren UAS-Klassen **C0** bis **C2** haben niedrigere Maximalmassen, wie in Abbildungen 9 und 22 dargestellt.

Sofern ein UAS einzelne Anforderungen anderer Klassen nicht erfüllt, fällt es in die Klasse C4. Wenn es auch die Anforderungen für die Klasse C4 nicht mehr erfüllt (z.B., weil es mehr als 25 kg wiegt), darf es nicht mehr in der Kategorie OFFEN betrieben werden, sondern fällt unter die Regelungen für die SPEZIELLE oder sogar die ZULASSUNGSPFLICHTIGE Kategorie.

2.8.2.2 Aufprallenergie-Grenze

Bei den schwereren UA der Klasse **C1** kann anstelle des Grenzwertes MTOM<900g auch der Nachweis einer maximalen kinetischen Aufprallenergie (Ekin) von **Ekin<80 Joule** bei einem vertikalen Sturz des UA verwendet werden. Diese errechnet sich über die Bewegungsenergie des UAS und ist abhängig von der Masse, Fluggeschwindigkeit und Flughöhe. Hilfestellung bei der Ermittlung der Aufprallenergie ergibt sich über den Link:

https://www1.grc.nasa.gov/beginners-guide-to-aeronautics/termvel/

UA der Klassen C0 und C1 dürfen daher u.a. aufgrund ihrer geringen Aufprallenergie in der Nähe von oder über unbeteiligten Personen / Infrastruktur betrieben werden.

2.8.2.3 Limitierung Höchstgeschwindigkeit

Für die Klassen **C0** und **C1** gilt neben der Begrenzung der MTOM eine Limitierung hinsichtlich der horizontalen Höchstgeschwindigkeit (V_{max}), auf jeweils **V_{max}=19 m/s**. Dieser Wert, bei dem ein Zusammenstoß mit einer Person noch keine schweren Verletzungen verursachen sollte, wurde in Versuchen ermittelt. Deshalb darf mit C0 und C1-UAS auch nahe bzw. über unbeteiligten Personen / Infrastruktur geflogen werden. UAS der Klassen C2 bis C4 haben keine generelle Geschwindigkeitsbegrenzung. In diesen Klassen wäre allein aufgrund der größeren Masse jeder Zusammenstoß mit einer Person ein großes Risiko.

2.8.2.4 Langsamflugmodus

In der UAS-Klasse **C2** gilt ein Minimalabstand von 30 m zu unbeteiligten Personen der auf 5 m verringert werden darf, wenn ein schaltbarer **Langsamflugmodus von maximal 3 m/s** betrieben wird. Dies gilt jedoch nicht bei Starrflüglern.

2.8.2.5 Höhenlimitierung

UAS der Klassen **C0** bis **C3** sind mit einer Funktion ausgerüstet, die die maximal erreichbare Flughöhe auf 120 m über dem Startpunkt beschränkt (entweder bauartbedingt oder durch aktiven Limiter). Dies kann zwar die Verletzung vorhandener Luftraumbeschränkungen nicht ausschließen, hilft aber bei der Vermeidung unnötiger Verstöße gegen die zulässige Maximalflughöhe der Kategorie OFFEN und reduziert so die Gefahr einer Kollision mit anderen Luftfahrzeugen.
UAS der Klassen **C1**, **C2** und **C3** erlauben es Fernpiloten, auch ein höheres Limit zu setzen – z.B. in Bereichen mit gelockerten Regelungen, in Modellflug-Bereichen oder aufgrund besonderer Bewilligungen. Deshalb ist bei diesen eine **integrierte Höhen-**

messung vorgeschrieben, die Fernpiloten auf ihrer Bodenkontrollstation (Fernsteuerung) jederzeit die aktuelle Flughöhe anzeigt.

2.8.2.6 Fernidentifizierung

Ein System zur Fernidentifizierung ermöglicht es Personen am Boden festzustellen, welche unbemannten Luftfahrzeuge sich in der Umgebung befinden, wo sich die Fernpiloten befinden und wer der Betreiber des UAS ist. Ein solches System ist in UAS der Klassen **C1 bis C6** bereits vom Hersteller verbaut, mit Ausnahme von gefesselt (tethered) betriebenem UA (dies sind UA die mit einer Leine oder einem Kabel fest mit dem Boden verbunden sind). Der UAS-Betreiber ist verpflichtet, die e-ID digital im UAS zu hinterlegen. Es ist weiterhin Pflicht, die e-ID zusätzlich sichtbar und dauerhaft am UA anzubringen.

2.8.2.7 Geo-Sensibilisierung

Die UAS der Klassen **C1, C2 und C3** müssen auch mit einem System zur Geo-Sensibilisierung ausgerüstet sein. Es nimmt automatisch einen Datenabgleich zwischen den von der Behörde veröffentlichten geografischen Gebieten (z.B. Flugbeschränkungen für UAS) und der jeweiligen aktuellen Position vor. Sobald das UA feststellt, dass es in einer beschränkten Zone fliegt, bekommen die Fernpilot:innen automatisch einen Hinweis darüber.

2.8.2.8 Geo-Fence System

Ein evtl. installiertes Geo-Fence System geht sogar noch weiter: es liefert nicht nur einen Hinweis, sondern verhindert auch den Flug in einem solchen Gebiet, bzw. den Einflug in dieses.
Gemäß den Bestimmungen der EU sind Geo-Fence Systeme zwar möglich, aber nicht verpflichtend.

	0	1	2	3	4
Max. Abfluggewicht	< 250 g	< 900 g	< 4 kg	< 25 kg	< 25 kg
Max. Geschwindigkeit	19 m/s	19 m/s	-	-	-
Max. Höhe	120 m	120 m / Einstellung	120 m / Einstellung	120 m / Einstellung	-
Höhenmesser	Nein	Ja	Ja	Ja	Nein
Fern-identifizierung	Nein	Ja	Ja	Ja	Nein
Geo-Sensibilisierung	Nein	Ja	Ja	Ja	Nein

© Nico Ninov

Abb 23: Zusammenfassung der technischen Mindestanforderung der UAS-Klassen.

A1/A3

2.8.2.9 Zusätzliche Systemanforderungen

Zusätzliche, nicht in der Übersicht aufgeführte Systemanforderungen der UAS-Klassen **C0** bis **C4**, die die Fernpilotwissen sollten, betreffen:

- Sofern die EU-Spielzeugrichtlinie nicht erfüllt wird:
  - o **C0 bis C4:** Ein **stabiles Flugverhalten** auch bei Systemausfällen, das eine Kontrolle der Fluglage und sichere Landung des UAS ermöglicht.
  - o **C1, C2: mechanische** Festigkeit und Formstabilität (außer bei gefesseltem UAS).
  - o **C0 bis C2:** keine scharfen **Kanten** am UAS.
  - o **C0, C1:** maximal wirksame Spannung von **24VDC** (Volt Direct Current, Gleichspannung) bei berührbaren System-Komponenten.
  - o **C2, C3:** maximal wirksame Spannung von **48VDC** bei berührbaren System-Komponenten.

Sofern das UAS nicht gefesselt betrieben wird (Seillänge <50m):

- **C1 bis C3:** Wiederherstellbarkeit des **Datenlink** nach Störung / Abbruch der Verbindung,
- **C2, C3: verschlüsselte** Datenverbindung für Steuerkommandos.

Generell bei UAS der Klassen **C1 bis C3:**

- Eine **Warnanzeige** bei aktiviertem Geo-Fence System,
- eine **Anzeige der verfügbaren Restenergie** des Antriebssystems, die als Warnung bei Erreichen einer Betriebsspannung definiert ist, die gerade noch das sichere Erreichen eines geplanten Landegeländes ermöglicht,
- eine **Beleuchtung** für die Erkennbarkeit der Fluglage.

Generell **bei allen UAS**, die nicht privat (im Eigenbau) hergestellt sind:

- ein ausführliches **Betriebshandbuch**, das alle für eine sichere Flugdurchführung notwendigen Angaben enthält,
- eine **EASA-Information** (sogenannte Informationsblätter für die C-Klassen) zu den Rechten und Pflichten des Flugbetriebs.

Sonderfall C4: eine automatisierte Flugbahnführung ist nicht zulässig.

Zusätzlich zur CE-Kennzeichnung müssen deshalb UAS, die ab 2024 in der Europäischen Union in den Verkehr gebracht werden, auch das Klassen-Identifizierungskennzeichen tragen, welches ihre Zugehörigkeit zu einer der Klassen C0 bis C6 ausweist. Bei den Klassen C2 und C3 muss zusätzlich eine Lärmpegelkennzeichnung aufgebracht sein.

2.8.2.10 UAS-Klassen C5 und C6

Neben den dargestellten Klassen C0-C4 gibt es darüber hinaus die UAS-Klassen C5 und C6, die eine Modifikation der Vorgaben der C3 Klasse darstellen. In den Klassen C5 und C6 wird die Geo-Sensibilisierung sowie auf die Höhenlimitierung verzichtet. Dafür muss bei C5 ein zusätzliches System auf dem UA integriert sein, welches bei einem Absturz die Aufprallenergie minimiert (z.B. durch einen Fallschirm). C2 und C3-UA dürfen mit zertifizierten Bauteilen zu einer C5-UA aufgerüstet werden.

2.8.3 UAS ohne C-Klassifizierung – Bestandsdrohnen und Selbstbauten

Für alle UAS ohne Klassifizierung – die so genannten Bestandsdrohnen oder „Legacy Drohnen“ – gibt es seit dem 01.01.2024 neue Regelungen.
Bestandsdrohnen werden nur noch in **zwei Gruppen** unterteilt:

- Bestandsdrohnen und Selbstgebaute UAS unter 250 g: Ein Betrieb ist in der Kategorie OFFEN A1 möglich
- Bestandsdrohnen über 250 g und unter 25 kg: Betrieb ist nur in der Kategorie OFFEN A3 möglich

Privat hergestellte UAS müssen nicht die C-Klassen Zertifizierung erfüllen. Sofern ein UAS für eigene private Zwecke zusammengebaut ist (auch Selbstbauten bzw. privat hergestellte UAS genannt), ist es erlaubt diese nach den folgenden Bedingungen zu betreiben:

- UAS mit einem maximalen Abfluggewicht unter 250 g und einer maximalen Geschwindigkeit von 19 m/s in der Unterkategorie A1;
- UAS mit einem maximalen Abfluggewicht von weniger als 25 kg in der Unterkategorie A3;

Ein Betrieb ist mit Genehmigung auch in der Kategorie SPEZIELL möglich. Eine Privatperson darf keine Klassenmarkierung an einem UAS anbringen, nur der Hersteller ist dazu berechtigt, müsste aber ein neues aufwändiges Zertifizierungsverfahren einleiten und die Konformität überprüfen lassen.

UAS konform zur EU-Verordnung 2019/945 **oder privat hergestellt**	**C0 oder privat hergestellt (MTOM <250g, V_{MAX} <19 m/s)**	**C1**	**C2**	**C2, C3, C4 oder privat hergestellt**
Betriebsbedingungen	**A1**		**A2**	**A3**
notwendiger „Drohnenführerschein“	nicht erforderlich	EU-Kompetenznachweis	EU-Fernpilotenzeugnis	EU-Kompetenznachweis
(nur bis 1.1.2022)	nicht erforderlich	nationaler Kenntnisnachweis gem. §21a Abs. 4 S. 3 Nr. 2 LuftVO (2017)	nationaler Kenntnisnachweis gem. §21a Abs. 4 S. 3 Nr. 2 LuftVO (2017)	nationaler Kenntnisnachweis gem. §21a Abs. 4 S. 3 Nr. 2 LuftVO (2017)

Tabelle 4: nationale Übergangsbestimmungen C-Class-UAS; Quelle LBA

A1/A3

2.9 GEOGRAFISCHE GEBIETE FÜR DEN UAS BETRIEB

Der Artikel 15 der EU-Verordnung 2019/947 ermöglicht den EU-Mitgliedsstaaten, geografische Gebiete festzulegen, in denen der Betrieb von UAS eingeschränkt, ver- boten, mit Auflagen oder Erleichterungen durch Ausnahmen und Lockerungen ge- stattet werden kann. Oft werden diese Gebiete im Internet oder Printmedien auch als Geo-Zonen, GeoZones, UAS-Gebiete oder ähnlichem bezeichnet. Dieses Buch ver- wendet jedoch den im deutschen Recht niedergeschriebenen Begriff „geografische Gebiete". Bei Festlegung der geografischen Gebiete müssen die räumliche Ausdehnung und die damit verbundenen Anforderungen in eine geeignete digitale Form veröffentlicht werden, die es den Geo-Sensibilisierungssystemen der UAS ermöglicht darauf hinzuweisen bzw. selbst zu reagieren.
In Deutschland sind die geografischen Gebiete seit dem 18.6.2021 durch §21h der LuftVO (2021) definiert. Die digitale Veröffentlichung für die Geosensibilisierung ist während der Erstellung dieses Buches noch nicht eingerichtet. Zuständig für die Ausweisung und Veröffentlichung ist das Bundesministerium für Verkehr und digitale Infrastruktur (BMVI) gemäß §21j LuftVO. Die jeweils örtlich zuständigen Luftfahrtbehörden können Genehmigungen erteilen, die den UAS-Betrieb abweichend von den für das Gebiet vorgegebenen Regelungen zulassen (§21i LuftVO). In allen anderen Gebieten für die keine Informationen veröffentlicht sind, also außerhalb der geografischen Gebiete, gelten die allgemeinen Betriebsregelungen der Kategorie OFFEN. Fernpiloten müssen sich vor jedem Flug über die geografischen Gebiete informieren und bei der Flugdurchführung berücksichtigen. Wir empfehlen hierzu die Plattform dronemaps24.org bei der zusätzlich auch die Ansprechpartner für das jeweilige Gebiet von anderen Fernpiloten hinterlegt und von Betreiber überprüft werden.

2.9.1 UAS-Betrieb in geografischen Gebieten (§21h LuftVO)

Der entsprechend der EU-Verordnung grundsätzlich freie Betrieb von UAS wird in Deutschland durch die Regelungen des §21h LuftVO in den nachstehend benannten geografischen Gebieten (Beispiele siehe Abbildung 24 und in Tabelle 5) unter bestimmten Voraussetzungen (u.a. Geo-Sensibilisierung, Fernidentifikation, Massenbegrenzung, Produkt-Anforderungen aus UAS-Klassen) zugelassen. Sind diese Voraussetzungen nicht erfüllt, ist der UAS-Betrieb eingeschränkt oder gänzlich untersagt und es bedarf gesonderter Betriebsgenehmigungen – oder die Betreiber der Einrichtungen haben dem UAS-Betrieb ausdrücklich zugestimmt. In Deutschland sind geografische Gebiete:

- Flugplätze (z.B. Flughäfen, Segelflugplätze, Sonderlandeplätze, Helikopterlandeplätze)
- Bundesfernstraßen (Bundesautobahnen und Bundesstraßen), Bundeswasserstraßen, Bahnanlagen.
- (Katastrophen-) Einsatzorte.
- Industrieanlagen, Anlagen der zentralen Energieerzeugung und –verteilung.
- Polizeidienststellen, Verfassungsschutz, Verfassungsorgane, Gefängnisse, Kasernen.

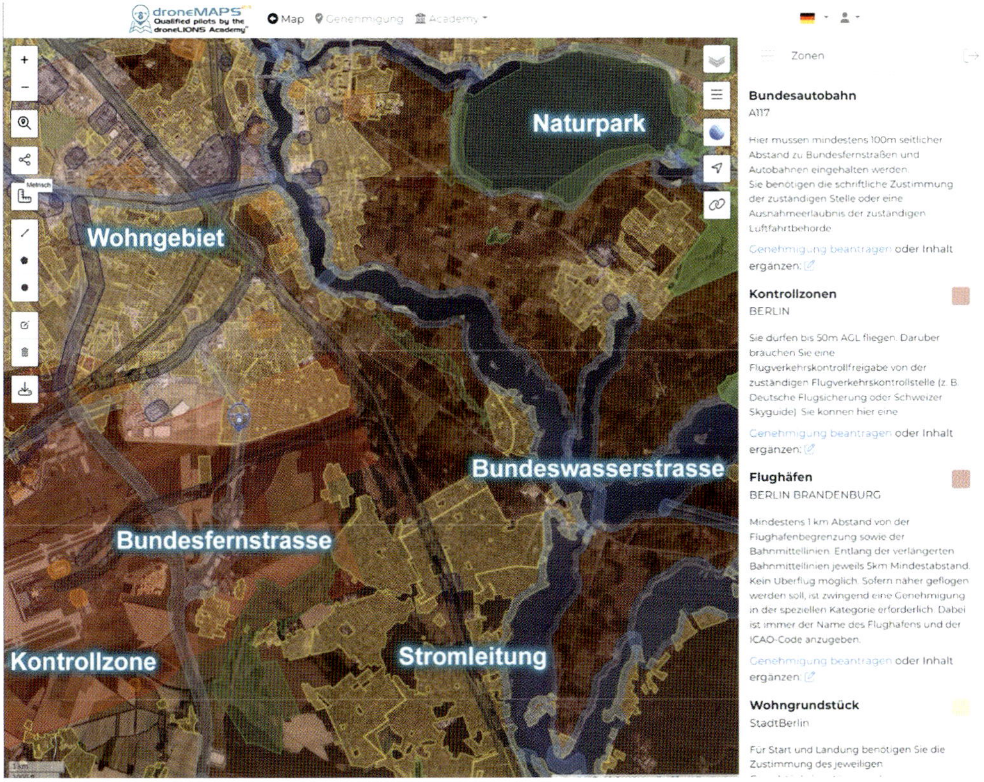

Abb 24: Voraussetzungen für den UAS-Betrieb in geografischen Gebieten.

- Behörden, Botschaften und Konsulate.
- Naturschutzgebiete.
- Wohngrundstücke.
- Krankenhäuser.
- Kontrollierter Luftraum, insbesondre Kontrollzonen (D-CTR).

Der Betrieb mit UAS ist in Deutschland zulässig bei

<table>
<tr><th></th><th>Flughäfen</th><th>Landeplätzen</th><th>Fluggeländen</th></tr>
<tr><td>über</td><td>nein</td><td>nein</td><td>nein</td></tr>
<tr><td>neben</td><td>Abstand >1000m von Flughafenbegrenzung und beidseitig von der 5km langen Anfluggrundlinie</td><td>Abstand >1500m von Flugplatzbegrenzung</td><td>Abstand >1500m von Flugplatzbegrenzung</td></tr>
<tr><td rowspan="2">oder bei</td><td></td><td colspan="2">ausdrücklicher Zustimmung durch Luftaufsicht, Flugleitung oder Betreiber/Nutzer</td></tr>
<tr><td colspan="3">Betriebsgenehmigung gemäß Kategorie SPEZIELL</td></tr>
<tr><td>Luftraum</td><td>Flugverkehrskontrollfreigabe</td><td>evtl. RMZ / TMZ beachten</td><td>evtl. NOTAM beachten</td></tr>
</table>

	Industrieanlagen	Justizvollzugsanlage	Mil. Anlage / Organisation
über	nein	nein	nein
neben	horizontaler Abstand > 100 m		
oder bei	ausdrücklicher Zustimmung durch Betreiber/Nutzer		

	zentrale Energie-erzeugung	zentrale Energieverteilung	Verfassungsorgane, Polizei
über	nein	nein	nein
neben	horizontaler Abstand > 100 m		
oder bei	ausdrücklicher Zustimmung durch Betreiber/Nutzer		

	Bundesfernstraße	Bahnanlage	Bundeswasserstraße
über	nein	nein	90°-Querung >100m GND
			kein Überflug von Schiffen und Schifffahrtsanlagen
neben	horizontaler Abstand > 100 m		
oder bei	ausdrücklicher Zustimmung durch zuständige Stelle oder Betreiber/Nutzer		
	Betriebsgenehmigung gemäß Kategorie SPEZIELL		

	Krankenhäuser	Wohngrundstücke	Naturschutzgebiete / Natura2000 / Naturpark
über	nein	> 100 m GND	> 100 m GND <u>und</u> wenn:
		MTOM< 250g + keine Aufzeichnungsmöglichkeit	• kein Sport-/Freizeitzweck • Überflug unvermeidbar • Schutzzweck bekannt • bei ausdrücklicher Zustimmung durch zuständige Stelle
neben	horizontaler Abstand > 100 m	horizontaler Abstand 0 m	
oder bei	ausdrücklicher Zustimmung durch zuständige Stelle oder Betreiber/Nutzer		

	Freibäder	Unfallorte bei BOS-Einsätzen oder Übungen
über	nein	nein
	außerhalb Betriebszeiten	
neben	horizontaler Abstand 0 m	horizontaler Abstand > 100 m
oder bei		ausdrücklicher Zustimmung durch zuständige Stelle oder Betreiber

Tabelle 5: Bedingungen des zugelassenen Betriebes in den geografischen Gebieten nach §21h LuftVO in Deutschland

2.9.2 Auflistung der Bedingungen der geografischen Gebiete in Deutschland

Eine detaillierte Auflistung aus §21h LuftVO ist im Folgendem gegeben: Der Betrieb ist in den geografischen Gebieten nur zulässig, wenn die nachstehenden Bedingungen eingehalten werden. Bei Abweichungen ist eine Genehmigung nach §21i bei der zuständigen Luftfahrtbehörde einzuholen:

- über und innerhalb eines seitlichen Abstands von 1,5 Kilometern von der Begrenzung von Flugplätzen, die keine Flughäfen sind, wenn der Betrieb in der „speziellen“ Kategorie stattfindet oder die Zustimmung der Luftaufsichtsstelle, der Flugleitung oder des Flugplatzbetreibers eingeholt worden ist,
- über und innerhalb eines seitlichen Abstands von 1.000 Metern von der Begrenzung von Flughäfen sowie innerhalb einer seitlichen Entfernung von weniger als 1.000 Metern aller in beide An- und Abflugrichtungen um jeweils fünf Kilometer verlängerten Bahnmittellinien von Flughäfen, wenn der Betrieb in der „speziellen“ Kategorie stattfindet,
- über und innerhalb eines seitlichen Abstands von 100 Metern von der Begrenzung von Industrieanlagen, Justizvollzugsanstalten, Einrichtungen des Maßregelvollzugs, militärischen Anlagen und Organisationen, Anlagen der zentralen Energieerzeugung und Energieverteilung sowie Einrichtungen, in denen erlaubnisbedürftige Tätigkeiten der Schutzstufe 4 nach der Biostoffverordnung ausgeübt werden, wenn die zuständige Stelle oder der Betreiber der Einrichtungen dem Betrieb des unbemannten Fluggerätes ausdrücklich zugestimmt hat. Anlagen der zentralen Energieerzeugung sind all diejenigen an das Verteilernetz angeschlossenen Energieerzeugungsanlagen, die keine dezentrale Erzeugungsanlage im Sinne des § 3 Nummer 11 des Energiewirtschaftsgesetzes sind,
- über und innerhalb eines seitlichen Abstands von 100 Metern von Grundstücken, auf denen die Verfassungsorgane des Bundes oder der Länder oder oberste und obere Bundes- oder Landesbehörden oder diplomatische und konsularische Vertretungen sowie internationale Organisationen im Sinne des Völkerrechts ihren Sitz haben sowie von Liegenschaften von Polizei und anderen Sicherheitsbehörden, wenn die zuständige Stelle oder die Betreiber der Einrichtungen dem Betrieb des unbemannten Fluggerätes ausdrücklich zugestimmt haben,

- über und innerhalb eines seitlichen Abstands von 100 Metern von Bundesfernstraßen, Bundeswasserstraßen und Bahnanlagen
  - a) wenn im Fall eines Überflugs von Bundesfernstraßen oder Bahnanlagen der Betrieb in der „speziellen“ Kategorie stattfindet und die besonderen Gefahren des Überflugs von Bundesfernstraßen oder Bahnanlagen innerhalb der Risikobewertung nach Artikel 11 der Durchführungsverordnung (EU) 2019/947 ausreichend berücksichtigt wurden,
  - b) wenn die zuständige Stelle oder die Betreiber der Einrichtungen dem Betrieb des unbemannten Fluggerätes ausdrücklich zugestimmt hat,
  - c) wenn die Höhe des Fluggerätes über Grund stets kleiner ist als der seitliche Abstand zur Infrastruktur und der seitliche Abstand zur Infrastruktur stets größer als 10 Meter ist,
  - d) wenn im Fall eines Überflugs von Bundeswasserstraßen das Fluggerät mindestens 100 Meter über Grund oder Wasser betrieben wird, lediglich eine Querung auf dem kürzesten Weg erfolgt und keine Schiffe und keine Schifffahrtsanlagen, insbesondere Schleusen, Wehre, Schiffshebewerke und Liegestellen, überflogen werden,
- über Naturschutzgebieten im Sinne des § 23 Absatz 1 des Bundesnaturschutzgesetzes, über Nationalparks im Sinne des § 24 des Bundesnaturschutzgesetzes und über Gebieten im Sinne des § 7 Absatz 1 Nummer 6 und 7 des Bundesnaturschutzgesetzes, wenn die zuständige Naturschutzbehörde dem Betrieb ausdrücklich zugestimmt hat, der Betrieb von unbemannten Fluggeräten in diesen Gebieten nach landesrechtlichen Vorschriften abweichend geregelt ist oder, mit Ausnahme von Nationalparks,
  - a) wenn der Betrieb nicht zu Zwecken des Sports oder der Freizeitgestaltung erfolgt,
  - b) wenn der Betrieb in einer Höhe von mehr als 100 Metern stattfindet,
  - c) wenn die Fernpiloten den Schutzzweck des betroffenen Schutzgebietes kennen und diesen in angemessener Weise berücksichtigen und
  - d) wenn die Luftraumnutzung durch den Überflug über dem betroffenen Schutzgebiet zur Erfüllung des Zwecks für den Betrieb unumgänglich erforderlich ist,
- über Wohngrundstücken, wenn
  - a) der durch den Betrieb über dem jeweiligen Wohngrundstück in ihren Rechten betroffene Eigentümer oder sonstige Nutzungsberechtigte dem Überflug ausdrücklich zugestimmt hat oder
  - b) die Startmasse des unbemannten Fluggerätes bis zu 0,25 Kilogramm beträgt und das unbemannte Fluggerät und seine Ausrüstung zu optischen und akustischen Aufzeichnungen und Übertragungen sowie zur Aufzeichnung und zur Übertragung von Funksignalen Dritter nicht in der Lage sind,
  - c) der Betrieb in einer Flughöhe von mindestens 100 Metern stattfindet und
    - i. die Luftraumnutzung über dem betroffenen Wohngrundstück zur Erfüllung eines berechtigten Betriebszwecks erforderlich ist, öffentliche Flächen oder Grundstücke, die keine Wohngrundstücke sind, für den Überflug nicht genutzt werden können und die Zustimmung des Grundstückseigentümers oder sonstigen Nutzungsberechtigten nicht in zumutbarer Weise eingeholt werden kann,

ii. alle Vorkehrungen getroffen werden, um einen Eingriff in den geschützten Privatbereich und in das Recht auf informationelle Selbstbestimmung der betroffenen Bürger zu vermeiden; dazu zählt insbesondere, dass in ihren Rechten Betroffene regelmäßig vorab zu informieren sind,
iii. der Betrieb nicht zwischen 22:00 Uhr und 6:00 Uhr Ortszeit stattfindet und
iv. nicht zu erwarten ist, dass durch den Betrieb Immissionsrichtwerte nach Nummer 6.1 der Technischen Anleitung zum Schutz gegen Lärm überschritten werden,

- über Freibädern, Badestränden und ähnlichen Einrichtungen außerhalb der Betriebs- oder Badezeiten,
- in Kontrollzonen, wenn eine Flugverkehrskontrollfreigabe nach § 21 eingeholt wurde (siehe Kapitel Aufstieg in einer Kontrollzone 2.11),
- über und innerhalb eines seitlichen Abstands von 100 Metern von der Begrenzung von Krankenhäusern, wenn der Betreiber der Einrichtungen dem Betrieb des unbemannten Fluggerätes ausdrücklich zugestimmt hat,
- über und innerhalb eines seitlichen Abstands von 100 Metern von Unfallorten und Einsatzorten von Behörden und Organisationen mit Sicherheitsaufgaben sowie über mobilen Einrichtungen und Truppen der Streitkräfte im Rahmen angemeldeter Manöver und Übungen, wenn der zuständige Einsatzleiter dem Betrieb zustimmt.

Ausnahmen kann es durch Allgemeinerlaubnis geben. Beispielsweise ist in Baden-Württemberg dadurch folgendes für die 2-jährige Dauer der Genehmigung abweichend zu §21h erlaubt:
„In einem seitlichen Abstand von weniger als ***100 m von der Begrenzung von Grundstücken, auf denen die Verfassungsorgane des Bundes oder der Länder oder oberste und obere Bundes- und Landesbehörden ihren Sitz*** *haben sowie von Liegenschaften von Polizei und anderen Sicherheitsbehörden. Die jeweiligen Stellen dürfen nicht überflogen werden, es sei denn diese haben ausdrücklich zugestimmt."*
(Quelle: Allgemeinerlaubnis des Regierungspräsidium Stuttgart am 01.01.2026)

Eine Voraussetzung, um eine solche Allgemeinerlaubnis zu beatragen ist, dass der Fernpilot über ein A2-Fernpilotenzeugnis verfügt, unabhängig davon, ob er ein UA der C0, C1 oder C2 Klasse näher als 100m an diese Gebäude heranfliegen möchte.

Die rechtliche Begründung ist ebenfalls in der Allgemeinerlaubnis wie folgt beigefügt:
„Ein Betrieb innerhalb eines seitlichen Abstands von 100 m von Grundstücken, auf denen die Verfassungsorgane des Bundes und der Länder oder oberste und obere Bundes- und Landesbehörden ihren Sitz haben sowie innerhalb eines seitlichen Abstands von 100 m zu Liegenschaften der Polizei konnte zugelassen werden, da der Schutzzweck vor Ausforschung oder Ausspähung, der die Grundlage des Verbots darstellt, nach hiesiger Einschätzung im Rahmen dieser Genehmigung weiterhin gewahrt bleibt."
(Quelle: Allgemeinerlaubnis des Regierungspräsidium Stuttgart am 01.01.2026)

A1/A3

2.9.2.1 Abstand zu Flugplätzen in Deutschland

Im Speziellen soll auf die Unterscheidung zwischen Flugplatz und Flughafen sowie von Hubschrauberlandeplätzen und Hubschrauberlandestellen eingegangen werden und den daraus rechtlich resultierenden Abständen, die beim UAS-Betrieb eingehalten werden müssen.

Flugplatz

Das LuftVG teilt in § 6 Abs. 1 die Flugplätze in Flughäfen (Verkehrsflughäfen und Sonderflughäfen), Landeplätze (Verkehrslandeplätze und Sonderlandeplätze) und Segelfluggelände ein. Damit ist der Flugplatz als Oberbegriff zu verstehen. Ein Flughafen unterscheidet sich vom Landeplatz vor allem durch die Anzahl der Flugbewegung und Größe der dort startendend und landenden Flugzeuge.

Hubschrauberlandeplätze

Hubschrauberlandeplätze (auch Heliport oder Helipad genannt) fallen in die Kategorie Landeplatz und sind in der ICAO-Karte mit einem H gekennzeichnet. Auf diesen dürfen nur Hubschrauber starten und landen. Oft lassen sich diese bei einem Krankenhaus finden.

Landestellen im öffentlichen Interesse (PIS)

Ferner gibt es noch Landestellen im öffentlichen Interesse (Public Interest Site, kurz PIS). Diese sind Landestellen ausschließlich für Operationen im öffentlichen Interesse und sind mit einem Fähnchen in der ICOA-Karte gekennzeichnet. PIS sind in Deutschland grundsätzlich alle Hubschrauberlandestellen an Krankenhäusern, die sich in schwierigen Umgebungsbedingungen und/oder dicht besiedelten Gebieten befinden. Die Hubschrauberlandestellen gelten im luftrechtlichen Sinne nicht als Flugplätze im Vergleich zu einem Hubschrauberlandeplatz, welche ebenfalls oft an Krankenhäusern zu finden sind.

Abstand zu Flugplätzen und Flughäfen

- Zu Flughäfen als Unterkategorie der Flugplätze gilt nicht mehr der bisherige Pauschalabstand von 1,5 Kilometern wie für alle andern Flugplätze. Seitlich (zur Eingrenzung) gilt ein Abstand von 1 Kilometer. In der Verlängerung der Landebahn

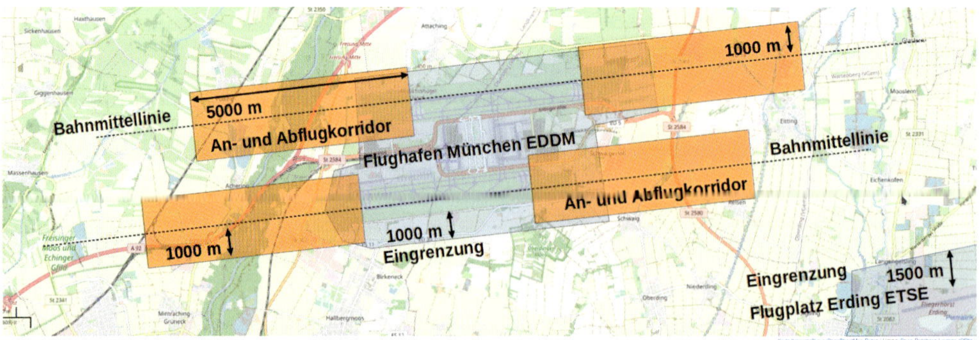

Abb 25: Schematische Darstellung der Mindestabstände zu einem Flughafen und einem Flugplatz. In den markierten Gebieten ist der UAS-Betrieb in der Kategorie OFFEN untersagt. DIe Karte ist nicht zu navigatorischen Zwecken geeignet. Quelle: Open Street Map

(in beiden Richtungen – also im An- und Abflug-Korridor) gilt ein Flugverbot für UAS von jeweils 5 Kilometern Länge und 2 Kilometern Breite in beide Richtungen jeder Start- und Landebahn, siehe auch in Abbildung 25.

- Zu Flugplätzen gilt weiterhin ein allgemeiner Abstand von 1,5 Kilometern ringsherum, beginnend ab der Absperrung des Flugplatzes.
- Bei Helikopterlandeplätzen als Unterkategorie der Flugplätze ist ebenfalls ein seitlicher Abstand von 1,5 km beim UAS-Betrieb einzuhalten.
- Da eine Hubschrauberlandestelle nicht als Flugplatz, sondern als PIS definiert ist, muss hierzu nur ein seitlicher Abstand von 100 m (aufgrund des Krankenhauses) beim UAS-Betrieb eingehalten werden.

2.9.3 Geografische Gebiete in anderen EASA-Mitgliedstaaten

In der Schweiz gelten beispielsweise seit dem 01.01.2023 die EU-Drohnenverordnungen, jedoch mit nationalen Anpassungen. So sind beispielsweise Behörden und Blaulichtorganisationen (BOS) vom Großteil der EU-Vorgaben befreit – mit Ausnahme der Registrierungspflicht. Für den Betrieb in geografischen Gebieten gelten eigene Regelungen, die sich von den deutschen Vorschriften unterscheiden, etwa bei Mindestabständen oder Genehmigungspflichten. Schweizer Naturschutzgebiete sind beispielsweise kantonal unterschiedlich geregelt und können vollständig für Drohnenflüge gesperrt sein. In Deutschland sind Flüge über Naturschutzgebiete unter bestimmten Bedingungen erlaubt – etwa bei über 100 m Flughöhe und wenn der Schutzzweck nicht verletzt wird.

Vor jedem Flug in der Schweiz ist daher unbedingt die aktuelle Karte mit den geografischen Zonen zu prüfen, z. B. beim Bundesamt für Zivilluftfahrt (BAZL) oder über die Plattform www.dronemaps24.org. Dort sind auch die Ansprechpartner für Genehmigungen hinterlegt.

2.9.4 Besonderheiten bei Menschenansammlungen

Neben Luftraumbeschränkungen haben bestimmte Gegebenheiten am Boden einen Einfluss darauf, ob ein UAS-Flug erlaubt ist oder nicht, auch wenn es dort kein geografisches Gebiet gibt.
So ist insbesondere der Betrieb von UAS über Menschenansammlungen verboten, egal wo sie anzutreffen sind. Es gibt von dem Verbot in der Kategorie OFFEN keine Ausnahme auch für UAS unter 250 g, welche zumindest über einzelne unbeteiligte Personen betrieben werden dürfen.
Wie ist daher eine Menschenansammlung definiert?
Weder die Bestimmung der EU-Verordnung noch die von der EASA veröffentlichten Anleitungen enthalten eine präzise Definition für diesen Begriff, da diese je nach EU-Mitgliedsstaat variiert.

Dennoch enthalten die AMC und GM der EU-Drohnenverordnung einen Versuch einer Definition:
„Eine Menschenansammlung ist dann gegeben, wenn Personen so dicht gedrängt stehen, dass sich einzelne Personen nicht mehr problemlos aus dieser Menge entfernen können und einem z.B außer Kontrolle geratenen UAS beliebig ausweichen können."

Die AMC gibt auch einige Beispiele für Ereignisse mit Menschenansammlungen wie Sportveranstaltungen, kulturelle, religiöse oder politische Veranstaltungen, Strände oder Parks an sonnigen gut besuchten Tagen, belebte Einkaufsstraßen während der Öffnungszeiten, Skipisten.

2.10 LUFTRAUMORDNUNG / LUFTRAUMSTRUKTUR

Auch wenn Kenntnisse der Luftraumordnung und der Luftraumstruktur nicht explizit in der Prüfung des EU-Kompetenznachweises (A1/A3) oder des EU-Fernpilotenzeugnisses (A2) abgefragt werden, müssen sich UAS-Betreiber und Fernpilot sich dessen bewusst sein, in welchem Luftraum sich ihr Fluggebiet befindet.
Der Luftraum über dem gesamten Land- und Seegebiet eines Staates gehört zum hoheitlichen Staatsgebiet. In der Regel definiert der Grenzverlauf die Ausdehnung des nationalen Luftraums. Der Luftraum wird nach den Vorgaben der Internationalen Zivilluftfahrt-Organisation (ICAO) untergliedert. Es gibt die Luftraumklassen A (Alfa), B (Bravo), C (Charlie), D (Delta), E (Echo), F (Foxtrott) und G (Golf). In Deutschland kommen jedoch die Luftraumklassen A, B, und F derzeit nicht zur Anwendung.
Grundsätzlich wird zwischen kontrolliertem und unkontrolliertem Luftraum unterschieden. Kontrolliert bedeutet der Luftraum wird von der Flugsicherung oder einer Bodenfunkstelle überwacht und der Luftverkehr geführt. Insbesondere in den Lufträumen C (Charlie) und D (Delta) darf nicht ohne Freigabe der Flugsicherung (ein-)geflogen werden (ATC Clearance).
Bei bemannten Flügen muss in den kontrollierten Lufträumen eine andauernde Hörbereitschaft aufrechterhalten werden. Dies bedeutet, dass hier eine permanente Sprechfunkverbindung zur jeweiligen Flugsicherungsstelle (z.B. Tower bzw. Flugleitung an einem Flughafen) bestehen muss, um jederzeit Anweisungen der Flugsicherung, wie Freigaben oder angewiesene Flughöhen, befolgen zu können.
Der Betrieb von UA im kontrollierten Luftraum ist prinzipiell ohne vorherige Freigabe von der Flugsicherung nicht erlaubt. In den folgenden Kapiteln werden die verschiedenen Arten von Lufträumen vorgestellt. Eine beispielhafte Seitendarstellung der Luftraumstruktur in Deutschland ist in Abbildung (Abb. 26) gegeben. Dazu ist es hilfreich die nachstehenden Abkürzungen zu kennen:
Gebräuchliche Abkürzungen aus der bemannten Luftfahrt, die eine wichtige Rolle bei der Luftraumordnung spielen (siehe dazu auch Abkürzungsverzeichnis):

VFR: Visual Flight Rules. Flug nach Sichtflugbedingungen. Als Sichtflug wird ein Flug bezeichnet, der von Piloten nach Sicht, d.h. nach den hierfür gültigen Sichtflugregeln durchgeführt wird.

IFR: Instrument Flight Rules. Instrumentenflug mit den hierfür gültigen Instrumentenflugregeln.
AGL: Above Ground Level, Höhe über Grund.
MSL: Mean Sea Level, Höhe über Meeresspiegel.
ft: feet (Fuß), gängige Einheit in der Luftfahrt. 1 ft = 30,48 cm
GND: Ground, Boden oder Grund.
FL: Flight Level, Flugfläche. Die Flugfläche gibt die Höhe in 100 Fuß (ft) unter atmosphärischen Standardbedingungen an (Luftdruck in Meereshöhe 1013,25 hPa; Lufttemperatur in Meereshöhe 15 °C, siehe Kapitel 8.1.2). Alle Luftfahrzeuge, die ihre Flughöhe als Flugfläche ausdrücken, haben daher den Bezugsluftdruck ihres Höhenmessers auf den Standardwert 1013,25 hPa eingestellt; dessen Anzeigewert in Fuß dividiert durch 100 ergibt die Flugfläche. Beispiel: Ein Luftfahrtzeug befindet sich auf Flugfläche 150, wenn sein Höhenmesser, auf Standardwert eingestellt, eine Höhe von 15.000 Fuß anzeigt. Flugflächen sind in der Verkehrsluftfahrt die bedeutendste Darstellungsmethode der Flughöhe und finden in Deutschland ab einer Höhe von 5000 ft MSL Anwendung. Sie sind deshalb für den gewöhnlichen Betrieb von UA nachrangig, finden jedoch in der Kartendarstellung von Lufträumen breite Verwendung.

2.10.1 Unkontrollierter Luftraum

2.10.1.1 Luftraum G (Golf)

Der Luftraum G ist der einzige unkontrollierte Luftraum in Deutschland. In diesem Luftraum darf ein UA ohne Flugverkehrskontrollfreigabe geflogen werden. Zudem besteht keine Pflicht zur Hörbereitschaft über Flugfunk. Da der Betrieb eines UA in der Kategorie OFFEN nur bis zu einer maximalen Höhe von 120 m über Grund erlaubnisfrei ist, ist dies der für UA der am meisten in Anspruch genommen Luftraum, außer bei Aufstiegen in der Nähe von Flughäfen.
Lufträume der Klasse G werden in der ICAO-Karte nicht explizit dargestellt (Abb. 27). Dieser ist gegenwärtig, wenn kein anderer Luftraum definiert ist. Der Luftraum beginnt stets am Boden, also ab Ground (GND). Die Obergrenze ist durch den darüber liegenden Luftraum E (siehe Kapitel 2.10.2.4) oder durch die Sondergebiete RMZ oder TMZ (siehe Kapitel 2.10.3) begrenzt und wird über Grund (AGL) definiert. Es sind dazu drei Höhen definiert: 1000 ft AGL, 1700 ft AGL bzw. 2500 ft AGL, je nachdem ab welcher von diesen Höhen der Luftraum E oder die RMZ bzw. TMZ beginnt. Durch die Definition der Obergrenze über Grund spiegelt dies das Profil der Erdoberfläche wider.
Mindestwetterbedingungen für einen Flug mit dem UA in Luftraum G bis 120 m Flughöhe über Grund: Flugsicht mindestens 1,5 km, Wolken dürfen nicht berührt werden.

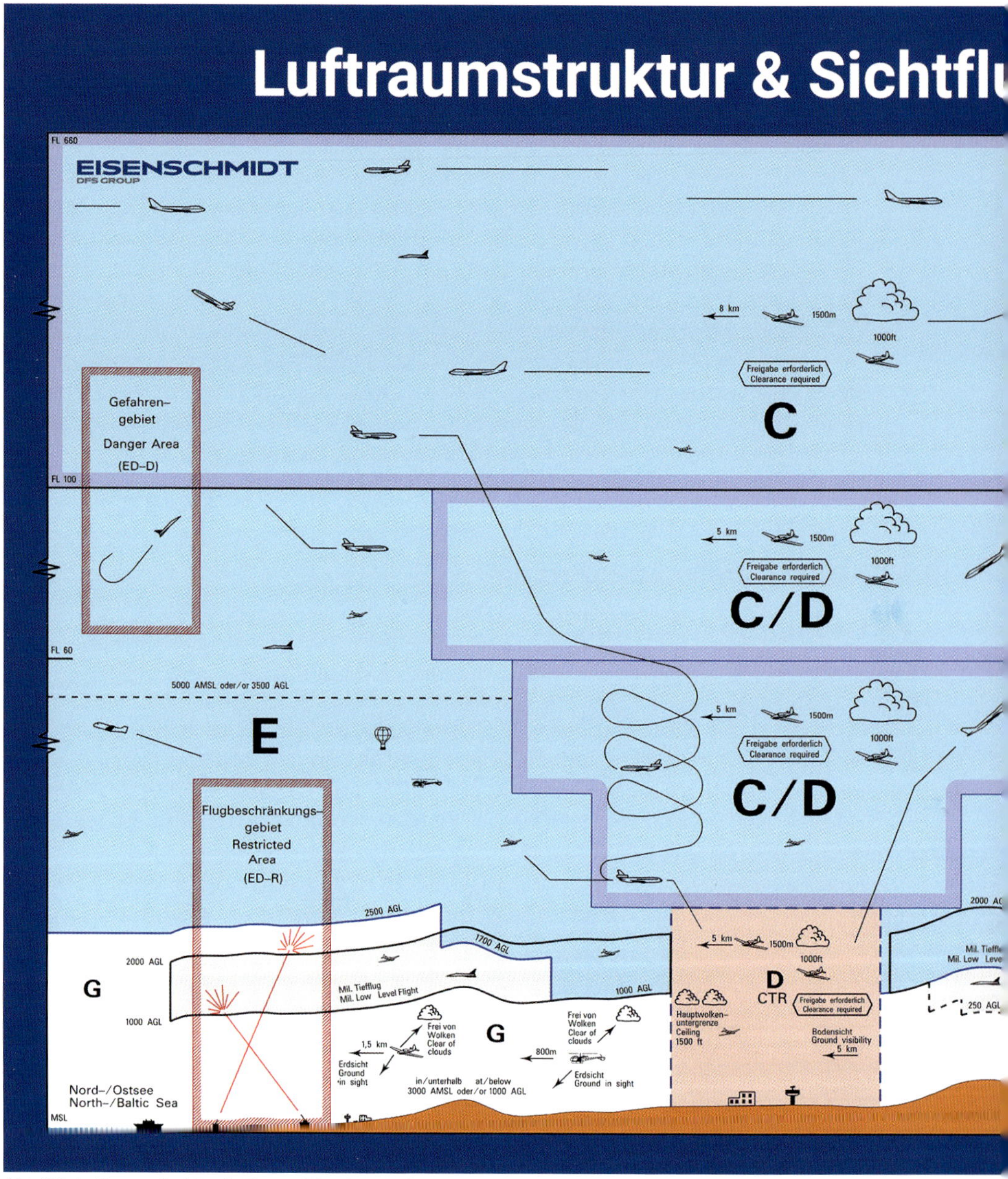

Abb 26: Luftraumstruktur in Deutschland und die entsprechenden Mindest-Sichtflugbedingungen der einzelnen Lufträume. (Mit freundlicher Genehmigung der DFS Deutsche Flugsicherung GmbH.)

geln in Deutschland (JUN 2020)

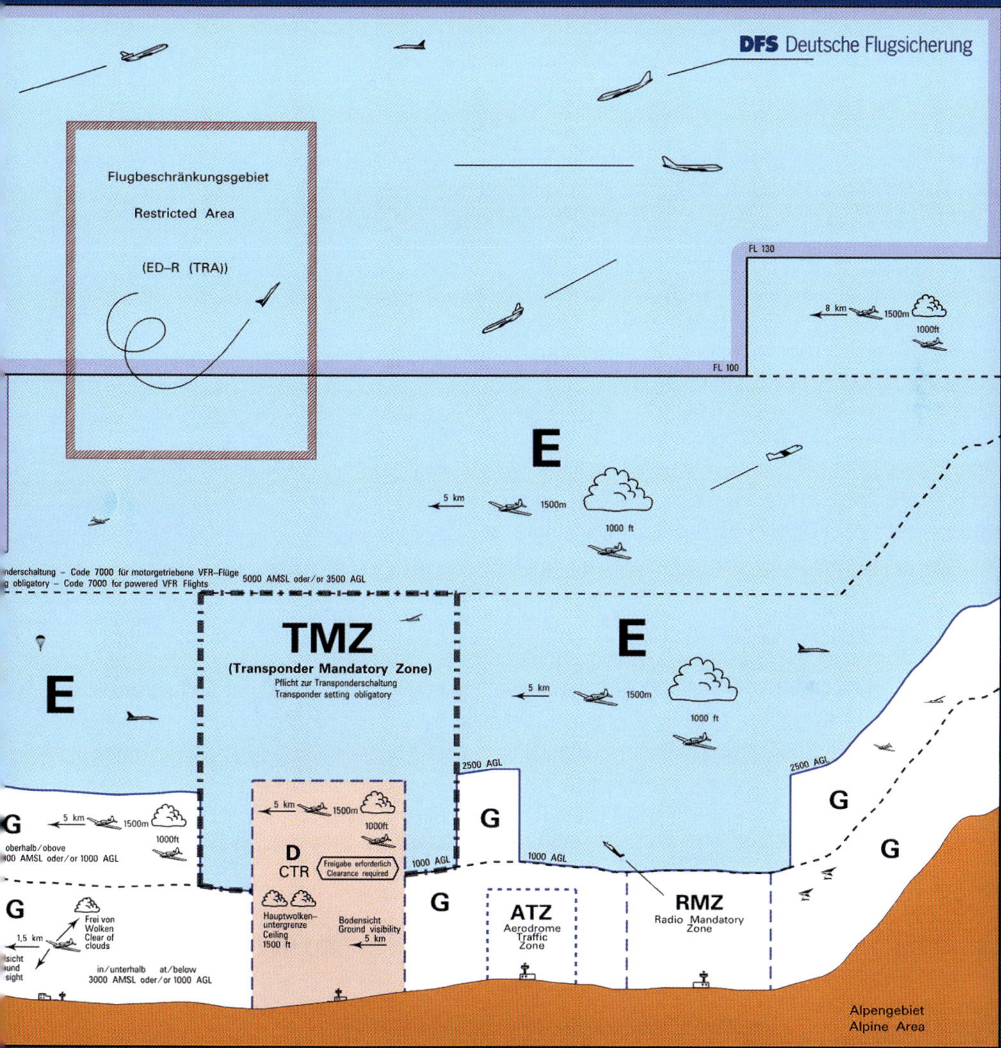

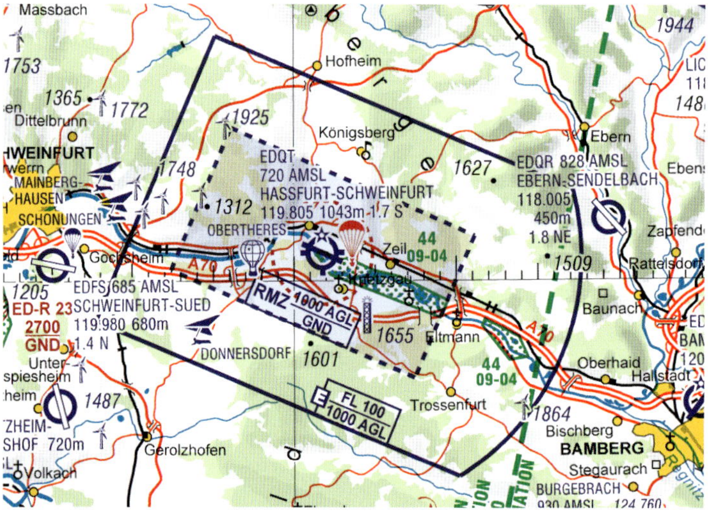

Abb 27: Der Luftraum G ist in der Karte nicht explizit dargestellt. So würde sich ein UA zum Beispiel in 100 m Höhe über dem Höhenpunkt 1365 im Luftraum G befinden. Bei einem Aufstieg über dem Höhenpunkt 1627 wäre das UA ebenfalls bis 999 ft über Grund (AGL) noch in G, da hier der Luftraum E erst ab 1000 ft AGL beginnt.

2.10.2 Kontrollierter Luftraum

In Deutschland gehören die Lufträume C, D und Kontrollzonen D (CTR) und E zu den kontrollierten Lufträumen. In dem kontrollierten Luftraum C, D und Kontrollzonen D (CTR) findet der Luftverkehr nach Instrumentenflugregeln (IFR) statt. Flüge nach Sichtflugregeln (VFR) sind aber nach Freigabe der Flugsicherung teilweise mit strengen Regeln gestattet. Der Luftraum E bildet hiervon eine Ausnahme.

2.10.2.1 Luftraum C (Charlie)

Er beginnt in der Regel bei FL 100, in den Alpenräumen mit ansteigendem Gelände sogar erst bei FL130 (Abb. 28). In diesem Luftraum ist eine ständige Hörbereitschaft über Flugfunk und eine Flugverkehrskontrollfreigabe für den Einflug erforderlich. In der Nähe von Verkehrsflughäfen kann der Luftraum C auch unterhalb FL 100 beginnen, aber immer oberhalb der Kontrollzone D (CTR) des jeweiligen Flughafens.

2.10.2.2 Luftraum D (Delta)

Dieser befindet sich in Deutschland über den Kontrollzonen D (CTR) von Verkehrsflugplätzen als Ersatz für den Luftraum C (Abb. 29). Er erfordert eine ständige Hörbereitschaft über Flugfunk, eine Flugverkehrskontrollfreigabe für den Einflug ist erforderlich.

2.10.2.3 Luftraum D-CTR (Delta CTR)

Die Kontrollzone D (CTR) ermöglicht ein kontrolliertes Landen und Starten sowie die Kontrolle des Luftraums um den Flugplatz. Sie beginnt im Gegensatz zu C, D am Erdboden. Die Kontrollzone D (CTR) befindet sich daher nur in der unmittelbaren Umgebung eines Verkehrsflugplatzes (Abb. 28, 29, 30). Eine Kontrollzone dient dem Zweck, im Bereich hoher Verkehrsdichte den an-, ab- und durchfliegenden Flugverkehr zu koordinieren. Mit Kontrollzonen sind daher vor allem Flugplätze mit hohem Aufkommen an Flugverkehr ausgestattet. Es darf nur mit einer Flugverkehrs-Kontrollfreigabe durch die Flugsicherung mit einem UA (unbemanntes Luftfahrtzeug) in einer Kontrollzone (CTR) geflogen werden (siehe hierzu auch Kapitel 2.11).

2.10.2.4 Luftraum E (Echo)

Der Luftraum Echo ist ein kontrollierter Luftraum. In diesem Luftraum ist IFR- und VFR-Verkehr erlaubt, eine Flugverkehrskontrollfreigabe und Hörbereitschaft benötigt jedoch nur der bemannte IFR-Flugverkehr. Hier mischen sich somit kontrollierter und unkontrollierter Luftverkehr. Der Luftraum ordnet sich räumlich betrachtet zwischen den Lufträumen G und C ein (Abb. 31). Je nach Höhe des Luftraums G, kann E daher oberhalb von 1000 ft AGL, 1700 ft AGL oder 2500 ft AGL liegen und bis zu einer Höhe von FL 100 bzw. FL 130 reichen.

Abb 28: Kontrollierter Luftraum C (hellblaue Umrandung) und D-CTR (roter Bereich) im An- und Abflugbereich des Flughafens München.

Alle Karten mit freundlicher Genehmigung der DFS Deutsche Flugsicherung GmbH. Die hier abgedruckten Karten sind nicht für navigatorische Zwecke geeignet.

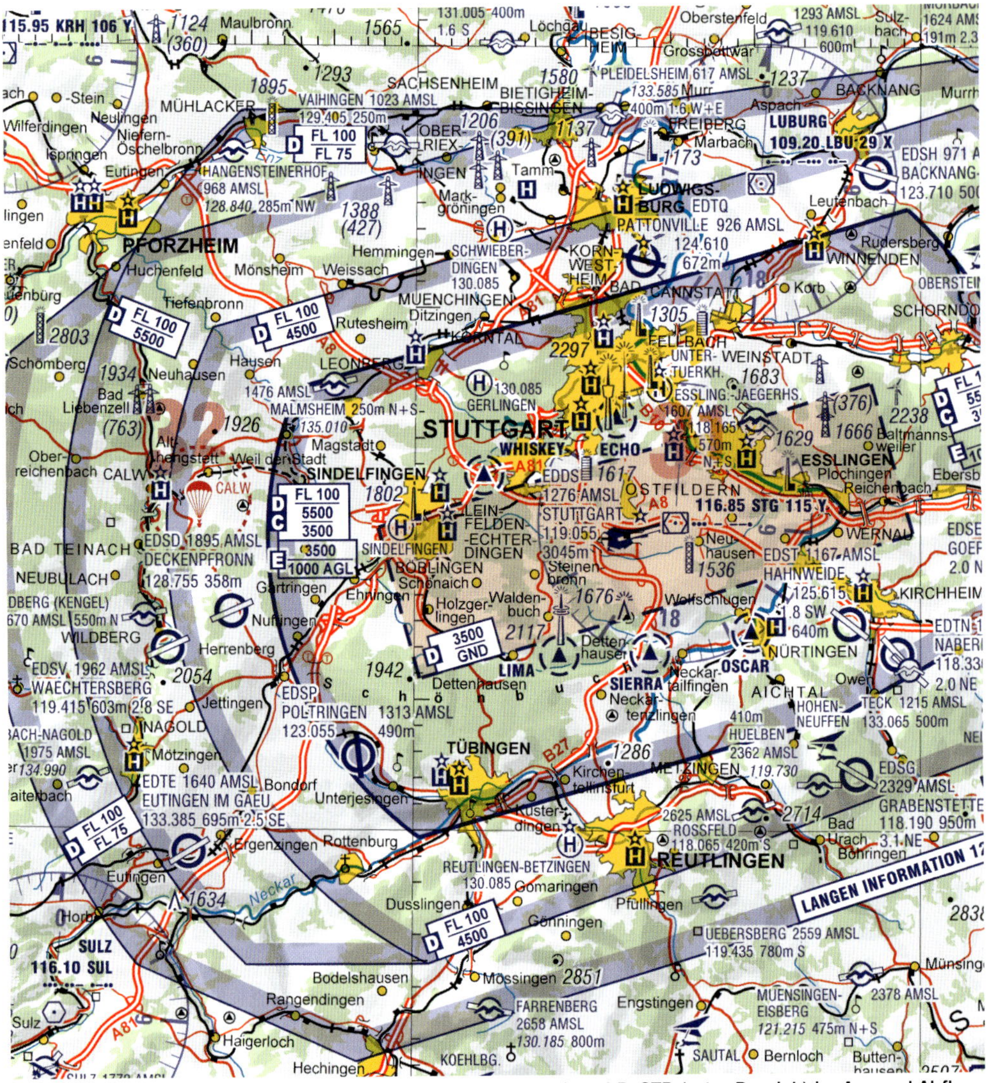

Abb 29: Kontrollierter Luftraum C und D (hellblaue Umrandung) und D-CTR (roter Bereich) im An- und Abflugbereich des Flughafens Stuttgart.

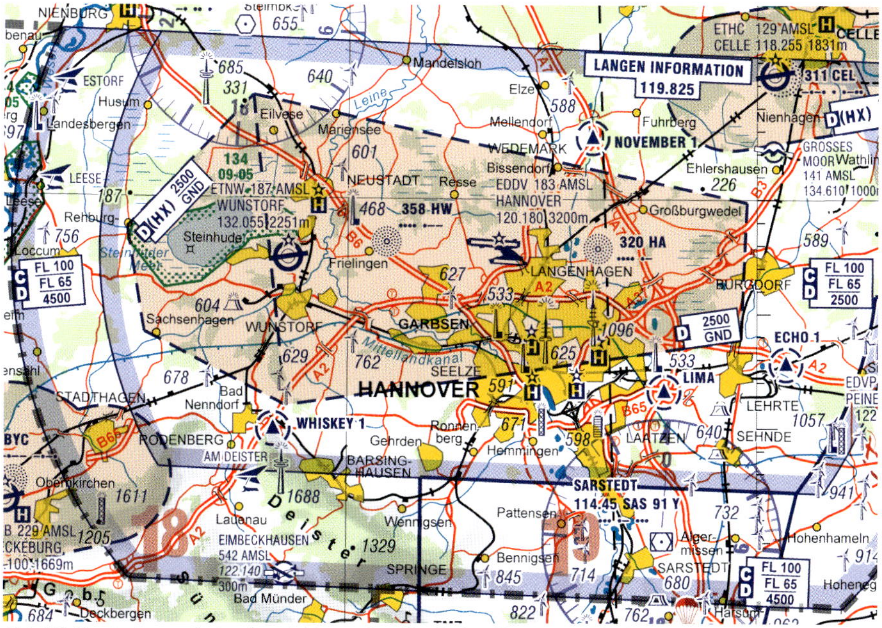

Abb 30: Kontrollzone (roter Bereich) um den Flughafen Hannover. Die CTR reicht vom Boden (GND) bis 2500 ft AGL. Der westliche Bereich der CTR ist mit HX gekennzeichnet und daher nicht immer aktiv.

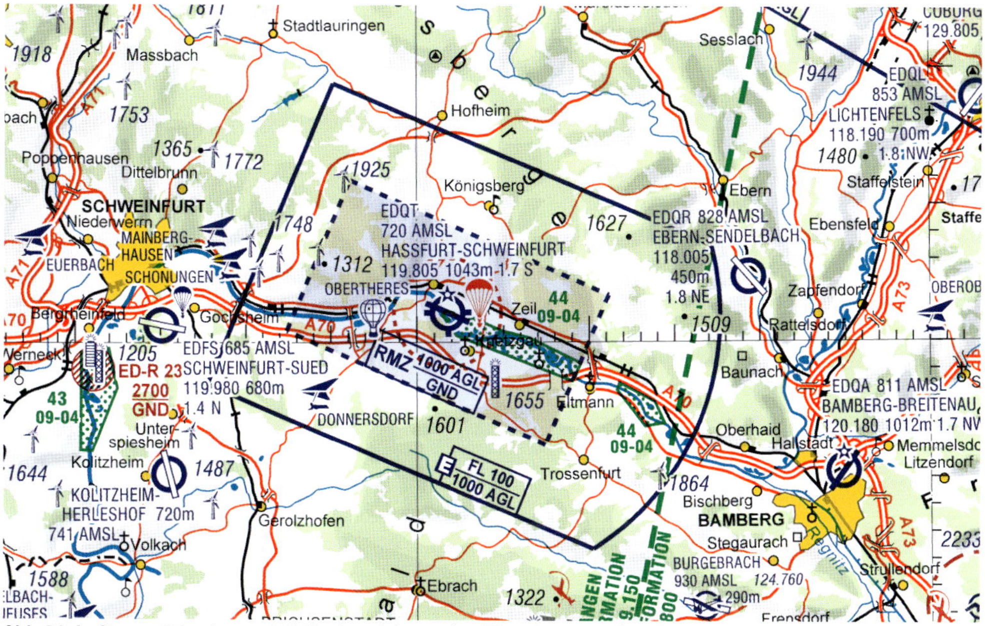

Abb 31: Luftraum E im An- und Ablfugbereich um den Flugplatz Hassfurt-Schweinfurt. Der Luftraum E beginnt hier ab 1000 ft AGL und reicht bis FL 100.

2.10.3 Sondergebiete ED-R, ED-D, TMZ, RMZ, ATZ

Neben den gewöhnlichen Lufträumen C, D, D(CTR), E und G gibt es in Deutschland darüber hinaus noch Sondergebiete. Aus Erwägungen militärischer oder polizeilicher Art, kann der Luftraum durch eine behördliche Ausweisung von Flugbeschränkungsgebieten (restricted area) oder Gefahrengebieten (danger area) aus bestimmten Gründen für den Luftverkehr und Drohnenaufstiege eingeschränkt, komplett gesperrt, oder speziell gekennzeichnet sein, um etwa technische Anlagen wie Atomkraftwerke oder Großereignisse, wie z.B. Fußballstadien, zu schützen.
Gebiete, in denen Flüge mit Luftfahrzeugen komplett verboten sind, werden Luftsperrgebiet genannt. Derzeit ist in Deutschland kein Luftsperrgebiet eingerichtet.
Grundsätzlich müssen bei einem UA-Aufstieg in der Nähe von Flugsperr- und Flugbeschränkungsgebieten, folgende Dinge beachtet werden:

- Art der Beschränkung
- Gültigkeitszeiten
- Grenzen des Bereichs
- Kontaktstellen (Luftamt, Flugverkehrskontrollstelle, Bundesaufsichtsamt für Flugsicherung)

2.10.3.1 Flugbeschränkungsgebiete ED-R

Das ED-R ist ein Flugbeschränkungsgebiet (amtliches Gebiet mit Flugbeschränkungen, engl. restricted area) und wird in der ICAO-Karte mit einem roten schraffierten Rand gekennzeichnet (Abb. 32). Es ist ein allseits umgrenzter Luftraum, in welchem dem Betrieb von Luftfahrzeugen Beschränkungen auferlegt ist. In der ICAO Karte ist das Flugbeschränkungsgebiet mit ED-R und einer eigenen Identifizierungsnummer

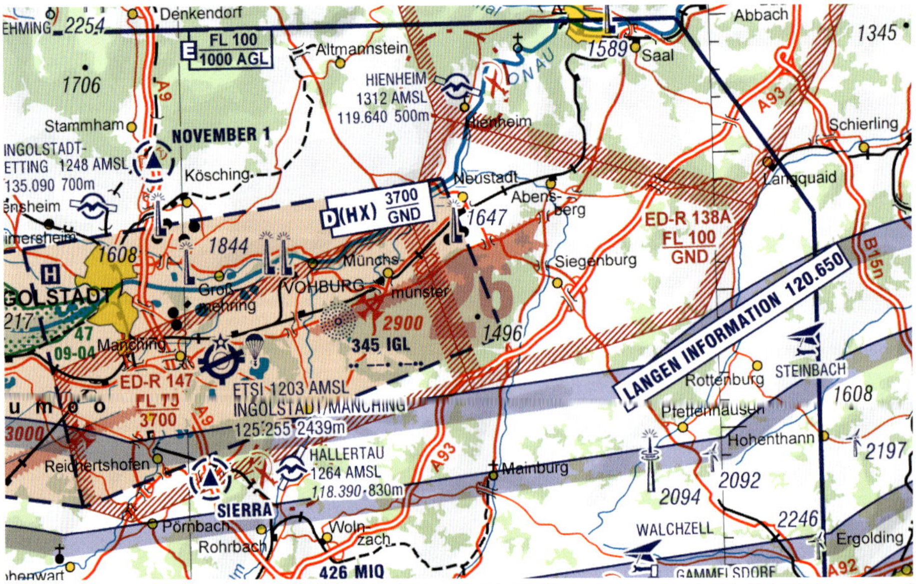

Abb 32: Flugbeschränkungsgebiete (ED-R 147 und ED-138A) bei Ingolstadt. ED-R 147 beginnt bei 3700 ft MSL und reicht bis FL 75, ED-R 138A beginnt am Boden und erstreckt sich bis FL 100.

versehen, wie zum Beispiel „ED-R-138A". Zu einem ED-R muss kein Abstand gehalten werden, die Grenze der ED-R ist bindend.
Neben der räumlichen Komponente verfügt ein ED-R auch über eine zeitliche Komponente und kann daher permanent, oder auch nur temporär gültig sein. Je nach Aktivierungsstatus, ist ein Durchflug oder Aufstieg mit einem UA für bestimmte Zeiträume sogar möglich. Ansonsten darf, sofern keine Freigabe der zuständigen Flugbehörde vorliegt, ein UA in einem Flugbeschränkungsgebiet (ED-R) nicht betrieben werden.

2.10.3.2 Gefahrengebiete (ED-D)

In Gefahrengebieten (engl. Danger Areas) wird vor besonderen Gefahren für den Luftverkehr gewarnt. Der Durchflug ist jedoch weder beschränkt noch erlaubnispflichtig, obwohl grundsätzlich die gleichen Gefährdungen, wie in den Flugbeschränkungsgebiete gelten. In der ICAO-Karte ist ein Gefahrengebiet mit ED-D und einer eigenen Identifizierungsnummer versehen. Es wird dringend empfohlen keinen Betrieb mit einem UA ohne behördliche Rücksprache durchzuführen.

2.10.3.3 Radio Mandatory Zone (RMZ)

Die Bezeichnung RMZ bedeutet eine Zone mit Funkkommunikationspflicht (radio mandatory zone). In der ICAO-Karte ist sie mit RMZ eingezeichnet.
Dieser Luftraum wird – ähnlich wie eine Kontrollzone D (CTR) für große Flughäfen – als Schutz für die An- und Abflüge bemannter Flugzeuge für kleine unkontrollierte Flugplätze eingerichtet, die im Luftraum G liegen und nach dem Instrumentenflugverfahren angeflogen werden können. Hier ist der Betrieb von unbemannten Fluggeräten, in Analogie zur Kontrollzone nur eingeschränkt möglich.
In diesem Luftraum gilt eine permanente Hörbereitschaft mit der zuständigen Flugverkehrskontrollstelle am jeweiligen Flugplatz. Für den Aufstieg mit einem UA in einer RMZ muss deshalb ähnlich wie in einer Kontrollzone verfahren werden. Die Fernpilot eines UA haben im Zuge der Flugvorbereitung die Zustimmung der zuständigen Flugplatzkontrollstelle per Anruf einzuholen und sich ggf. über lokale Rahmenbedingungen bei den zuständigen Behörden zu informieren.

2.10.3.4 Aerodrome Traffic Zone (ATZ)

Auch eine Aerodrome Traffic Zone (ATZ, Flugplatzverkehrszone) ist ein Bereich, der um einen unkontrollierten Flugplatz herum eingerichtet wird, um den Flugverkehr in seiner Umgebung zu schützen. In die ATZ darf nur zum An- oder Abflug des jeweiligen Flugplatzes eingeflogen werden, ein Durchflug ist nicht möglich. In der ICAO-Karte ist sie mit RMZ eingezeichnet. Für den Aufstieg mit einem UA in einer AMZ muss ähnlich wie in einer RMZ verfahren werden.

2.10.3.5 Transponder Mandatory Zone (TMZ)

Die Transponder Mandatory Zone, ist ein Bereich des Luftraums, in dem für alle Luftfahrzeuge das Mitführen und Verwenden eines Transponders mit automatischer Höhenübermittlung vorgeschrieben ist. TMZ sind in Deutschland nur um Flughäfen festgelegt. In der ICAO-Karte ist sie mit TMZ gekennzeichnet. Für den Aufstieg mit einem UA in einer TMZ muss ähnlich wie in einer RMZ/AMZ verfahren werden.

H

2.10.3.6 Sichtflugbedingungen in den Lufträumen

Damit Luftverkehr in den jeweiligen Lufträumen nach VFR Bedingungen betreiben werden darf, müssen die Mindestsichtflugbedingungen der jeweiligen Lufträume eingehalten werden.
Übersicht der Mindest-Bedingungen für den Sichtflug (Minimum Visual Meteorological Conditions, VMC) in Deutschlandvorgegeben durch die dem deutschen Luftrecht übergeordnete EU-VO 923/2012 „SERA.5000 ff".
Dabei wird als Bodensicht (englisch: ground visibility) die horizontale Sicht auf einem Flugplatz bezeichnet. Diese Sichtweite muss nach EU-Recht (EU VO 923/2012.) durch eine amtlich beauftragte Person oder ein automatisches System festgestellt werden.
Im Gegensatz dazu ist die Flugsicht die Sicht in Flugrichtung aus einem bemannten Luftfahrzeug.
Unter Bodensicht versteht man die vertikale Sicht vom Luftfahrzeug zum Boden.
Die Hauptwolkenuntergrenze (engl. ceiling). ist definiert als die untere Grenze der niedrigsten Wolkenschicht, die mehr als die Hälfte des Himmels bedeckt (Bedeckungsgrad über 4/8) und unter 6000 m liegt. Damit sind Cirruswolken ausgeschlossen.

C	über 10000 ft MSL: Flugsicht 8 km Wolkenabstand vertikal 1000 ft; horizontal 1,5 km unter 10000 ft MSL: Flugsicht 5 km , Wolkenabstand vertikal 1000 ft; horizontal 1,5 km
D	Flugsicht 5 km; Wolkenabstand vertikal 1000 ft (≈ 300 m); horizontal 1,5 km
D-CTR	wie D + Bodensicht 5 km + **Hauptwolkenuntergrenze (Ceiling) 1500 ft**
E	Flugsicht 8 km über FL 100 / 5 km unter FL 100; Wolkenabstand 1000 ft; horizontal 1,5 km
G	Flugsicht 1,5 km; frei von Wolken, d.h. das uLFZ darf die Wolken nicht berühren; Erdsicht

Tabelle 6: Sichtflugmindestbedingungen

Für Flüge mit langsam fliegendem Luftverkehr wie Drehflügler, Luftschiff- und Ballonfahrten genügt eine Flugsicht von 800 m.

Diese Sichtflugbedingungeln gelten gemäß SERA generell nicht für Flüge unterhalb 150 m (500 ft) über Grund, sofern keine Flugverkehrskontrollfreigabe erforderlich ist (Lufträume D-CTR) oder eine UAS-Betriebsgenehmigung (Kategorie SPEZIELL) es anderweitig vorschreibt.

Für den Flugbetrieb in der Kategorie OFFEN bedeutet dies, dass es ausreicht, wenn Fernpiloten das UA jederzeit in Sicht haben und gegebenenfalls dem Luftverkehr ausweichen können.

2.10.4 ICAO-Karten der BRD

2.10.4.1 ICAO-Kartenblätter

Zur Sichtflug-Navigation werden üblicherweise die ICAO-Karten im Maßstab 1:500.000 verwendet. Für die BRD gibt es sie jedes Jahr neu in digitaler Form auf CD oder in Papierform (8 Blätter). Jedes Kartenblatt ist mit einem markanten Städtenamen benannt und mit einer Koordinaten-Bezeichnung versehen. So bedeutet z.B. Hannover (NO 51/6), dass die linke untere Ecke dieser Karte bei 51° Nord, 06° Ost liegt.
Der Stand der Flugsicherungsangaben ist auf dem Deckblatt verzeichnet. Permanente Ergänzungen oder Änderungen, die nach dem Erscheinen der Neuauflage notwendig sind, werden im VFR-Luftfahrthandbuch veröffentlicht. Aktuelle Änderungen lassen sich im VFReBulletin finden (unter *www.dfs-ais.de/*).
Im Rahmen des Open-Source-Projekts „Open Flightmaps" können Sichtflugkarten und Navigationsdaten für die allgemeine Luftfahrt online abgerufen werden.

2.10.4.2 Die Kartensymbole der ICAO-Karte

Die ICAO-Karten (nach internationalem System) enthalten die topographische Struktur der Erdoberfläche, wobei größere Höhen grau unterlegt sind. Da die Höhen sich aber nicht auf Grund ihrer Farbe unterscheiden lassen, enthalten die Karten Höhenpunkte, die so ausgewählt sind, dass sich zwischen zwei benachbarten Einträgen keine weitere Erhebung mehr befindet, welche die beiden markierten überragt. Außerdem wird auf jedem Kartenblatt die höchste Erhebung durch den Eintrag in ein weißes Rechteck besonders gekennzeichnet (Abb. 33).

Abb 33: Ausschnitt aus der ICAO-Karte, Einheit ft, höchste Erhebung 4.777 ft (Großer Arber), weite- re Höhenpunkte dieses Ausschnitts sind 3.717 ft, 4.062 ft, 4.406 ft, 3.983 ft, 2.923ft, 3.438 ft, 3.360 ft.

Gewässer erscheinen blau, große Städte gelb. Wälder sind als grüne Flecken gekennzeichnet, Straßen sind als rote, Eisenbahnen als schwarze Linien dargestellt, wobei ein- und mehrgleisige Anlagen unterschieden werden. Ortschaften mit Bahnhof werden durch ein kleines schwarzes Quadrat markiert (Abb. 34).

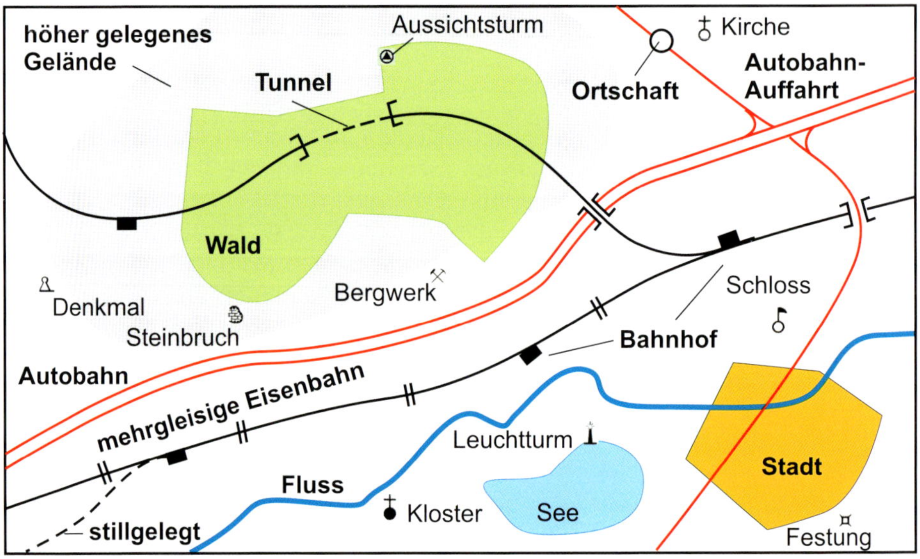

Abb 34: Wichtige Verkehrswege und Symbole in der ICAO-Karte.

Außerdem enthalten die ICAO-Karten im Maßstab 1:500.000 farbige Flugsicherungsaufdrucke, die über zivile und militärische Kontrollzonen, Nahverkehrsbereiche, Flugplätze, Funknavigationsanlagen usw. Auskunft geben (Abb. 35).

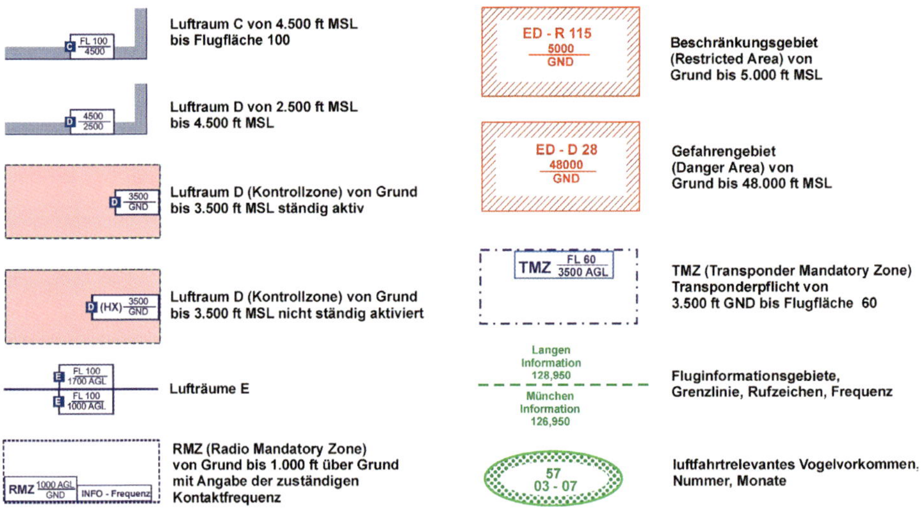

Abb 35: Luftraumdarstellung auf der ICAO-Karte.

Für die Kursberechnung sind dazu noch die Linien gleicher Missweisung, die Isogonen gestrichelt eingetragen.

Abb 36: Wichtige Kartensymbole der ICAO-Karte.

Erklärungen:

1 Internationaler Flughafen	12 Pflichtmeldepunkt einer Kontrollzone für den Ein- bzw. Ausflug
2 Landeplatz mit befestigter Bahn	13 ständige Tiefflugschutzzone
3 Landeplatz mit unbefestigter Bahn (Gras)	14 nicht ständige Tiefflugschutzzone
4 Militärflugplatz	15 VDF-Frequenz (hier QDM erhältlich)
5 Zivil-/Militär-Landeplatz	16 NDB-Funkfeuer
6 geschlossener Flugplatz	17 VOR-Funkfeuer
7 Segelfluggelände (Winden- bzw. Flugzeugschlepp)	18 VOR/DME bzw. TACAN (mit Entfernungsmessung)
8 Gleitflug- bzw. Ultraleichtfluggelände	19 Luftfahrtbodenfeuer (Nachtflugbefeuerung)
9 Hubschrauberlandeplatz (s. auch Kapitel 1.1.2)	20 militärisches Tieffluggebiet (250ft-Area)
10 unbefeuertes Hindernis (1936 ft MSL) evtl. mit markantem Symbol, Hindernisgruppe	21 Maximum Elevation Figure in der Einheit 100 ft MSL
11 befeuertes Hindernis evtl. mit markanten Symbolen, z.B. Windkraftwerk, befeuerte Hindernisgruppe	22 Fallschirmsprunggelände, intensive bzw. gelegentliche Aktivitäten
	23 Freiballonstartplatz

Für eine rasche Anflug-Information sind in der Nähe der Flugplatzsymbole die wichtigsten Daten angegeben:

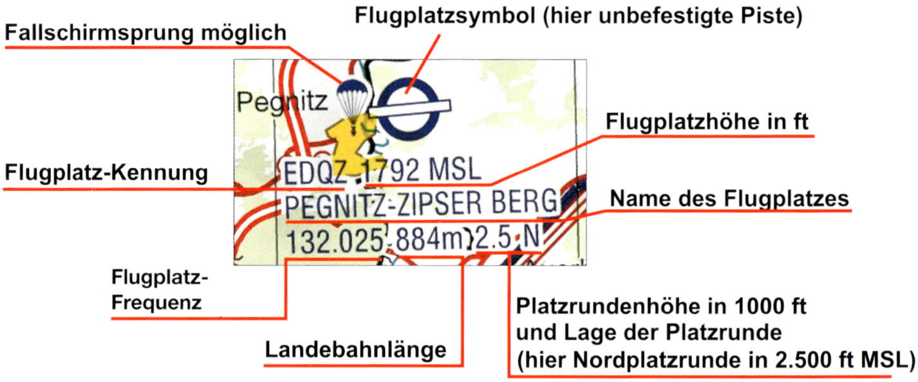

Abb 37: Flugplatzdaten auf der ICAO-Karte.

In großen roten Ziffern sind die sog. Maximum Elevation Figures aufgedruckt, welche die größten Erhebungen in jeweils einem rechteckigen Gebiet von jeweils einem halben Grad Seitenlänge angeben (Abb. 38). Bei Höhenpunkten wird zuzüglich ein fiktives Hindernis von 100 m (328 ft) angenommen und ein Zuschlag von 30 ft addiert. Bei echten Hindernissen ist ein Zuschlag von 60 ft einkalkuliert. Die größere Zahl gibt die vollen tausend Fuß an, die kleinere die aufgerundeten Hunderter. Auf diese Weise erhält man schnell einen Überblick über die Geländehöhen auf Kurs.

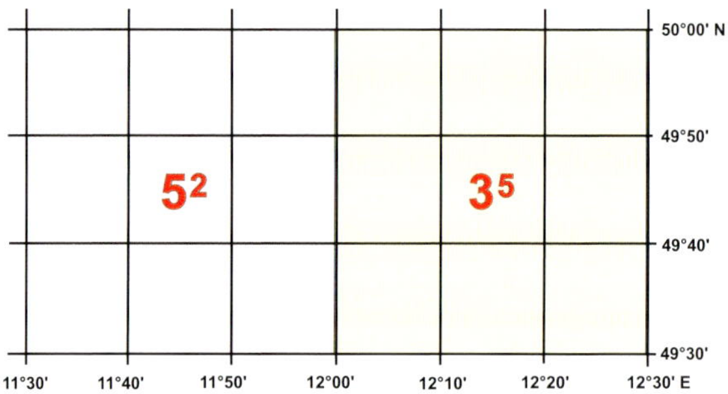

Abb 38: Maximum Elevation Figures.

Beispiel für die Maximum Elevation Figure 5^2 (siehe Abb. 33): In diesem Gebiet (30 mal 30 Minuten, Ziffern im mittleren Feld) ist die höchste Erhebung 4.777 ft MSL + fiktives Hindernis 328 ft + Zuschlag 30 ft, ergibt auf 100 ft aufgerundet 5.200 ft.

Fallbeispiele mit Kartenmaterial:
Nachfolgend sind Beispiele bezüglich der ICAO-Karte. Antworten auf die Fragen sind kursiv dargestellt. Zusätzlich sind noch wichtige Kartensymbole markiert.

Beispiel 1:

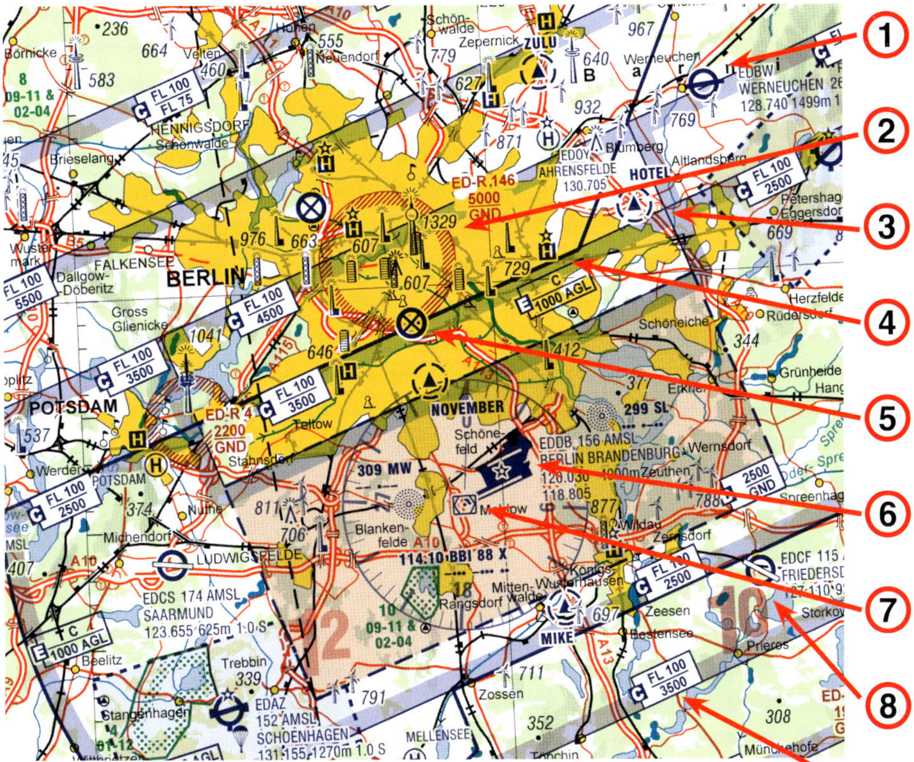

Abb 39: Bis zu welcher Höhe reicht die Kontrollzone über Berlin?
Bis 2500 ft MSL.

1) Flugplatz (Asphaltbahn)
2) Sperrgebiet ED-R-146
3) Pflichtmeldepunkt
4) Helipod
5) Geschlossener Flugplatz (Tempelhof)
6) Verkehrsflughafen (Schönefeld)
7) VOR (Drehfunkfeuer)
8) Flugplatz (Grasbahn)
9) Luftraumgrenze (hier E und C)

Beispiel 2:

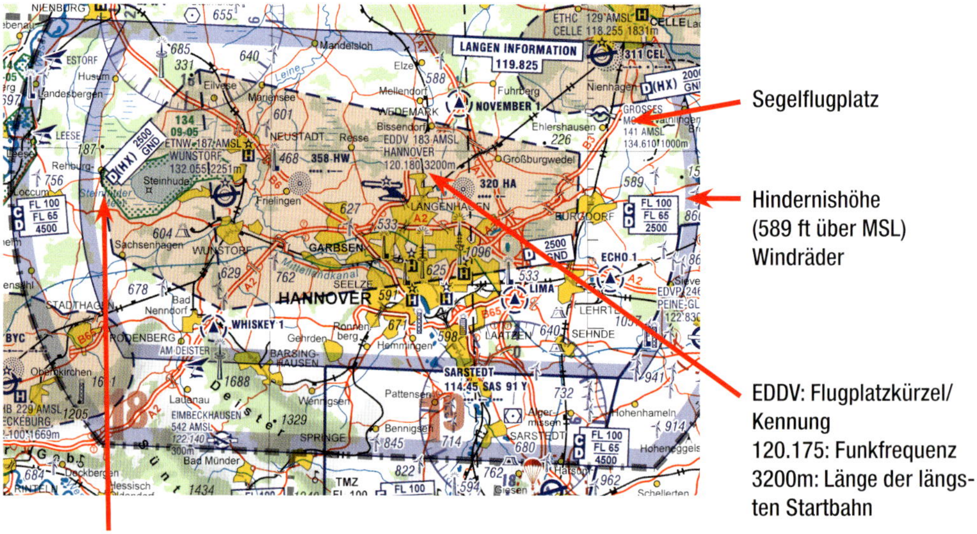

Abb 40: Luftraumkategorie und Ausdehnung der Kontrollzone Hannover:
Luftraumkategorie „D-CTR“ vom Erdboden bis 2.500 ft MSL

Beispiel für HX im westlichen Sektor der Kontrollzone.
Der Sektor ist nur zu festgelegten Betriebszeiten wirksam.

Beispiel 3:

Abb 41: Was muss bei einem UAS Betrieb in der Kontrollzone mit einem UAS geflogen werden beachtet werden?
Aufstieg nur nach Freigabe wenn die CTR aktiv ist. Ist die Kontrollzone nicht aktiv, kann ein Aufstieg erfolgen solange die übrigen Bestimmungen erfüllt sind.

Beispiel 4:

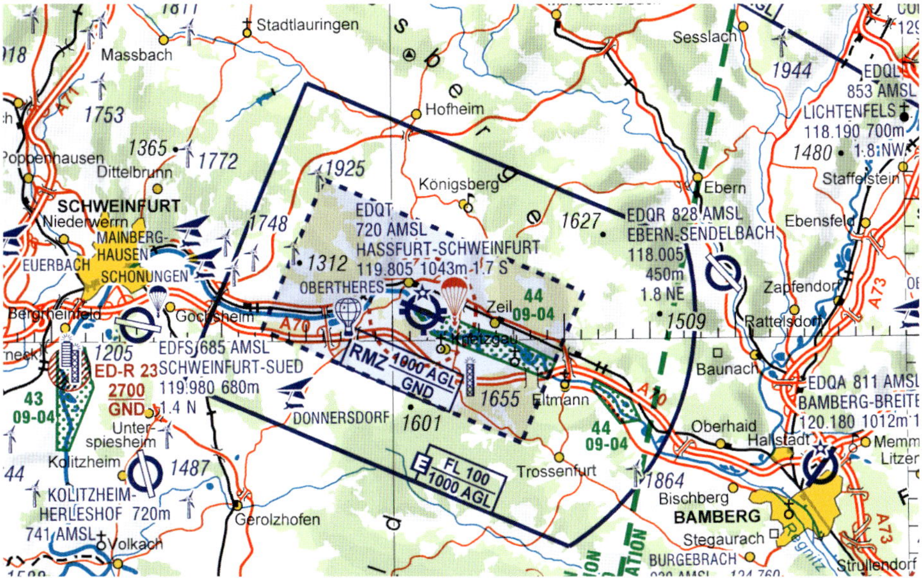

Abb 42: Benötigen Sie als bemanntes Luftfahrzeug für den dargestellten Luftraum (RMZ und E) eine Freigabe für den Durchflug?

Nein, es wird keine Freigabe benötigt. Für den Aufsteig mit einem UAS ist jedoch eine Freigabe erforderlich. FL85/FL100.

Beispiel 5:

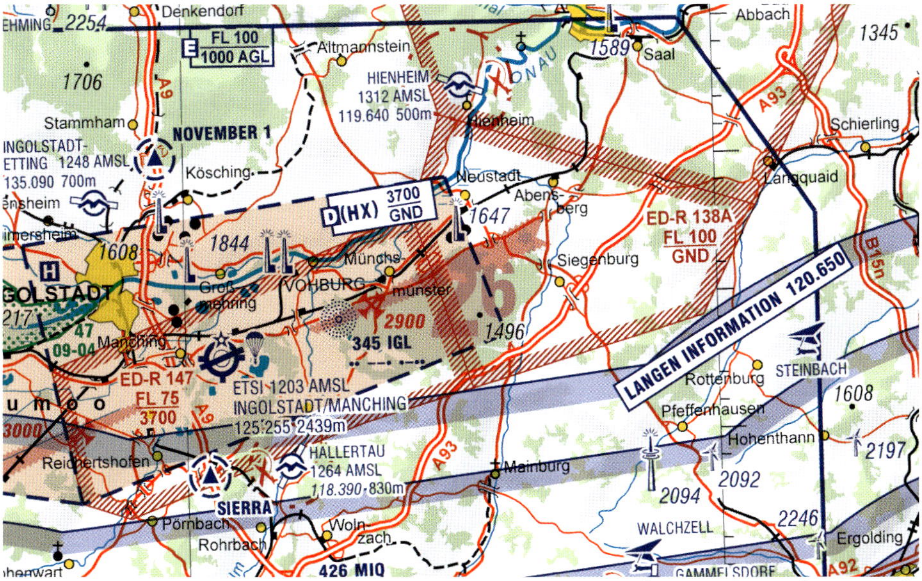

Abb 43: In welchem Luftraum befinden sich ein UA bei einem Flug in Höhe 1900 ft MSL über dem Höhenpunkt 1496?

Während der Betriebszeiten von dem Flugplatz ETSI ist es die Kontrollzone sonst ED-R138A.

Beispiel 6:

Abb 44: Die vertikale Ausdehnung der fünf „Lufträume C“ von München beträgt?

3500/FL100; 4500/FL100; 5500/FL100 FL65/FL100; FL85/FL100

LANGEN INFORMATION 120.
Rottenburg
STEINBACH
Pfeffenhausen
Hohenthann
WALCHZELL
GAMMELSDORF
1608 AMSL
122.715 255m
Ergoldsbach
Essenbach
Ergolding
LANDSHUT
FLUTMULDE
Isar
ED-R 27
3300
GND
Mengkofen
1411
Gganacker
Wallersdorf
Pilsting
EDPD 1165 AMSL
DINGOLFING
125.615 500m 2.5 N
FL 100
FL 65
A92
Mamming
Landau
DINGOLFING
1565
Haunersdorf
FL 100
5500
Reisbach
Simbach
Arnstorf
Frontenhausen
FL 100
4500
Bruckberg
Gerzen
1709
FL 100
1000 AGL
Falkenberg
EDML 1312 AMSL
LANDSHUT
129.805
900m 2.5 N
BIRKEN
Geisenhausen
Vilsbiburg
Altfraunhofen
Aich
Gangkofen
TAUFKIRCHEN
RMZ 1000 AGL GND
Eggenfelden
EDPI 1376 AMSL
MOOSBURG
AUF DER KIPPE
125.815 500m 2.3 SE
C
1000 AGL
EDMP 1450 AMSL
VILSBIBURG
118.060
450m 2.0 NW
Bodenkirchen
Unterdietfurt
EDME
EGGENFELDEN
1342 AMSL
120.305 1100m
2.5 S
Berglern
Taufkirchen
Velden
FL 100
3500
Neumarkt-St. Veit
EDMY 1331 AMSL
MUEHLDORF
119.780 772m 2.5 N
Buchbach
Reischach
LANGEN INFORMATION 126.95
EDNA 1360 AMSL
AMPFING-WALDKRAIBURG
118.735 656m
2.3 S
WASENTEGERNBACH
1500 AMSL
131.110 270m
Dorfen
Lengdorf
Töging
Neuötting
ALTÖTTING
Mühldorf
FL 100
5500
Waldkraiburg
St. Wolfgang
FL 100
4500
Isen
ALTOETTING 1312 AMSL
123.210 480m
1935
Emmerting
Reichertsheim
STRASSHAM 1680 AMSL
133.585 512m
2100
KIRCHDORF-BERG
Kraiburg
Unterneukirchen
Burgkirchen
BURGKIRCHEN
Haag
Hohenlinden
FL 100
FL 65
Garching
FL 100
FL 85
50
01-12
Soyen
2582
2142
Peterskirchen
EBERSBERG
Wasserburg
Tacherting
Kirchweidach
Tittmoning
Steinhöring
LANGEN INFORMATION 126.950
EDPK 1780 AMSL
SCHOENBERG
132.990 450m 2.6 N
Trostberg
SALZBURG RADAR 123.725
1929
Grafing
2430
Attel
Obing
Altenmarkt
Palling
1956
TACHINGER SEE
Assling
Rott am Inn
EDNV 1535 AMSL
VOGTAREUTH
121.030 517m 3.0 SE
1985
FL 100
4500
Traunreut
ANTERSBERG
1604 AMSL
135.010 900m
Halfing
Seeon-Seebruck
Traunwalchen
Waging
EDPC 1687 AMSL
BAD ENDORF/JOLLING
118.915 610m 2.5 W
55
01-12
1923
Tuntenhausen
Bad Endorf
Chieming
Großkarolinenfeld
Bruckmühl
Simssee
2258
FL 130

H

Beispiel 7:

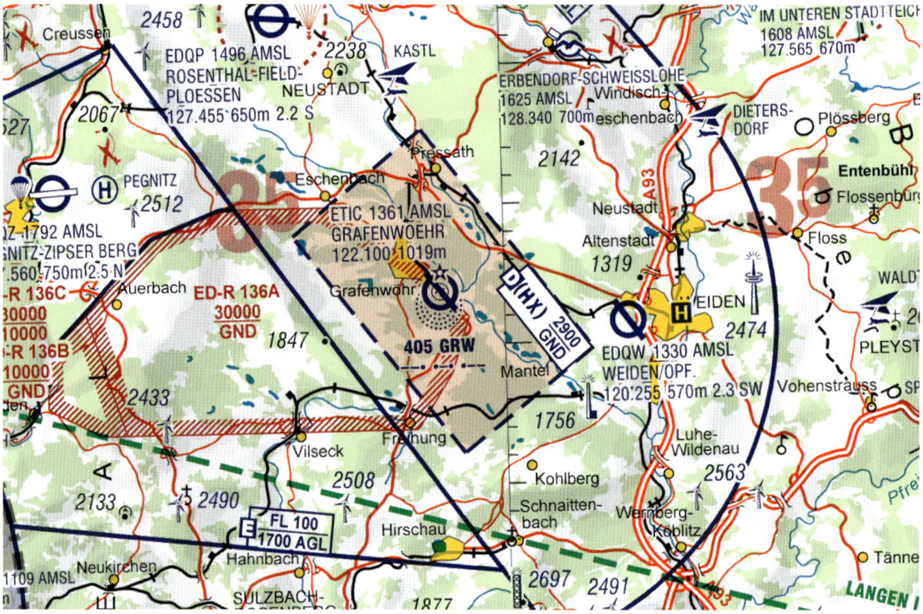

Abb 45: In welchem Luftraum befinden sich ein UA in 200 ft AGL über dem Flugplatz ETIC?
Luftraum „D“ des Flugplatz ETIC wenn aktiv, sonst Flug-Beschränkungsgebiet ED-R 136A.

Ausschnitte der ICAO-Karten mit freundlicher Genehmigung der DFS Deutsche Flugsicherung GmbH. Die Kartenausschnitte sind nicht für navigatorische Zwecke geeignet. Es können keine Ansprüche gegenüber der DFS Deutsche Flugsicherung GmbH geltend gemacht werden.

2.11 AUFSTIEG IN EINER KONTROLLZONE D-CTR

Grundsätzlich ist im Nahbereich von Flugplätzen und Flughäfen (weniger als 1,5 Kilometer vom Flughafenzaun entfernt) der Betrieb von UAS und Flugmodellen nicht erlaubt. Gleiches gilt für Flüge in einer Höhe von mehr als 50 Metern innerhalb der Kontrollzone.
Für Aufstiege von UAS und Flugmodellen in Kontrollzonen ist eine Flugverkehrskontrollfreigabe beim jeweiligen Betreiber der Kontrollzone einzuholen. In Deutschland werden die meisten Kontrollzonen von der **Deutschen Flugsicherung DFG GmbH**, der **DFS Aviation Services GmbH** oder der **Austro Control GmbH** betrieben. Die Freigabe kann zum Beispiel über ein Online-Formular für DFS-Kontrollzonen beantragt werden.

Die Erteilung erfolgt dann in der Regel unter Beachtung der Allgemeinverfügung, in der weitere Auflagen zu beachten sind. Dies sind für die DFS GmbH Betriebenen Kontrollzonen gemäß des NfL-2023-1-2705 u.a.

1) Während der gesamten Flugdauer muss der Fernpilot in der Lage sein, einen ununterbrochenen und nicht unterstützten Sichtkontakt (3) mit dem Flugmodell bzw. unbemannten Luftfahrzeug aufrechtzuerhalten, sodass er dessen Flug-

weg so steuern kann, dass Kollisionen mit anderen Luftfahrzeugen, Menschen und Hindernissen vermieden werden.
Dazu können Fernpiloten von Beobachtern des Flugmodells bzw. Unbemannten Luftfahrzeugs unterstützt werden, die sich neben diesen befinden und durch direkte visuelle Beobachtung des Flugmodelles bzw. unbemannten Luftfahrzeugs den Fernpiloten in der sicheren Durchführung des Flugs unterstützen.

2) Zur Bestimmung der maximalen Entfernung zwischen Fernpilot und unbemanntem Luftfahrzeug sind die Festlegungen des NfL „Gemeinsame Grundsätze des Bundes und der Länder für den Betrieb von unbemannten Luftfahrzeugen" in der jeweils gültigen Fassung anzuwenden.
3) Der Flugbetrieb findet nur unter folgenden Wetterbedingungen statt a) Bodensicht mindestens 5 km und b) Hauptwolkenuntergrenze mindestens 1500 ft über Grund. Maßgeblich ist das Flugplatzwetter des nächstgelegenen internationalen Verkehrsflughafens.
4) Der Flugbetrieb findet in einer Entfernung von mindestens 1,5 km zur nächsten Begrenzung des Flugplatzes statt.
5) Eine Flughöhe von 50 m über Grund wird nicht überschritten.
6) Der Flug findet nicht als Formation (mit zwei oder mehr gleichzeitig und in räumlicher Nähe zueinander stattfindenden koordinierten Flugbewegungen) statt.
7) Der Flug wird nicht autonom (d.h. ohne direkte Eingriffsmöglichkeit des Fernpiloten) durchgeführt.
8) Während des Fluges muss der Fernpilot darauf achten, nicht an Gebiete heranzufliegen oder in Gebieten zu fliegen, in denen ein Notfalleinsatz stattfindet, sofern er nicht von den zuständigen Notfalldiensten die Erlaubnis hierfür erhalten hat.
9) Der Fernpilot hat vor Beginn der Fluges zu prüfen, ob entlang des geplanten Flugwegs bzw. im zu benutzenden Luftraum Einschränkungen für den Betrieb insbesondere in Form von Gebieten mit Flugbeschränkungen durch das Bundesministerium für Digitales und Verkehr eingerichtet worden sind oder geografische Gebiete nach § 21h LuftVO bestehen und hat diese entsprechend zu beachten bzw. zu meiden.

Darüber hinaus gibt es noch weiter Aspekte die Beachtet werden müssen. Diese sind in den Allgemeinverfügung zur Erteilung von Flugverkehrskontrollfreigaben für Flüge mit Flugmodellen und unbemannten Luftfahrtsystemen in Kontrollzonen zu finden.
Soll der Aufstieg in einer Kontrollzone erfolgen, die nicht von der DFS, DFS Aviation Service oder AustroControl betreut wird und gibt es keine NfL, so muss sich der Betreiber des UAS mit dem örtlichen Betreiber des betreffenden Flughafens in Verbindung setzen.

Die DFS GmbH betreibt (Stand Januar 2026) folgende Kontrollzonen:
Berlin Brandenburg, Bremen, Dresden, Düsseldorf, Erfurt-Weimar, Frankfurt Main, Hamburg, Hannover, Köln/Bonn, Leipzig/Halle, München, Münster/Osnabrück, Nürnberg, Saarbrücken und Stuttgart

2.12 U-SPACE

Mit der EU-Verordnung 2021/664 hat die EU-Kommission die Rahmenbedingungen für Lufträume festgelegt, die als spezielle geografische Gebiete einen verdichteten gemeinsamen Verkehr von bemannten und unbemannten Luftfahrzeugen ermöglichen sollen. Die Lufträume dieser geografischen Gebiete werden U-Space-Airspace genannt. Dieses Gebiet kann Teile der Luftraumklassen G, E, C und D (CTR) beinhalten. U-Space beschreibt daher nicht einen bestimmten Luftraum, sondern ist eher als Rahmenwerk für die Integration von UAS in das bestehende Luftraummanagement zu sehen (Abb. 46).

Abb 46: Quelle: © European Union Aviation Safety Agency 2024 - Understanding how the new U-space will enable the safe integration of drones in the European airspace [EASA, 20 Oct 2022]

Link: *https://www.easa.europa.eu/it/document-library/general-publications/understanding-how-new-u-space-will-enable-safe-integration*

Die rot markierten Geo-Zonen sind in Abb. 46 beispielhaft rot markiert. Aktuell gibt es vier verschiedene Bereiche:

Farbcode	Deutsch
Rote Geo-Zone	Drohnenoperationen sind generell verboten
Gelbe Geo-Zone	Drohnenoperationen sind eingeschränkt und an die Erfüllung eines festgelegten Satzes von Bedingungen für relevante Zonen gebunden
Grüne Geo-Zone	Drohnenspezifische geografische Zonen, die den Betrieb in allen Kategorien erleichtern
Blauer Bereich	U-Space-Luftraum

Damit der gemischte Verkehr in solchen Gebieten sicher abgewickelt werden kann, sollen folgende Einrichtungen zusammenwirken:

- Flugbetriebskoordinierung durch sogenannte U-Space-Service-Provider (USSP), die ähnlich wie Flugsicherungsorganisationen (air navigation service provider, ANSP) für die Durchführung der Koordinierungsfunktionen zugelassen werden müssen.
- Verpflichtende Nutzung bereitgestellter Service-Funktionen der unter oben genannten UUSP durch alle Nutzer des U-Space-Airspace.
- Bei Nutzung des kontrollierten Luftraums müssen sich ANSP und USSP abstimmen. Die Kontrolle des bemannten Luftverkehrs durch die ANSP hat Vorrang.
- Sicherheit der bemannten Luftfahrt wird durch eine dynamische Rekonfigurierung des U-Space-Airspace sichergestellt, d.h. Teile des U-Space werden temporär deaktiviert für den Betrieb der UAS.

Bei der Einrichtung eines U-Space-Luftraums muss der Mitgliedstaat entscheiden, ob neben den vorgeschriebenen U-Space-Diensten auch von den optionalen Dienste der eine oder andere oder beide angeboten werden sollen. Zu den optionalen Diensten zählt auch der Wetterinformationsdienst.

Folgende Informationen sollen über den Wetterinformationsdienst bereitgestellt werden.
- Windrichtung, gemessen im Uhrzeigersinn rechtweisend Nord, und Geschwindigkeit in Metern pro Sekunde, einschließlich Böen,
- Höhe der untersten durchbrochenen oder geschlossenen Wolkendecke, gemessen in Hundert Fuß über dem Boden, Sicht in Metern und Kilometern,
- Temperatur und Taupunkt,
- Hinweise auf Konvektionsaktivität und Niederschlag,
- Ort und Uhrzeit der Beobachtung oder gültige Zeiten und Orte der Vorhersage,
- geeigneter QNH-Wert (gemessener Luftdruck nach Standardatmosphere auf Meereshöhe reduziert) mit Ortsangabe für seine Anwendbarkeit

Anbieter können laut AMC/GM nationale (zugelassene) Wetterdienste nutzen oder alternativ auch private. In letzterem Fall müsste der USSP den Anbieter validieren und verifizieren.

Am 26. Januar 2023 ist die U-Space-Verordnung 2021/664 vom 22. April 2021 der EU-Kommission in Kraft treten, die EU hat damit die gesetzliche Grundlage für die Einrichtung von U-Space-Lufträumen geschaffen. Die Umsetzung der Durchführungsverordnung in nationales Recht sowie die konkrete Ausgestaltung der Prozesse, Akteure und Verantwortlichkeiten obliegt den einzelnen Mitgliedsstaaten.

2.13 AMTLICHE VERÖFFENTLICHUNGEN FÜR DIE FLUGVORBEREITUNG

In den folgenden Kapiteln werden amtliche Veröffentlichungen, Service und Nachschlagewerke vorgestellt, welche für die Flugvorbereitung mit einem UAS dienlich sind.

A1/A3

H

2.13.1 Gemeinsame Informationsdatenbank (Common Information Service, CIS)

Der gemeinsame EU-weite Informationsdienst ist ein Service (Common Information Service, CIS), der in der Verbreitung statischer und dynamischer Daten besteht, um die Erbringung von U-Space-Diensten für das Verkehrsmanagement von unbemannten Luftfahrzeugen zu ermöglichen. Er soll von den nationalen Luftfahrtbehörden so eingerichtet werden, dass eine EU-einheitliche Nutzung für alle autorisierten Nutzer möglich wird. Spätestens mit Inkrafttreten der U-Space-Regulierung (26.1.2023) muss er operativ sein.

2.13.2 Das Luftfahrthandbuch AIP

Es ist für die Vorbereitung des UAS-Betriebs auf und in der Nähe von Flugplätzen unverzichtbar. Das Luftfahrthandbuch AIP (Aeronautical Information Publication) ist die amtliche Veröffentlichung von Informationsmaterial über die Luftfahrt und ihre Organisation. In der AIP sind allgemeine Luftfahrt relevante Regeln und Verfahren im Detail beschrieben. Es enthält unter anderem Streckenpläne, Flugplatzkarten, An-/ und Abflugkarten sowie Angaben zu Funknavigationseinrichtungen und Flugplatzhinderniskarten.
Luftfahrthandbücher (AIP) gliedern sich in zwei Bände. Diese sind:

- Band 1
  - o GEN Generelle bzw. allgemeine Informationen
  - o ENR Allgemeine Regeln und Verfahren
  - o SUP Supplements
- Band 2
  - o AD Flugplätze

Es können zum Beispiel Informationen über Gefahrengebiete und Gebiete mit Flugbeschränkungen aus dem Teil der AIP (GEN) entnommen werden. Telefonnummern der Flugplätze, um zum Beispiel einen UA-Aufstieg in einer Kontrollzone anzumelden oder Informationen der Ab- und Anflugrouten in der Nähe von Flugplätzen, ist unter AIP (AD) zu finden.
Darüber hinaus gibt es das Luftfahrthandbuch AIP VFR als einen Auszug aus dem AIP mit einigen Ergänzungen für VFR-Flüge (Sichtflug) wie zum Beispiel Sichtanflug- und Flugplatzkarten für Flugplätze und ausgewählte Hubschrauberlandeplätze. Dies kann sehr hilfreich sein, sollte ein UAS in der Nähe eines Flugplatzes oder Hubschrauberlandeplatzes betrieben werden.
Das aktuelle Luftfahrthandbuch Deutschland (AIP) wird durch das *Büro der Nachrichten für Luftfahrer* der Deutschen Flugsicherung (DFS) veröffentlicht und kann online eingesehen werden.

2.13.3 Nachrichten für Luftfahrer

Die Nachrichten für Luftfahrer (NfL) sind amtliche Veröffentlichungen für die Luftfahrt in der Bundesrepublik Deutschland unterhalb der Verordnungsebene, sie ist von der Deutschen Flugsicherung herausgegeben worden (DFS). NfL enthalten u.a. Bekanntmachungen von Anordnungen sowie wichtige Informationen für die Luftfahrt. Hinweise der Luftfahrtbehörden über Luftfahrtanlagen aller Art sowie Dienste, Verfahren oder Gefahren, die für Luftfahrt- und Flugsicherungspersonal wichtig sind.
Die relevanten NfL können über ein Online-Abonnement beim DFS-Verlag Eisenschmidt bezogen werden.
Die Nachrichten für Luftfahrer sind nicht zu verwechseln mit den kurzfristig bekanntgegebenen „NOTAMs" (Notice to Airmen, in Deutsch etwa „Bekanntmachungen an Luftfahrer", siehe unten).

2.13.4 NOTAM

NOTAMs (Notice to Airmen) sind Anordnungen und Informationen über temporäre, oder auch permanente Änderungen der Aeronautical Information Publication (AIP), zudem enthalten NOTAMs kurzfristige bzw. dringliche Anordnungen, Verfahren und Informationen, die als ergänzende Information für die Durchführung eines Fluges oder Betrieb mit dem UAS von (besonderem) Interesse sind.
NOTAMs sind daher ein wichtiger Bestandteil der Flugvorbereitung, um sich z.B. über temporäre Flugverbotszonen für UA zu informieren. Die Prüfung auf NOTAMs sollte maximal drei Stunden vor dem UAS-Aufstieg stattfinden. Die Mitteilungen an Luftfahrtnutzer werden von den zuständigen Flugsicherungsstellen (in Deutschland durch die Deutsche Flugsicherung) auf deren Plattformen veröffentlicht (siehe Kapitel 2.13.5). Sie sind aber auch über diverse Apps oder Webseiten abrufbar wie z.B. www. notaminfo.com.

2.13.5 VFReBulletin und Drohnen-Apps

Als derzeit einzige amtliche Quelle für die Flugvorbereitung eines UAS-Betrieb gilt die Nutzung des VFR-eBulletin, das vom derzeit einzigen deutschen zertifizierter Flugsicherungsdienstleister (*ANSP*) der Deutschen Flugsicherung (DFS-GmbH) betrieben wird. Aktuelle NOTAMs und weitere erforderliche Informationen zur Vorbereitung des UAS-Betriebs können unter www.dfs-ais.de unter dem Reiter VFReBulletin abgerufen werden. Es ist sehr zu empfehlen das AIS-Portal der DFS in die Flugvorbereitung mit einzubeziehen, da nur das ausgedruckte NOTAM-Briefing als anerkannter Nachweis der Flugvorbereitung dient.

Die Informationen umfassen:
- ausführliches Portal zum Drohnenflug
- online abrufbare ICAO-Karte
- Flugwarnungen/Navigationsanlagen

- Aktuelle temporäre Beschränkungen (NOTAMS), wie z.B. das Flugbeschränkungsgebiet (ED-R) drei nautische Meilen um den Berliner Reichstag
- Änderungen der Luftraumstruktur
- Änderungen an Flugplätzen, wie z.B. neue Telefonnummern

Tipps zum richtigen Verhalten in kritischen Lufträumen:
Die Nutzung von Drohnen-Apps kann als Unterstützung hilfreich sein und Orientierung über Flugbeschränkungszonen geben, aber – da ungeprüft – bisher stets mit Vorsicht zu genießen. Es gibt eine Vielzahl von frei verfügbaren und kostenpflichtigen Apps, die zur zusätzlichen Flugvorbereitung eingesetzt werden können wie zum Beispiel: Dronemaps24, Dipul App, FlyNex/Map2Fly, Integrierte DJI FlySafe Datenbank innerhalb der Fernsteuerung der Drohne, jedoch nicht vollständig, da zahlreiche geografische Gebiete fehlen. Bei der Plattform Dronemaps24.org sieht man in der ausgeklappten Sidebar Leitfragen, an denen man sich für den geplanten Flug entlanghangeln kann. Beispielsweise die Prüfung vorhandener NOTAMs, die eine Stunde vor dem Flug nochmals überprüft werden müssen, sind hier direkt verknüpft.

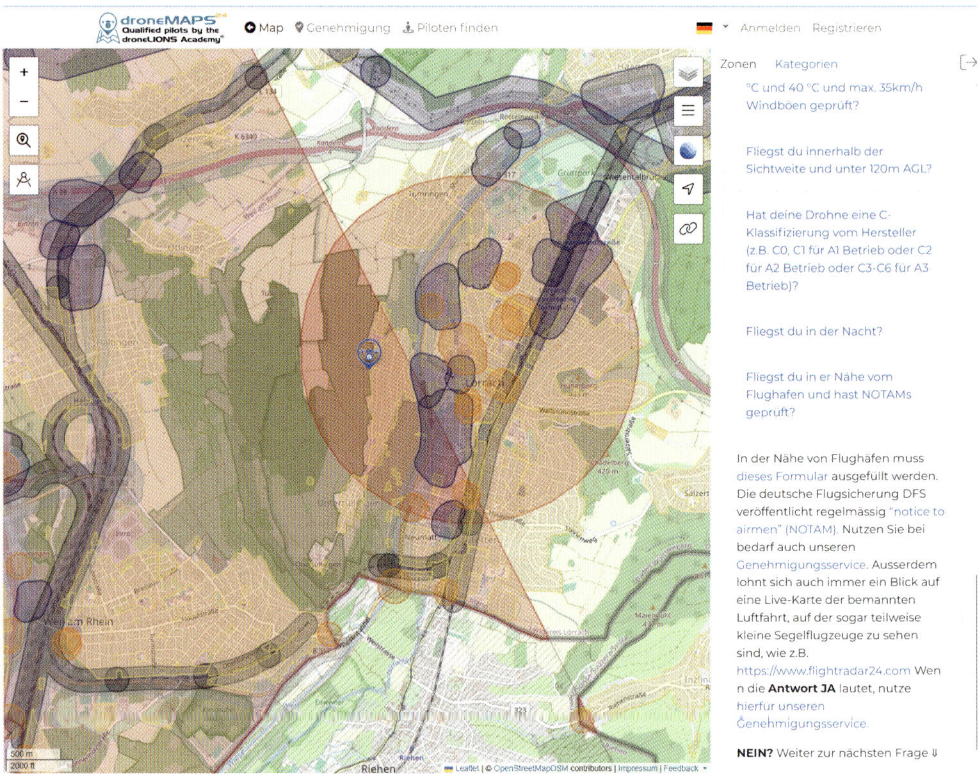

Abb 47: Dronemaps24 Plattform mit ausgeklappter Sidebar und Links auf NOTAMs und Genehmigungsservice

2.14 HAFTPFLICHTVERSICHERUNG

A1/A3

H

Das EU-Recht (EU-VO-2018/1139, Basic Regulation Aviation) überlässt den EU-Mitgliedsstaaten die Festlegung der Haftungsbedingungen für den UAS-Betrieb.
Alle Luftfahrzeuge, einschließlich UAS, egal ob privat oder gewerblich genutzt, unterliegen in Deutschland den Regelungen über die Haftpflicht für Drittschäden nach LuftVG § 33 bis 43. Darin ist festgelegt, dass die Halter des Luftfahrzeugs bei durch einen Unfall entstandenen Schäden an Personen oder Sachen haften und eine Haftpflichtversicherung abschließen müssen, die das Risiko als „Luftfahrzeughalter (UAS)“ einschließt. Die Mindestdeckungssumme richtet sich nach der Masse des Luftfahrzeuges und beträgt gemäß §37 LuftVG bei UAS unter 500 kg MTOM 750000 Rechnungseinheiten, das entspricht z.Zt. etwa einer Million Euro.
Bei den meisten Privathaftpflichtversicherungen sind jedoch Unfälle, die von UAS oder Modellflugzeugen verursacht werden, nicht explizit abgedeckt. Eine Deckungszusage für eine zusätzliche Luftfahrzeug-Halterhaftpflichtversicherung ist zusätzlich erforderlich. Im Zuge der Registrierung als Betreiber von UAS beim LBA ist eine gültige „Drohnen-Haftpflichtversicherung“ nachzuweisen. Nur bei Vorlage einer gültigen Versicherungsnummer während der Registrierung, erhalten die Betreiber eine entsprechende Registrierungsnummer (e-ID). Diese muss vor dem ersten Aufstieg mit einem UA an diesem dauerhaft und sichtbar angebracht werden. Dazu ist beispielsweise ein Aufkleber aus einem Etiketten-Drucker geeignet.

2.14.1 Weitere sinnvolle Versicherungen in Zusammenhang im Betrieb von UAS

In diesem Abschnitt gibt es aus Erfahrung sinnvolle Versicherungen insbesondere für den gewerblichen Betrieb von UAS. An Fallbeispielen wird erklärt, in welchen Situationen die jeweilige Versicherung Sinn macht. Diese sind im Gegensatz zur Drohnen-Haftpflicht Versicherung nicht verpflichtend.

2.14.1.1 Elektronik Versicherung

Bei der Elektronik- oder Technikversicherung kann wie beim PKW eine Art Vollkaskoversicherung für das UAS abgeschlossen werden. Dabei hängt der Versicherungsbeitrag vom Wert des Geräts ab. Je teurer das UAS, desto teurer ist der monatliche, beziehungsweise jährliche Beitrag. Es sind jedoch nur bestimmte Fälle abgedeckt, die im Einzelfall geprüft werden sollten. Anders verhält es sich bei herstellereigenen Absicherungen, wie zum Beispiel beim „Care Refresh“ der Firma DJI.

Abb 48: Den Sinn von Versicherungen erkennt man meistens, wenn es zu spät ist. (Quelle: Nico Ninov)

A1/A3

H

Dort wird mit einem festen Jahresbeitrag ein UA pro Jahr erstattet, sofern man in der Lage ist eine defekte Drohne einzusenden. Einziger Nachteil ist hierbei der Verlust der Drohne im Wasser oder Diebstahl, da man in beiden Fällen kein defektes Gerät hätte, welches man beim Hersteller zum Tausch einsenden könnte.

2.14.1.2 Foto- und Videografen Versicherung

Fotografen-Versicherungen sind bereits seit einigen Jahrzehnten in der Branche üblich und bekommen zunehmend Anerkennung in der unbemannten Luftfahrtindustrie. Dabei werden meist Schäden durch Kameraverlust (Bruch, Diebstahl, etc.), Verletzung von Markenrechten und Datenverlust (außer durch Cyberangriffe) abgesichert. Ein Beispiel für die Verletzung von Markenrechten ist, wenn ein Fernpiloten für einen Kunden Luftaufnahmen erstellt. Auf einem der Bilder ist im Hintergrund ein Markenlogo einer bekannten Firma zu sehen (siehe dazu auch Kapitel 3). und deren Rechtsabteilung verklagt den Fernpiloten auf einen Schadensersatz von mehreren 10.000 Euro. Hinzu kommen die Kosten, die entstehen, wenn das Material neu erstellt werden muss, ohne besagtes Markenlogo zu zeigen. In diesen Fällen greifen Fotografen-Versicherungen und decken dabei den vollen Schaden abzüglich einer üblichen Selbstbeteiligung.

Themenfeld 3 – Persönlichkeitsrecht, Datenschutz, Urheberrecht

Verfasser Dr. Thomas Hieber

UAS können mit Vorrichtungen wie Infrarot- oder Ultraschallsensoren sowie mit zusätzlichen Kameras ausgestattet sein, um die Navigation der UA zu ermöglichen bzw. zu erleichtern. Darüber hinaus können UAS auch mit Kameras für die Aufnahme von Fotos oder Videos aus der Luft oder Mikrophonen bestückt werden. Damit bieten UAS potentiell viele neue Möglichkeiten, in das private Umfeld anderer Personen einzudringen, Aufnahmen und Informationen abzugreifen und Daten zu sammeln, womit auch der Missbrauch dieser Informationen und Daten einhergehen kann.
Aus diesem Grund ist nach EU-Recht vorgeschrieben, dass sich UAS-Betreiber registrieren lassen müssen, wenn sie in der Kategorie OFFEN ein unbemanntes Luftfahrzeug betreiben, welches mit einem Sensor ausgestattet ist, der personenbezogene Daten erfassen kann. In Deutschland erfolgt die Registrierung beim Luftfahrt-Bundesamt (LBA).
Damit stellt sich die Frage, ob bzw. inwieweit und unter welchen Voraussetzungen zum einen eine Abtastung von fremdem Gelände mittels Sensoren zum Zweck der Navigation und zum anderen Foto- bzw. Filmaufnahmen zulässig sind. Hierbei ist auch zu beachten, welche Rechte Dritte zur Abwehr solcher Aufnahmen haben. So wurde beispielsweise von einem Gericht entschieden, dass der Abschuss einer fremden Drohne, die in geringer Höhe über einem Wohngrundstück flog und Bilder übertrug, mit dem Luftgewehr zulässig sein soll. Auch wenn diese Entscheidung sicher nicht unproblematisch ist und wohl nicht verallgemeinert werden kann, kann eine Rechtsverletzung doch Unterlassungs- und Schadensersatzansprüche (inkl. Abmahnkosten) gegen Fernpiloten zur Folge haben.
Auf der anderen Seite können mit Hilfe von UAS angefertigte Video- und Bildaufnahmen jedoch auch selbst rechtlichen Schutz genießen. Hier stellt sich die Frage, welche Rechte Fernpiloten an den Aufnahmen haben können.

3.1. DIE ZULÄSSIGKEIT VON LUFTAUFNAHMEN

Luftaufnahmen können in verschiedene Rechte Dritter eingreifen zum Beispiel in

- Persönlichkeitsrechte,
- das sog. Recht am eigenen Bild,
- Rechte aufgrund datenschutzrechtlicher Vorschriften,
- Urheberrechte,
- Markenrecht,

so, dass sich eine eventuelle Unzulässigkeit von Luftaufnahmen aus verschiedenen Rechtsvorschriften ergeben kann.
Zu berücksichtigen ist auch, dass am Flugbetrieb unbeteiligte Personen zufällig ins Bild geraten können, was im Vorfeld ggf. nur bedingt abzusehen ist. In solchen Fällen

Abb 49: Rehkitzrettung mit Infrarot und RGB Kamera

kann es erforderlich sein, die abgebildeten Personen im Nachgang um ihr Einverständnis zu bitten.
Ein häufiges Beispiel ist der „wohlwollende“ Flug über Felder zum Zwecke der Rehkitzrettung wobei RGB- und Infrarotaufnahmen erstellt werden (Abb. 49). Oft werden diese Aufnahmen dann fleißig in sozialen Medien geteilt, nach dem Motto „Tue Gutes und rede darüber!“. Dass aber während dieser Flüge auch unbeteiligte Personen ins Bild kommen können wird schnell vergessen. Viele Felder grenzen unmittelbar an Wohngrundstücke an, was zur Folge haben kann, dass Aufnahmen der Grundstücke samt den darauf befindlichen Personen auf den Bildern und damit direkt im Netz landen.
Welche Rechte hier berücksichtigt werden müssen, soll im Folgenden dargestellt werden.

3.1.1 Das Allgemeine Persönlichkeitsrecht

Zunächst ist das aus Art. 1 und 3 Grundgesetz (GG) abgeleitete sog. Allgemeine Persönlichkeitsrecht (APR) zu beachten. Das APR schützt die Persönlichkeit in all ihren Ausprägungen einschließlich ihrer Entfaltung und Entwicklung (insbesondere bei Kindern). Von der Rechtsprechung wurden drei Schutzbereiche entwickelt:

- die Sozialsphäre, d.h. der Bereich, in dem der Einzelne in seinem öffentlichen, wirtschaftlichen und beruflichen Wirken in Kontakt mit der Umwelt tritt,
- die Privatsphäre, d.h. der Lebensbereich, zu dem Andere nur mit Zustimmung des Betroffenen Zugang haben, insbesondere der Familienkreis und der häusliche Bereich, zu dem auch umzäunte bzw. anderweitig vor einem Betreten geschützte Grundstücke zählen,
- die Intimsphäre, d.h. der Kernbereich höchstpersönlicher, privater Lebensgestaltung wie z.B. Gedanken, Gefühle, Gesundheit, Sexualleben.

Ob eine Verletzung des APR vorliegt, richtet sich nach der betroffenen Sphäre: Die Intimsphäre genießt absoluten Schutz, im Bereich der Sozialsphäre muss sich der Betroffene auf eine Beobachtung und Bewertung seines Verhaltens einstellen, so dass nur schwerwiegende Eingriffe unzulässig sind. Es verbleibt somit insbesondere die Privatsphäre, wo die Frage der Rechtmäßigkeit eines Eingriffs unter Abwägung der Rechte des Betroffenen mit den Rechten der Fernpiloten (insbesondere z.B. der sog. allgemeinen Handlungsfreiheit nach Art. 2 Abs. 1 GG, d.h. des grundsätzlichen

Rechts, frei zu tun und zu lassen, was man will, solange dies nicht mit Rechten anderer kollidiert) zu beurteilen ist.

Der abgegrenzte Bereich von privaten Grundstücken ist – im Gegensatz zu Flächen im öffentlichen Raum – typischerweise als Rückzugsort anzusehen und deshalb der Privatsphäre zuzuordnen. Aus diesem Grund ist das Schutzinteresse der dort befindlichen Personen entsprechend hoch einzustufen, da hier keine Einsichtnahme von außen erwartet werden muss.

Zu berücksichtigen ist auch, dass § 201a StGB die Herstellung und Übertragung einer Bildaufnahme einer Person, die sich in einer Wohnung oder einem gegen Einblick besonders geschützten Raum befindet, unter Strafe stellt. Auch ein Garten, der durch eine blickdichte Hecke umgeben ist, kann einen solchen Raum darstellen. Unter den Begriff des „Herstellens" fallen alle Handlungen zur Anfertigung einer Bildaufnahme mit technischen Mitteln und die Speicherung des Motivs auf einem Datenträger auf jede chemische, elektromagnetische, digitale oder sonstige Weise. Mit dem Begriff des "Übertragens" sind auch Echtzeitübertragungen ohne dauerhafte Speicherung der Bilder z.B. mittels sog. Webcams o. Spycams erfasst.

In einer Gerichtsentscheidung wurde der Überflug eines Privatgrundstücks mit einem UA in geringer Höhe, wobei Bilder in Echtzeitübertragung hergestellt wurden, als Persönlichkeitsrechtsverletzung beurteilt. Begründet wurde dies damit, dass die Handlungsfreiheit des Fernpiloten, das UA hobbymäßig herumfliegen zu lassen, hinter der geschützten Privatsphäre Dritter zurückzutreten hat. Dies gilt umso mehr, wenn das Fliegenlassen des UA über dem klägerischen Grundstück nicht mehr als zufällig erachtet werden kann, sondern in seiner gezielten Form bereits Züge von Mobbing hat. Für die Zulässigkeit von Aufnahmen mit UA bedeutet dies, dass bei einer bloßen Nutzung von Sensorik zur sicheren Navigation sowie mit zunehmender Flughöhe und damit abnehmender Qualität der Aufnahmen der Eingriff in die Privatsphäre entsprechend geringer ist. Allerdings ist zu berücksichtigen, dass auch bereits ohne Aufzeichnung ein Beobachtungsgefühl aufkommen kann, wenn Personen von einem UA überflogen werden.

3.1.2 Das Recht am eigenen Bild

Eine besondere Ausprägung des allgemeinen Persönlichkeitsrechts stellt das sogenannte „Recht am eigenen Bild" dar. Danach hat grundsätzlich jeder Mensch das Recht, über die Veröffentlichung und Verbreitung von Bildern, auf denen er abgebildet ist, zu entscheiden. Nach § 22 des Kunsturheberrechtsgesetzes (KunstUrhG oder KUG) dürfen Bildnisse von Personen nur mit Einwilligung des Abgebildeten verbreitet oder öffentlich zur Schau gestellt werden. Die bloße Herstellung und Vervielfältigung von Bildnissen ist danach allerdings zulässig. Unter einem Bildnis in diesem Sinne ist die erkennbare Wiedergabe des äußeren Er- scheinungsbildes einer Person zu verstehen. Für die Erkennbarkeit genügt es, wenn der Betroffene begründeten Anlass hat, anzunehmen, er könne erkannt werden, d.h. die Erkennbarkeit innerhalb eines mehr oder minder großen Bekanntenkreises reicht bereits. Wird ein Bild verpixelt, muss darauf geachtet werden, dass nicht nur Gesichter unkenntlich gemacht werden, sondern auch Körperform, Frisur oder Kleidung, wenn die Person daraus erkannt werden

A1/A3

H

kann. Wird eine Person zum Beispiel auf einer privaten Feier in der Weise abgebildet, dass individuelle Gesichtszüge nicht erkennbar sind und die Bekleidung keine besondere Unterscheidungskraft aufweist, liegt keine Erkennbarkeit vor.
Unter Verbreitung ist die Weitergabe des Originals oder von Vervielfältigungsstücken zu verstehen, die das Risiko einer nicht mehr zu kontrollierenden Kenntnisnahme in sich birgt. Öffentliche Zurschaustellung ist die Sichtbarmachung eines Bildnisses gegenüber einer nicht begrenzten Öffentlichkeit, worunter vor allem die Wiedergabe durch Medien wie Film, Fernsehen und im Internet zu verstehen ist. Für diese Handlungen ist also eine Einwilligung der abgebildeten (erkennbaren) Personen einzuholen. Allerdings sind in § 23 KUG Ausnahmen vom Verbot des § 22 KUG vorgesehen. Ohne Einwilligung dürfen folgende Bildnisse verbreitet und zur Schau gestellt werden (es seid denn, § 23 Abs. 2 KUG, durch die Verbreitung oder Zurschaustellung wird ein berechtigtes Interesse des Abgebildeten verletzt, was z.B. bei heimlichen Aufnahmen der Fall ist oder wenn bereits die Anfertigung des Fotos wegen einer Verletzung des allgemeinen Persönlichkeitsrechts rechtswidrig ist, s.o.):

- Bildnisse aus dem Bereich der Zeitgeschichte: Dies ist insbesondere im Bereich Journalismus und Wort-/Bildberichterstattung relevant. Der Informationswert einer Bildveröffentlichung für die öffentliche Meinungsbildung ist, soweit das Bildnis nicht schon als solches eine bedeutsame Aussage enthält, im Kontext der begleitenden Wortberichterstattung zu ermitteln.
- Bilder, auf denen die Personen nur als Beiwerk neben einer Landschaft oder sonstigen Örtlichkeit erscheinen: Voraussetzung ist, dass die Abbildung der Landschaft oder sonstigen Örtlichkeit das Bild prägt und die Abbildung der Person daneben derart untergeordnet ist, dass sie auch entfallen könnte, ohne den Gegenstand und Charakter des Bildes zu verändern. Dies hängt von der konkreten Gestaltung des Bildes, insbesondere von der Größe der Person und ihrer Position auf dem Bild ab.
- Bilder von Versammlungen, Straßenumzügen und ähnlichen Vorgängen (in der Öffentlichkeit!), an denen die dargestellten Personen teilgenommen haben: Wie bei Landschaftsbildern muss nach dem Gesamteindruck der Abbildung die Ansammlung als solche im Vordergrund stehen, wobei nicht erforderlich ist, dass man jede einzelne Person des Bildes einer Ansammlung weglassen können muss, ohne den Gesamteindruck zu beeinträchtigen, denn bei Aufnahmen von Menschenmengen ist kaum zu vermeiden, dass Personen im Bildvordergrund den Gesamteindruck der Abbildung mitprägen;
- Bildnisse, deren Verbreitung oder Zurschaustellung einem höheren Interesse der Kunst dient: Diese Ausnahmeregelung im Interesse der Kunstfreiheit hat allerdings in der Praxis kaum Bedeutung.

3.1.3 Der Datenschutz

Das Recht auf Datenschutz ist ein fundamentales Grundrecht im gesamten Bereich der EU. In Deutschland hat das Bundesverfassungsgericht in seinem Volkszählungs-Urteil 1983 aus dem Allgemeine Persönlichkeitsrecht und der Menschenwürde das sog „Recht auf informationelle Selbstbestimmung“ als besonderes Datenschutz-

Grundrecht entwickelt. Konkret ausgestaltet ist dieses Grundrecht in der EU in der Datenschutz-Grundverordnung (DSGVO). Die Mitgliedstaaten haben ggf. noch ergänzende Regelungen auf einzelstaatlicher Ebene getroffen. In Deutschland gilt neben der DSGVO (nachgeordnet) das Bundesdatenschutzgesetz (BDSG).

3.1.3.1 Das Recht auf informationelle Selbstbestimmung

Das Recht auf informationelle Selbstbestimmung ist das Recht, grundsätzlich selbst zu entscheiden welche personenbezogenen Daten man von sich preisgeben möchte und wer sie verwenden darf. Unter den grundrechtlichen Schutz als „personenbezogene Daten" fallen sämtliche Daten und Informationen, die eindeutig einer bestimmten Person zugeordnet werden können. Hierbei muss es sich nicht zwangsläufig um körperliche Merkmale einer Person wie z.B. Größe, Augenfarbe etc. handeln. Es genügen Verhaltensweisen oder auch nur ein Bezug zwischen einer Person und einer Sache, einer anderen Person, einem Ereignis oder einem Sachverhalt, z.B. Herr Müller hat einen gelben Sonnenschirm im Garten, Frau Mayer sonnt sich am Wochenende gerne. In Bezug auf UAS findet das Recht auf informationelle Selbstbestimmung Niederschlag in § 21 h Abs. 3 Nr. 7 und 8 der Luftverkehrsordnung (LuftVO), wonach bereits der Betrieb von unbemannten Fluggeräten über Wohngrundstücken nur unter den dort geregelten Voraussetzungen und über Freibädern, Badestränden und ähnlichen Einrichtungen nur außerhalb der Betriebs- oder Badezeiten zulässig ist. Zwar verbietet die Vorschrift nur den Betrieb „über" Wohngrundstücken. Hintergrund ist jedoch, dass dem Bedürfnis des Einzelnen nach Schutz seines individuellen Lebensraums Rechnung getragen und damit der Kernbereich privater Lebensgestaltung geschützt werden soll. Die Vorschrift ist also so zu verstehen, dass sämtliche Flüge eines UAS, also auch z.B. ein seitliches Annähern, erfasst sind, sofern Aufnahmen möglich sind, durch die ein Eingriff in den individuellen Lebensraum zu befürchten und damit das Recht der informationellen Selbstbestimmung berührt ist.
Voraussetzung ist also die Zustimmung des in seinen Rechten betroffenen Eigentümers oder sonstigen Nutzungsberechtigten (also z.B. Mieters) des überflogenen bzw. angeflogenen Grundstücks.

> Beispiel:
> Ein Dachdecker möchte den Zustand eines Daches mittels Aufnahmen kontrollieren, die er mit einem UA anfertigt (Abb. 50). In diesem Fall sind Personen, die in ihrem Recht auf informationelle Selbstbestimmung betroffen sein können (d.h. insbesondere die Bewohner der potentiell betroffenen Grundstücke), zu informieren und es ist ihre Zustimmung einzuholen. Weiter ist darauf zu achten, dass nur diejenigen Gebäude und Gegenstände auf den Aufnahmen zu sehen sind, für die eine Zustimmung vorliegt.

Der Vollständigkeit halber sei erwähnt, dass die örtlich zuständige Luftfahrtbehörde des betreffenden Bundeslandes eine Ausnahme von dem Betriebsverbot nach § 21 b Abs 3 LuftVO zulassen kann, wenn die Voraussetzungen von § 21a Absatz 3 Satz 1 LuftVO erfüllt sind, d.h. wenn der beabsichtigte Betrieb des unbemannten Fluggeräts nicht zu einer Gefahr für die Sicherheit des Luftverkehrs oder die öffentliche Sicherheit oder Ordnung, zu der auch das Recht auf informationelle Selbstbestimmung und der Datenschutz zählen, führt.

Abb 50: Aufnahme im Wohngebiet für Dachinspektionen nach Fertigstellung des Rohbaus.

3.1.3.2 Die DSGVO

Die Zulässigkeit der Erhebung und Verwendung personenbezogener Daten richtet sich in den Mitgliedstaaten der Europäischen Union nach der DSGVO, die in der Bundesrepublik Deutschland durch das BDSG ergänzt und spezifiziert wird.
Nach Art. 4 Nr. 1 sind personenbezogene Daten alle Informationen, die sich auf eine identifizierte oder identifizierbare Person beziehen, wobei die Identifizierung mittels verschiedener Informationen erfolgen kann, wie z.B. durch die Zuordnung von Namen, Kennnummer, Standortdaten, Online-Kennung oder besonderen Merkmalen, welche Ausdruck der physischen, physiologischen, genetischen, psychischen, wirtschaftlichen, kulturellen oder sozialen Identität dieser Person sind. Damit fallen unter die DSGVO sowohl Bild- oder Videoaufnahmen, auf denen eine Person identifizierbar ist, als auch Bild- oder Video-Aufnahmen von Gegenständen, die identifizierbare Merkmale einer Person darstellen oder enthalten (z.B. Kfz-Kennzeichen oder Gebäude). Nur wenn keine Identifizierung der Personen möglich ist (z.B. aufgrund der hohen Flughöhe oder der geringen Auflösung der Bilder), liegt auch kein Personenbezug vor, so dass derartige Daten nicht unter die DSGVO fallen.
Die DSGVO ist nicht anwendbar, wenn die Verarbeitung personenbezogener Daten durch natürliche Personen (also nicht durch Gesellschaften oder Vereine o.ä.) zur Ausübung rein persönlicher oder familiärer Tätigkeiten erfolgt.

> Beispiel:
> Urlaubsfotos und -filme und Aufnahmen von Familienfeiern fallen nicht unter die DSGVO, wobei „Familie“ weit auszulegen ist und es nicht darauf ankommt, ob eine förmliche Bindung oder persönliche Beziehungen auf „informellerer“ Basis bestehen. Nichts anderes gilt wohl auch, wenn ein professioneller Fotograf Fotos bei Familienfeiern macht, diese aber nur vom und im privaten Kreis genutzt werden ohne, dass ein Bezug zu einer beruflichen oder wirtschaftlichen Tätigkeit

vorliegt. Sobald der Fotograf die Fotos allerdings z.B. zur Eigenwerbung auf seine Website stellt, gilt die DSGVO.

Allerdings ist diese Ausnahmevorschrift eng auszulegen. Für Aufnahmen von Nachbargrundstücken und insbesondere für die Veröffentlichung der entstandenen Aufnahmen gelten somit die datenschutzrechtlichen Regelungen uneingeschränkt.

Der Begriff „Verarbeitung" von Daten nach Art. 4 Ziff. 2 DSGVO umfasst das Erheben, das Erfassen, die Organisation, das Ordnen, die Speicherung, die Anpassung oder Veränderung, das Auslesen, das Abfragen, die Verwendung, die Offenlegung durch Übermittlung, Verbreitung oder Bereitstellung, den Abgleich oder die Verknüpfung sowie das Löschen oder die Vernichtung von Daten. Bereits die bloße Aufnahme ohne Speicherung (z.B. zur Navigation eines UA, wie bei der visuellen Odometrie oder beim „ActiveTrack Modus"), wenn Personen identifizierbar sind und damit personenbezogene Daten erhoben werden) fällt somit unter die DSGVO.

Stellt eine Handlung eine Verarbeitung personenbezogener Daten dar, ist sie nur zulässig, wenn sie unter die in Art. 6 Abs. 1 DSGVO aufgezählten Tatbestände fällt:

1. Die betroffene Person hat ihre Einwilligung zu der Verarbeitung der sie betreffenden personenbezogenen Daten gegeben (im Voraus, freiwillig und unmissverständlich, Art. 4 Nr. 11 DSGVO);
2. die Verarbeitung ist für die Erfüllung eines Vertrags mit der betroffenen Person erforderlich (Beispiel: ein Hauseigentümer beauftragt, um das Dach zu kontrollieren, einen Fernpiloten, Aufnahmen seines Hauses zu machen;
3. die Verarbeitung ist zur Erfüllung einer rechtlichen Verpflichtung des Verantwortlichen erforderlich (Beispiel: die Kontrolle des Dachs eines Hauses mithilfe eines UAS aufgrund von Verkehrssicherungspflichten);
4. die Verarbeitung ist erforderlich, um lebenswichtige Interessen der betroffenen Person oder einer anderen natürlichen Person zu schützen;
5. die Verarbeitung ist zur Wahrung der berechtigten Interessen des Verantwortlichen; allerdings dürfen nicht die Interessen oder Grundrechte der betroffenen Person entgegenstehen und überwiegen, insbesondere dann, wenn es sich bei der betroffenen Person um ein Kind handelt. Diese Ausnahme wird bei Aufnahmen fremder Grundstücke mittels UAS in der Regel nicht einschlägig sein, da das schutzbedürftige Interesse des Betroffenen i.d.R. als überwiegend angesehen wird. Grund dafür ist, dass das private Grundstück ein Rückzugsort gegenüber der Öffentlichkeit sein soll (siehe Kapitel 3.1.1). Sofern die Aufnahmen unbemerkt oder heimlich erfolgen, wird der Eingriff als noch intensiverer Eingriff angesehen. Dies gilt sowohl für eine stationäre Videoüberwachung als auch erst recht für UAS, da mit diesen der Betroffene sogar gezielt verfolgt werden kann.

Allerdings sind auch, wenn ein Rechtfertigungsgrund nach Art. 6 DSGVO greift, die in Art. 12 ff. DSGVO geregelten Informationspflichten (z.B. Namen und die Kontaktdaten des Verantwortlichen, die Zwecke, für die die personenbezogenen Daten verarbeitet werden sollen, sowie die Rechtsgrundlage für die Verarbeitung, die Dauer, für die die personenbezognen Daten gespeichert werden, oder, falls dies nicht möglich ist, die Kriterien für die Festlegung dieser Dauer etc.) und die Rechte der Betroffenen (z.B.

auf Berichtigung, Löschung, auf Einschränkung der Verarbeitung sowie das Widerspruchsrecht) zu beachten. Diese sind realistisch gesehen für private Betreiber von UAS wohl nur schwer zu erfüllen.
Ist die DSGVO anwendbar, gilt das grundsätzliche Prinzip des „Datensparens", d.h. die Verarbeitung personenbezogener Daten darf nur insoweit erfolgen als sie dem Zweck angemessen ist und muss auf das für die Zwecke der Verarbeitung notwendige Maß beschränkt sein (Art. 5 Abs. 1 lit. c DSGVO).

3.1.3.3 Das Bundesdatenschutzgesetz (BDSG)

§ 4 BDSG regelt die Zulässigkeit von Maßnahmen zur Videoüberwachung öffentlich zugänglicher Räume. Danach ist eine Beobachtung öffentlich zugänglicher Räume mit optisch-elektronischen Einrichtungen nur zur Erfüllung der Aufgaben öffentlicher Stellen im Rahmen des Hausrechts oder bei berechtigten Interessen für konkrete Zwecke zulässig. Bei der Videoüberwachung von öffentlich zugänglichen großflächigen Anlagen (wie insbesondere Sport-, Versammlungs- und Vergnügungsstätten, Einkaufszentren oder Parkplätzen) gilt der Schutz von Leben, Gesundheit oder Freiheit von dort sich aufhaltenden Personen als ein besonders wichtiges Interesse.
Eine Beobachtung im Sinne des § 4 BDSG liegt allerdings nur dann vor, wenn die Aufnahme bzw. Aufzeichnung planmäßig und über eine gewisse Dauer erfolgt. Wird also regelmäßig und wiederholt dasselbe Gebiet mit einem UAS abgeflogen und aufgezeichnet, kann es sich dabei durchaus eine Beobachtung im Sinne der BDSG handeln. Findet eine Aufzeichnung, während eines UAS-Aufstieges, jedoch spontan und ungeplant statt, so ist § 4 BDSG nicht einschlägig.

3.1.4 Das Urheberrecht

Darüber hinaus kann auch das Urheberrecht der Herstellung und Nutzung von Luftaufnahmen entgegenstehen. Dies ist dann der Fall, wenn urheberrechtlich geschützte Gegenstände abgebildet werden.

3.1.4.1 Der urheberrechtliche Schutz von Werken der Baukunst

Relevant dürfte dies im Bereich des Drohnenflugs insbesondere für „Werke der Baukunst" i.S.v. § 2 Abs. 1 Nr. 4 Urheberrechtsgesetz (UrhG) sein. Als Werke der Baukunst können Einfamilienhäuser, Fabrikbauten, Geschäftshäuser, Kirchen, Museen, aber auch Brücken, Denkmäler, Plätze, Gartenanlagen usw. geschützt sein. Allerdings müssen diese Bauwerke einen hinreichenden Grad an Individualität aufweisen. Alltagsbauten, die lediglich das bekannte architektonische Formenrepertoire wiederholen und sich nicht aus der Masse des alltäglichen Bauschaffens herausragen oder sich nicht deutlich vom durchschnittlichen Architektenschaffen und einer rein handwerklichen planerischen Routineleistung abheben bzw. reine Zweckbauten ohne künstlerischen Anspruch darstellen, sind nicht geschützt. Die Rechtsprechung tendiert wohl, wie generell im Urheberrecht, grundsätzlich dazu, geringe Anforderungen an die Individualität zu stellen, doch ist der Gebrauchszweck eines Gebäudes zu

berücksichtigen: Je mehr die Gestaltung eines Bauwerks durch Funktion, technische Konstruktion und Umfeld vorgegeben ist, desto mehr muss es sich von durchschnittlichen Lösungen gestalterisch abheben, um Urheberrechtsschutz zu genießen.
Dieser urheberrechtliche Schutz des Architekten besteht bis 70 Jahre nach seinem Tod. Bereits jede Anfertigung einer auf einem Speichermedium (nicht zwingend dauerhaft) fixierten Aufnahme stellt eine allein dem Urheber (bzw. dem Inhaber eines ausschließlichen Nutzungsrechts) vorbehaltene Vervielfältigung i.S.v. § 16 UrhG dar. D.h. bereits das Herstellen einer Foto- oder Filmaufnahme eines urheberrechtlich geschützten Gebäudes ist unzulässig, unabhängig davon, wie lang das Foto gespeichert und ob es veröffentlicht wird.

H

3.1.4.2 Geschützte Bauwerke als „unwesentliches Beiwerk"

Allerdings ist nach § 57 UrhG die Vervielfältigung, Verbreitung und öffentliche Wiedergabe (d.h. insbesondere Online-Veröffentlichung) von Aufnahmen urheberrechtlich geschützter Werke dann zulässig, wenn das Werk als unwesentliches Beiwerk neben dem eigentlichen Gegenstand der Aufnahme anzusehen ist. Ähnlich der Situation beim Recht am eigenen Bild liegt ein unwesentliches Beiwerk dann vor, wenn es weggelassen oder ausgetauscht werden kann, ohne dass dies dem durchschnittlichen Betrachter auffällt oder ohne, dass die Gesamtwirkung des Hauptgegenstands in irgendeiner Weise beeinflusst wird. Das Beiwerk darf keine noch so unbedeutende inhaltliche Beziehung zum Hauptgegenstand der Aufnahme aufweisen, sondern muss durch seine Zufälligkeit und Beliebigkeit für die Aufnahme ohne jede Bedeutung sein, bzw. es muss der eigentliche Gegenstand so beherrschend sein, dass das neben ihm erscheinende Beiwerk ohne Beeinträchtigung der Gesamtwirkung des Hauptgegenstandes und unmerklich ausgetauscht werden könnte.
Bei grenzenlosen Panoramaaufnahmen im Internet, wie sie z.B. Google Street View oder vergleichbare Dienste anbieten, ist wegen der unbegrenzten Schwenk- und Zoom Möglichkeiten die Bestimmung der Grenzen des Hauptwerkes und damit die Beurteilung der Unwesentlichkeit eines zufällig mitabgebildeten urheberrechtlich geschützten Werkes schwierig. Allerdings wird man hier den jeweils gewählten Bild(schirm)ausschnitt als Bezugsrahmen heranziehen können.

> Beispiel:
> Bei Luftbildaufnahmen einer Ortschaft (Abb. 51) werden markante, das Orts- bild prägende Gebäude (Kirchen, Bahnhöfe etc.) je nach Bildgestaltung in der Regel eher nicht als „unwesentliches Beiwerk" anzusehen sein, während z.B. Einfamilien- oder Reihenhäuser, die im Stadtbild aus der Luft nicht auffällig sind und die auf dem Bild weggelassen (oder wegretuschiert) werden könnten, ohne dass sich der Charakter des Stadtbilds aus der Luft ändert, durchaus „unwesentliche Beiwerke" sein können.

3.1.4.3 Berichterstattung über Tagesereignisse (§ 50 UrhG)

Foto- bzw. Filmaufnahmen von urheberrechtlich geschützten Werken und deren Nutzung kann zulässig sein, wenn dies ausschließlich im Rahmen einer aktuellen Berichterstattung erfolgt. § 50 UrhG erlaubt die Verwertung von urheberrechtlich geschütz-

ten Werken zur aktuellen Berichterstattung durch Rundfunk oder durch ähnliche technische Mittel wie Online-Medien sowie in Zeitungen, Zeitschriften, Druckschriften usw. Voraussetzung dafür, dass es sich um eine Berichterstattung handelt, ist eine wirklichkeitsgetreue, sachliche Schilderung einer tatsächlichen Begebenheit. Kommentare und sonstigen Meinungsäußerungen des Autors fallen nicht darunter. Sofern Berichterstattung und Kommentar gemischt werden, muss die Berichterstattung den Schwerpunkt bilden, d.h. auch eine Reportage, die Hintergründe einbezieht, wertet und kommentiert, kann als Berichterstattung anzusehen sein, wenn die Information über die tatsächlichen Vorgänge im Vordergrund steht.
Die Berichterstattung muss aktuell sein und sich auf Tagesereignisse beziehen, d.h. auf ein zum Zeitpunkt des Eingriffs in das Urheberrecht aktuelles Geschehen, das für die Öffentlichkeit von Interesse ist. Dies ist so lange der Fall, wie ein Bericht von der Öffentlichkeit noch als Gegenwartsberichterstattung empfunden wird. Inhaltlich muss es um tatsächliche Begebenheiten gehen, unabhängig ob diese aus den Bereichen Politik, Wirtschaft, Sport, Kunst oder Kultur stammen.
Nicht erlaubt ist durch § 50 UrhG aber die dauerhafte öffentliche Zugänglichmachung von Werken in Online-Archiven. Sobald die Berichterstattung sich nicht mehr auf Tagesereignisse bezieht, d.h. diese die Aktualität verloren haben, sind die urheberrechtlich geschützten Werke zu löschen.

3.1.4.4 Die Zulässigkeit der Anfertigung von „Privatkopien"

Wird ein urheberrechtlich geschütztes Bauwerk nicht als unwesentliches Beiwerk abgebildet, kann eine Vervielfältigung nach § 53 UrhG als sog. „Privatkopie" i.S.v. § 53 Abs. 1 UrhG auch ohne Zustimmung des Urhebers bzw. Rechteinhabers zulässig sein. Voraussetzung ist, dass die Vervielfältigung nur zum Zweck der eigenen Verwendung im privaten Bereich erfolgt und weder unmittelbar noch mittelbar Erwerbszwecken dient.
Werden Aufnahmen jedoch auf körperlichen Speichermedien fixiert oder in unkörperlicher Form z.B. über das Internet an Mitglieder der Öffentlichkeit weitergegeben, so sind diese Handlungen ohne Einwilligung des Urhebers bzw. ohne Erwerb der entsprechenden Rechte unzulässig, da die Regelung zur Privatkopie auf derartige Handlungen nicht anwendbar ist.

3.1.4.5 Die sog. „Panoramafreiheit"

Die sog. „Panoramafreiheit" nach § 59 Abs. 1 UrhG besagt, dass die Vervielfältigung, Verbreitung und öffentlich Wiedergabe (also z.B. das Fotografieren oder Filmen und die Veröffentlichung der Fotos oder Filme) von Werken, die sich bleibend an bzw. auf öffentlichen Wegen, Straßen oder Plätzen befinden (Gebäude, Denkmäler etc.), zulässig ist. Öffentlich sind Wege, Straßen oder Plätze, wenn sie im Gemeingebrauch stehen, wobei es nicht darauf ankommt, ob sie sich im öffentlichen, oder in privatem Eigentum befinden. Die Vervielfältigung, Verbreitung und öffentliche Wiedergabe von Fotos, auf denen urheberrechtlich geschützte Werke abgebildet sind, ist nur dann zulässig, wenn das betreffende Werk von einem öffentlichen Ort aus mit bloßen Augen wahrgenommen werden kann. Irrelevant ist, ob das Werk selbst für die Öffentlichkeit zugänglich ist. Bei Bauwerken gilt dies allerdings nur für Aufnahmen der äußeren Ansicht.

Abb 51: Luftbildaufnahme der Dachauer Altstadt und Schloss mithilfe eines UAS. Quelle: Margarita Platis

Nach der neuen Rechtsprechung des Bundesgerichtshofs (BGH)[1] fällt die Vervielfältigung und Verbreitung von mit UAS hergestellten Aufnahmen nicht unter die Panoramafreiheit. Die Panoramafreiheit umfasst nicht Aufnahmen, die unter Verwendung besonderer Hilfsmittel (wie einer Leiter, eines Hockers oder eben von UAS) oder nach Beseitigung blickschützender Vorrichtungen (wie einer Hecke) angefertigt worden sind. Solche Ansichten des Werks sind nicht Teil des von der Allgemeinheit wahrnehmbaren Straßenbildes Voraussetzung ist, dass die fotografierten Werke bzw. Ansichten von öffentlichen Orten ohne weitere Hilfsmittel einsehbar sind. Ist ein Bauwerk z.B. durch Zäune oder Hecken oder ähnlichem verdeckt oder befindet es sich z.B. in einem Innenhof und ist es ohne Hilfsmittel vom öffentlichen Raum aus nicht sichtbar, ist die Anfertigung und Vervielfältigung einer Aufnahme nicht aufgrund der Panoramafreiheit zulässig.

Zulässig ist danach die Nutzung von Aufnahmen, welche von öffentlichen Orten oder Einrichtungen aus gemacht wurden, die der Mensch aus eigener Kraft erreichen kann, z.B. Aussichtstürme oder Aussichtsplattformen sowie öffentlich zugängliche Wasserflächen. Damit müssen allerdings auch unter Verwendung von UAS hergestellte Fotos und Filme aus solchen Perspektiven von der Panoramafreiheit umfasst sein. Der Fotograf muss also nicht selbst auf den Aussichtsturm steigen oder ein Boot zum Fotografieren von der öffentlichen Wasserfläche aus mieten, es geht darum, dass die gewählte Perspektive aus eigener Kraft erreicht werden kann. Sobald allerdings diese Perspektive verlassen wird, greift die Panoramafreiheit nicht mehr. Aufnahmen, die unter Verwendung von UAS hergestellt wurden, dürfen somit nicht unter Berufung auf die Panoramafreiheit vervielfältigt, verbreitet oder öffentlich wiedergegeben werden.

[1] BGH, Urteil v. 23.10.2024, Az. I ZR 67/23 – Über alle Berge. Der BGH berücksichtigt in seiner Entscheidung die europarechtliche Regelung der Panoramafreiheit in Art. 5 Abs. 3 Buchst. h der Richtlinie 2001/29/EG (Urheberrechtsrichtlinie) und stellt fest, dass (jedenfalls im entschiedenen Fall) das wirtschaftliche Interesse der Urheber bei einer Abwägung der Informations- und Kommunikationsfreiheit von Drohnenfotografen vorgeht. Die frühere Entscheidung des LG Frankfurt a. M. (Urteil vom 25.11.2020 – 2-06 O 136/20), wonach bei Auslegung des § 59 UrhG aus europarechtliche Sicht Voraussetzung für die Geltung der Panoramafreiheit nur sei, dass sich das geschützte Werk an einem öffentlichen Ort befindet und irrelevant sei, von welchem Punkt aus die Aufnahme hergestellt wurde, ist damit überholt.

3.1.5 Das Markenrecht

H

Aus markenrechtlicher Sicht könnte die Benutzung einer Luftaufnahme dann unzulässig sein, wenn eine Aufnahme eines als Marke geschützten Begriffs oder Zeichens (z.B. eines Schriftzugs oder Logos an einem Bauwerk, wie z.B. der Schriftzug an der Allianz Arena) „markenmäßig benutzt" wird. Eine markenmäßige Benutzung liegt dann vor, wenn ein Zeichen von einem Dritten (d.h. nicht dem Inhaber der Marke, also z.B. dem Fotografen) für seine Waren oder Dienstleistungen in der Weise benutzt wird, dass potentielle Abnehmer es als Herkunftskennzeichnung dieser Waren oder Dienstleistungen auffassen, man also annehmen kann, dass das Zeichen dazu dient, die Produkte eines Unternehmers von Waren anderer Unternehmer zu unterscheiden. Fremde markenrechtlich geschützte Begriffe oder Zeichen dürfen also nicht in der Weise verwendet werden, dass hierin eine Kennzeichnung eigener Waren oder Dienstleistungen gesehen werden kann (denkbar wäre die Nutzung eines Fotos auf einer kommerziellen Website in so prominenter Weise, dass ein auf dem Foto abgebildeter Schriftzug oder ein abgebildetes Logo als Kennzeichnung der auf der Website angebotenen Waren oder Dienstleistungen angesehen werden kann; diese Gefahr dürfte in der Praxis allerdings eher selten bestehen).

3.2 DER SCHUTZ VON LUFTAUFNAHMEN DURCH DAS URHEBERRECHT

Unter Verwendung von UAS aufgenommene Fotos oder Filme können allerdings auch selbst vor unbefugter Vervielfältigung, Verbreitung und öffentlicher Wiedergabe geschützt sein. Grundsätzlich setzt urheberrechtlicher Schutz von Foto- und Filmaufnahmen als Lichtbildwerke (§ 2 Abs. 1 Nr. 5 UrhG) bzw., falls es sich um bewegte Bilder handelt, als Filmwerke (§ 2 Abs. 1 Nr. 6 UrhG) eine „persönliche geistige Schöpfung", d.h. hinreichende Individualität (s.o.) voraus. Es muss also eine auf menschlichem Schaffen beruhende Schöpfung vorliegen, die sich dadurch auszeichnet, dass bei der Herstellung ein hinreichender Gestaltungsspielraum für freie kreative Entscheidungen vorlag und von demjenigen, der die Aufnahme hergestellt hat, genutzt wurde. Läuft eine Aufnahme automatisch ohne kreatives Zutun ab, könne man daran das Vorlei- gen dieser Voraussetzungen bezweifeln. Jedoch sieht das Urheberrechtsgesetz vor, dass auch bestimmte Aufnahmen, die nicht diese Voraussetzungen erfüllen, als sog. Lichtbilder (§ 72 Abs. 1 UrhG) bzw. Laufbilder (§ 95 UrhG) geschützt sein können (wobei die Dauer des Schutzes dann nur 50 Jahre nach Erscheinen bzw. öffentlicher Wiedergabe oder Herstellung beträgt). Als Lichtbilder i.S.v. § 72 sind Fotos aller Art und damit auch automatisch hergestellte Satellitenfotos und Luftbildaufnahmen, als Laufbilder jegliche Art von Bildfolgen und Bild- und Tonfolgen inkl. filmähnliche Erzeugnisse geschützt.
Damit hat auch der Hersteller von mittels UA hergestellten Foto- und Filmaufnahmen das ausschließliche (d.h. alleinige) Recht, diese zu vervielfältigen, zu verbreiten, auszustellen, vorzuführen, öffentlich zugänglich zu machen (d.h. insbesondere auf Abruf im Internet), zu senden und öffentlich wiederzugeben.
In Fällen, in denen mehrere Personen an der Aufnahme mitwirken, kann sich allerdings die Frage stellen, wer als Urheber der Aufnahme anzusehen und damit Rechte-

inhaber ist. Nach § 8 Abs. 1 UrhG sind mehrere Personen, die ein Werk gemeinsam geschaffen haben, ohne, dass sich ihre Anteile gesondert verwerten lassen, als Miturheber des Werkes anzusehen, mit der Folge, dass die Rechte und damit Nutzungsbefugnisse an dem Werk allen Miturhebern gemeinsam zustehen und Erlöse aus der Nutzung des Werkes den Miturhebern nach dem Umfang ihrer Mitwirkung zustehen, wenn nichts anderes zwischen den Miturhebern vereinbart ist. Ein Miturheber darf allerdings seine Einwilligung zur Veröffentlichung, Verwertung oder Änderung nicht wider Treu und Glauben verweigern (§ Abs. 2 S. 2 UrhG). Entscheidend ist jedoch, dass jeder Miturheber schöpferisch tätig geworden ist. Eine bloße Idee oder Anregung genügt nicht.
In Fällen, in denen beispielsweise eine Person für die Steuerung eines UAS zuständig ist und eine andere Person die Kamera des UA betätigt, könnten zwar wohl theoretisch beide Personen als Miturheber in Betracht kommen, da das Bild jeweils ohne das Zutun der anderen Person nicht angefertigt hätte werden können. In der Praxis wird allerdings wohl nur der Kameramann als Urheber anzusehen sein, denn der für die Steuerung zuständige Pilot bestimmt ggf. die Perspektive, aus der heraus Aufnahmen gemacht werden können, und liefert damit Anregungen für die Aufnahmen. Die Entscheidung, wann der Auslöser betätigt wird, wie gezoomt wird usw., d.h. die Entscheidung, ob eine Aufnahme überhaupt erfolgt und was genau auf ihr zu sehen ist und damit die kreativen Entscheidungen, trifft allein die Person an der Kamera. Sie wird daher in der Regel allein als Urheber anzusehen sein.

3.3 AUSWIRKUNGEN DER NUTZUNG VON KI

Während bislang der Fernpilot die Bewegungen eines UAS manuell steuerte, gestützt allenfalls durch einfache Autopiloten, die Lage und Höhe des UAS hielten, wandelte sich mit dem Einzug künstlicher Intelligenz (KI, bzw. Artificial Intelligence, AI) das UAS vom ferngelenkten Fluggerät zum autonomen Akteur. Dabei kann KI verschiedene Funktionen erfüllen. Dies reicht von einfacher Flugstabilisierung über autonome Navigation und Flugstreckenplanung, Erkennung von Hindernissen und Vermeidung von Kollisionen bis zu spezifischen Anwendungen wie z.B. Such- und Rettungseinsätzen, der Inspektion von Bauwerken und Infrastruktur, Präzisionslandwirtschaft und auch militärischen Anwendungen. Dabei besteht sogar die Möglichkeit, dass UAS Informationen mit anderen UAS austauschen und so eine Form der „Schwarmintelligenz" ähnlich Vogel- oder Fischschwärmen entwickeln.
Erforderlich für derartige Anwendungen ist, dass vom UAS Bilder und Daten aufgenommen und KI-gestützt verarbeitet werden. Dabei kombinieren und analysieren neuronale Netze im UAS Flugregelungsdaten, Kamerabilder, Lidar- und Radardaten.
Auch bei der Erhebung und Verwendung von Daten zum Zweck der Nutzung im Rahmen von KI-Anwendungen gelten uneingeschränkt die oben beschriebenen Grundsätze im Hinblick auf Verletzungen des Persönlichkeitsrechts, des Rechts am eigenen Bild, die datenschutzrechtlichen Vorgaben und das Urheberecht. Darüber hinaus sind bei der Nutzung von KI die besonderen rechtlichen Rahmenbedingungen, insbesondere die KI-Verordnung, zu berücksichtigen.

H

3.3.1 Das allgemeine Persönlichkeitsrecht sowie das Recht am eigenen Bild

Bei der Verwendung von KI bestehen nahezu unbegrenzte Möglichkeiten, die vom UAS aus erhobenen Daten, d.h. auch Bild-, Video- und ggf. Tonaufnahmen, auszuwerten und zu verknüpfen, insbesondere auch mit Daten aus dem Internet. Damit wäre es z.B. auch möglich, automatisiert Gesichter zu erkennen und Personen zu verfolgen, was einen erheblichen Eingriff in das Persönlichkeitsrecht darstellen würde und ohne Einwilligung der betreffenden Person im Einzelfall unzulässig ist.
Es ist somit ratsam, vor jedem Einsatz von KI bei der Nutzung von UAS eine Risikoanalyse zu erstellen und zu klären, welche Daten erhoben werden, in welcher Form und wie lange diese im UAS gespeichert werden und ob eine Weitergabe der Daten erfolgt (innerhalb des Systems, in eine Cloud, an andere UAS oder an Dritte).
Unter dem Gesichtspunkt des Rechts am eigenen Bild ist zu beachten, dass die Erkennbarkeit von Personen bei Verwendung von KI und Verknüpfung mit anderen Daten deutlich vereinfacht ist. Eine Weitergabe von Aufnahmen, auf denen Personen erkennbar sind, ist wie oben beschrieben nur unter den engen Voraussetzungen des § 23 KUG zulässig.

3.3.2 Datenschutz

Nach Art. 6 DSGVO ist die Verbreitung von Bild- oder Videomaterial, welches Personen identifizierbar zeigt, ohne Einwilligung oder andere Erlaubnisnorm unzulässig, soweit nicht z. B. ein berechtigtes Interesse des UAS-Betreibers oder eines Dritten nach Art. 6 Abs. 1 f DSGVO vorliegt. Die bei der Nutzung von KI ggf. generierten großen Datenmengen dürfen nur für den ursprünglich angegebenen Zweck (z. B. Inspektion) genutzt und müssen nach Ablauf der nach Art. 5 Abs. 1 Buchst. e) DSGVO zulässigen maximalen Dauer (d.h. grundsätzlich nur so lange, wie es für die Zwecke, für die die Daten verarbeitet werden, erforderlich ist) gelöscht werden.
Flug- und Sensordaten müssen verschlüsselt übertragen und gespeichert werden, um unerlaubten Zugriff zu verhindern (Art. 32 DSGVO).
Erfasste Personen können wie oben beschrieben Auskunft, Berichtigung, Löschung oder Einschränkung der Verarbeitung verlangen (Art. 15–22 DSGVO), was zu einem erheblichen logistischen und rechtlichen Aufwand für Betreiber von KI-Systemen führen kann.
Nutzt der UAS-Betreiber die Dienste von Drittanbietern (z. B. Cloud-Plattformen), ist dringend zu empfehlen, eine datenschutzkonforme Auftragsverarbeitung nach den Vorgaben des § 28 DSGVO zu vereinbaren.
Bei systematischer, automatisierter Erstellung von Profilen oder großflächiger Videoüberwachung durch KI liegt eine Form der Datenverarbeitung vor, welche voraussichtlich ein hohes Risiko für die Rechte und Freiheiten natürlicher Personen birgt. Dies hat zur Folge, dass der Verantwortliche vorab eine Abschätzung der Folgen der vorgesehenen Verarbeitungsvorgänge für den Schutz personenbezogener Daten durchzuführen hat (Datenschutz-Folgenabschätzung, Art. 35 DSGVO).

3.3.3 Urheberrecht

Bei der Erstellung von Landschaftsaufnahmen zur KI-Analyse können ungewollt geschützte Werke wie z. B. Graffiti, Architektur, plastische Kunstwerke etc. einfangen und damit vervielfältigt werden. Auch wenn dies nur zum Zweck der Steuerung von UAS oder zur Kontrolle von Infrastruktur erfolgt, liegt damit potentiell eine Urheberechtsverletzung vor. Zwar könnte eine solche Vervielfältigung nach § 44a Nr. 2 UrhG zulässig sein, wenn nur vorübergehende Vervielfältigungshandlungen vorliegen, die flüchtig oder begleitend sind und einen integralen und wesentlichen Teil eines technischen Verfahrens darstellen und deren alleiniger Zweck es ist, eine rechtmäßige Nutzung eines Werkes zu ermöglichen, und die keine eigenständige wirtschaftliche Bedeutung haben. Flüchtig ist eine Vervielfältigung jedoch nur dann, wenn ihre Lebensdauer auf das für das ordnungsgemäße Funktionieren des betreffenden technischen Verfahrens Erforderliche beschränkt ist, wobei dieses Verfahren derart automatisiert sein muss, dass es diese Vervielfältigung automatisch, d.h. ohne Beteiligung einer natürlichen Person löscht, sobald ihre Funktion, die Durchführung eines solchen Verfahrens zu ermöglichen, erfüllt ist.[2]
Weiter muss die Vervielfältigung begleitend sein, d.h. sie darf gegenüber dem technischen Verfahren, dessen Teil sie ist, weder eigenständig sein noch einem eigenständigen Zweck dienen.[3]

3.3.4 Rechtliche Vorgaben aufgrund der KI-Verordnung (AI Act)

Die KI-Verordnung (KI-VO, Verordnung (EU) 2024/1689 vom 13. Juni 2024) bzw. der AI Act legt klare Regeln und Standards für den Umgang mit KI-Modellen, KI-Systemen und KI-Inhalten fest und gilt in den Mitgliedstaaten der EU als unmittelbares Recht. Die KI-Verordnung enthält Vorgaben zur Produktsicherheit und Compliance bei der Nutzung von KI.
Durch die KI-VO werden vier Risikoklassen etabliert und in der Folge verschieden hohe Anforderungen und Verpflichtungen an diese Nutzung der betreffenden KI geknüpft:

- verbotene KI-Systeme, d.h. Systeme, die der Beeinflussung, Ausnutzung, Kategorisierung und Bewertung von Menschen dienen können,
- Hochrisiko-KI-Systeme, d.h. Systeme, die erhebliche Risiken für die Gesundheit und Sicherheit oder die Grundrechte von Personen bergen,
- KI-Systeme mit nur begrenztem Risiko (z.B. Chatbots)
- sowie KI-Systeme mit minimalem Risiko (z. B. Suchalgorithmen, Computerspiele, Spamfilter).

[2] LG Hamburg, Urteil vom 27.9.2024 – 310 O 227/23 – LAION, Rn. 33; EuGH Urt. v. 16.7.2009, C5/08, Rn. 64 –Infopaq/ Danske Dagblades Forening).
[3] EuGH Urt. v. 5.6.2014 – C-360/B13 – Diese Voraussetzung könnte bei Bildaufnahmen ausschließlich zur Steuerung von UAS durchaus als erfüllt angesehen werden. Ob solche Bildaufnahmen allerdings nur eine rechtmäßige Nutzung der aufgenommenen Werke ermöglichen sollen, könnte als durchaus fraglich angesehen werden, wenn von den Urhebern der aufgenommenen Werke keine Erlaubnis erteilt wurde.
Auf der anderen Seite werden Aufnahmen, die von KI hergestellt und verarbeitet werden, selbst i.d.R. nicht dem Urheberschutz unterliegen, da keine menschliche Schöpfung vorliegt.

Die Regelungen der KI-Verordnung werden zeitlich gestaffelt wirksam: Nach Inkrafttreten der KI-VO am 1. August 2024 gelten die Vorschriften über verbotene KI-Systeme ab dem 2. August 2025, die Regelungen der KI-Verordnung im Übrigen ab dem 2. August 2026 und die besonderen Pflichten in Bezug auf Hochrisiko-Systeme ab dem 2. August 2027.
Zu Hochrisiko-KI-Systemen zählen u.a. auch Systeme im Bereich der öffentlichen Sicherheit und des autonomen Fahrens. Damit können auch KI-Systeme, die z.B. der autonome Flugsteuerungen (etwa zur Kollisionsvermeidung oder Flugplanung) dienen oder die im Rahmen von Rettungsaktionen eingesetzt werden und die in der Lage sind, Menschen zu identifizieren (und nicht nur generell als solche, d.h. im Gegensatz zu Tieren oder Statuen, zu erkennen) sowie KI-Systeme, welche im Rahmen der Kontrolle kritischer Infrastruktur verwendet werden, jedenfalls potentiell unter die Kategorie der Hochrisiko-KI-Systeme fallen. In Bezug auf Hochrisiko-KI-Systeme sieht die KI-VO strenge Vorschriften für Anbieter und Betreiber der KI-Systeme vor.
„Anbieter“ ist nach Art. 3 Ziff. 3 KI-VO, wer ein KI-System oder ein KI-Modell mit allgemeinem Verwendungszweck entwickelt oder entwickeln lässt und es unter seinem eigenen Namen oder seiner Handelsmarke in Verkehr bringt oder es unter eigenem Namen oder unter einer Handelsmarke in Betrieb nimmt, sei es entgeltlich oder unentgeltlich. Ein KI-System wird im Sinne der KI-VO in Betrieb genommen, wenn es in der EU erstmals zum Eigengebrauch oder zum Erstgebrauch durch Betreiber bereitgestellt wird. Das bedeutet, dass als Anbieter gilt, wer aktiv an der Entwicklung eines KI-Systems beteiligt ist oder ein bereits bestehendes KI-Modell in ein eigenes Produkt integriert und dieses erstmals unter seiner Marke oder einer Handelsmarke vertreibt. Hierunter fällt auch die Entwicklung und Vermarktung eines KI-System für die interne Nutzung oder die Integrierung und das Anbieten bestehender KI-Modelle in eigenen Produkten. Die bloße Einbettung eines fremden KI-Systems in eine eigene Umgebung wird vermutlich nicht ausreichen, um als Anbieter eingestuft zu werden, da die Erstmaligkeit der Handlung für die Qualifikation als Anbieter erforderlich ist.
„Betreiber“ ist, wer ein (bereits vom Anbieter zum Erstgebrauch bereitgestelltes) KI-System in eigener Verantwortung verwendet, es sei denn, das KI-System wird im Rahmen einer persönlichen und nicht beruflichen Tätigkeit verwendet.
Anbieter sind dafür verantwortlich, sicherzustellen, dass ihr Produkt alle Anforderungen der geltenden Vorschriften vollständig erfüllt. Anbieter von Hochrisiko-KI-Systemen haben u.a. ein Risikomanagementsystem einzurichten, anzuwenden, zu dokumentieren und aufrechtzuerhalten (Art. 9) und eine technische Dokumentation zu erstellen und auf dem neuesten Stand zu halten, bevor dieses System in Verkehr gebracht oder in Betrieb genommen wird (Art. 11).

Betreiber von Hochrisiko-KI-Systemen müssen nach Art. 26 KI-VO:

- geeignete technische und organisatorische Maßnahmen, um sicherzustellen, dass sie solche Systeme entsprechend der den Systemen beigefügten Betriebsanleitungen verwendet werden;
- natürlichen Personen, die über die erforderliche Kompetenz, Ausbildung und Befugnis verfügen, die menschliche Aufsicht übertragen und ihnen die erforderliche Unterstützung zukommen lassen;
- den Betrieb des Hochrisiko-KI-Systems anhand der Betriebsanleitung überwachen und gegebenenfalls die Anbieter informieren; haben Betreiber Grund zu der

Annahme, dass die Verwendung gemäß der Betriebsanleitung dazu führen kann, dass dieses Hochrisiko-KI-System ein Risiko für die Gesundheit oder Sicherheit oder Grundrechte von Personen birgt, so informieren sie unverzüglich den Anbieter oder Händler und die zuständige Marktüberwachungsbehörde und setzen die Verwendung dieses Systems aus; haben die Betreiber einen schwerwiegenden Vorfall festgestellt, informieren sie auch unverzüglich zuerst den Anbieter und dann den Einführer oder Händler und die zuständigen Marktüberwachungsbehörden über diesen Vorfall;
- die von ihrem Hochrisiko-KI-System automatisch erzeugten Protokolle für einen der Zweckbestimmung des Hochrisiko-KI-Systems angemessenen Zeitraum von mindestens sechs Monaten aufbewahren, soweit diese Protokolle ihrer Kontrolle unterliegen;
- sofern sie Arbeitgeber sind, die Arbeitnehmervertreter und die betroffenen Arbeitnehmer vor der Inbetriebnahme oder Verwendung eines Hochrisiko-KI-Systems am Arbeitsplatz darüber informieren, dass sie der Verwendung des Hochrisiko-KI-Systems unterliegen werden;
- mit den zuständigen Behörden bei allen Maßnahmen zusammenarbeiten, die diese Behörden im Zusammenhang mit dem Hochrisiko-KI-System zur Umsetzung der KI-VO ergreifen.

Generell muss die Technik von Hochrisiko-KI-Systemen die automatische Aufzeichnung von Ereignissen während des Lebenszyklus des Systems ermöglichen (Art. 12 KI-VO). Zudem müssen Hochrisiko-KI-Systeme so konzipiert und entwickelt werden, dass ihr Betrieb hinreichend transparent ist, damit die Betreiber die Ausgaben eines Systems angemessen interpretieren und verwenden können, und dass sie während der Dauer ihrer Verwendung — auch mit geeigneten Instrumenten einer Mensch-Maschine-Schnittstelle — von natürlichen Personen wirksam beaufsichtigt werden können.
Generell richten sich die gesetzlichen Verpflichtungen nach dem Risikopotential des konkreten Einsatzzwecks. Nach Anhang III der KI-VO gelten u.a. die in folgenden Bereichen aufgeführten KI-Systeme als Hochrisiko-KI-Systeme:
- biometrische Fernidentifizierungssysteme und KI-Systeme, die bestimmungsgemäß für die biometrische Kategorisierung und zur Emotionserkennung verwendet werden sollen,
- KI-Systeme, die bestimmungsgemäß als Sicherheitsbauteile im Rahmen der Verwaltung und des Betriebs kritischer digitaler Infrastruktur, des Straßenverkehrs oder der Wasser-, Gas-, Wärme- oder Stromversorgung verwendet werden sollen.

Beim Einsatz von KI-Systemen mit begrenztem oder minimalem Risiko bestehen im Wesentlichen nur Transparenzpflichten.
So müssen nach Art. 50 Nr. 2 KI-VO Anbieter von KI-Systemen, die synthetische Audio-, Bild-, Video- oder Textinhalte erzeugen, sicherstellen, dass die Ausgaben des KI-Systems in einem maschinenlesbaren Format gekennzeichnet sind und als künstlich erzeugt oder manipuliert erkannt werden können. Die Vorschrift gilt nicht für Betreiber von KI-Systemen und erfasst nicht den Fall, dass mittels KI generierte oder von KI ausgewertete Daten nicht ausgegeben werden, sondern, wie z.B. bei der Flugsteuerung, nur intern genutzt werden. Nach Art 50 Nr. 4 KI-VO müssen Betreiber

von KI-Systemen bei der Erzeugung von Deep Fakes offenlegen, dass die Inhalte künstlich erzeugt oder manipuliert wurden.
Konkret ergeben sich also für Betreiber von KI-Systemen im Rahmen des Betriebs von UAS folgende Pflichten:

1. Einhaltung der Verwendungs- und Überwachungsvorgaben
   a. Der Betreiber muss das System ausschließlich gemäß der mitgelieferten Gebrauchsanleitung einsetzen und angemessene menschliche Aufsicht sicherstellen.
   b. Schulung: Vor Inbetriebnahme sind alle Beschäftigten (u. a. Piloten) über die Risiken und Einsatzgrenzen zu informieren und zu schulen.
2. Logging und Dokumentation
   a. Der Betreiber ist verpflichtet, System-Logs (z. B. Flugpfade, Autopilot-Entscheidungen, Warnmeldungen) für mindestens sechs Monate aufzubewahren.
   b. Die Dokumentation soll technische Beschreibungen und Risikobewertungen umfassen, um im Störfall die Ursache nachzuverfolgen.
3. Meldepflichten: Schwere Zwischenfälle (z. B. unerwartete Bruchlandung, Kollision) müssen unverzüglich an den Anbieter und die zuständigen Aufsichtsbehörden gemeldet werden.
4. Konformitätserklärung und Registrierung: Der Betreiber muss die vom Anbieter erstellte EU-Konformitätserklärung für das System mindestens 10 Jahre vorhalten.
5. Risikomanagement und fortlaufende Überprüfung: Betreiber muss ein Risikomanagement-System unterhalten, um neu auftretende Gefahren frühzeitig zu identifizieren und Gegenmaßnahmen zu ergreifen (z. B. Software-Updates bei entdeckten Schwachstellen).

Für UAS-Piloten bedeutet das (insbesondere während des Flugvorgangs):

- Der Pilot darf das KI-System nur innerhalb der vom Betreiber vorgegebenen Einsatzszenarien und Systemgrenzen nutzen.
- Trotz teilweiser Autonomie bleibt der Pilot für kritische Entscheidungen (z. B. Notabschaltung (FTS), Ausweichmanöver (Detect and Avoid) verantwortlich und muss jederzeit eingreifen können.
- Erkennt der Pilot ungewöhnliches Verhalten des UAS (z. B. plötzliches Abweichen vom Flugkurs), ist er verpflichtet, dies unmittelbar dem Betreiber und – bei sicherheitsrelevanten Fällen – den Behörden zu melden.

3.4 VERANTWORTUNGSVOLLE NUTZUNG VON UAS

Ein Beitrag von Dr. Cora Dieß und Dr. Marcel Vondermaßen

Verantwortungsvolle Nutzung von UAS
UAS kommen in einer Vielzahl ziviler Anwendungen zum Einsatz. Sie ermöglichen, wie in den vorherigen Kapiteln bereits beschrieben, beispielsweise beeindruckende Foto- und Videoaufnahmen aus der Luft, unterstützen die Rehkitzrettung und den Naturschutz, leisten wertvolle Dienste bei der Katastrophenhilfe – etwa bei Überschwemmungen – oder dienen der Forschung[4] sowie der technischen Innovation.

Gleichzeitig wirft der Einsatz von Drohnen ethische Fragen auf, insbesondere im Hinblick Dual Use. Darunter fallen Technologien, die ursprünglich für zivile Zwecke entwickelt wurden, aber auch militärisch nutzbar sind. Zivil bedeutet: nicht militärisch.[5]
UAS sind ein klassisches Beispiel für *Dual Use*: Was beispielsweise als technisches Hilfsmittel für Katastrophenhilfe oder Medikamententransport gedacht ist, kann auch zur militärischen Überwachung oder zur gezielten Tötung als Waffe eingesetzt werden, zum Beispiel wenn UAS gezielt auf Lebewesen oder Passagierflugzeuge gesteuert werden.
Inzwischen erleichtert darüber hinaus der Einsatz von KI nicht nur die Steuerung und Anwendung von UAS, sondern erhöht zugleich das Potenzial für deren Missbrauch. Die Bedrohungen reichen vom Eingriff in die Privatsphäre durch automatisierte Personenerkennung und Datenschutzverletzungen (siehe Kapitel 3.1 - 3.3), über die algorithmische Auswertung sensibler Daten bis hin zur gezielten, gewaltvollen Nutzung in Form von autonomen Waffensystemen. Denn durch den digitalen Strukturwandel ist es inzwischen für Privatpersonen möglich, vollautomatische UAS zu entwickeln und anzuwenden. Sie können heute UAS im Internet erwerben und – insbesondere mithilfe von künstlicher Intelligenz (KI) – selbstständig weiterentwickeln und vielfältig einsetzen. Dabei besteht das Risiko, dass Privatpersonen UAS mithilfe frei verfügbarer Bauanleitungen oder Chatbots, die auf großen Sprachmodellen (LLM) aufbauen, eigenständig zu Waffen umrüsten. Das zeigt, wie wichtig eine ethische Auseinandersetzung mit dem Einsatz solcher Technologien ist – nicht nur auf politischer und technischer Ebene, sondern auch in der Zivilgesellschaft.

Hierbei unterscheiden sich die Verantwortungsbereiche für Hersteller und Nutzer:

1. **Minimierung von Missbrauchspotenzial durch verantwortungsbewusste Gestaltung („Safety by Design")**
   Hersteller sollten (mindestens) folgende Dimensionen berücksichtigen:
   Software und Hardware sollten so gestaltet sein, dass sicherheitsrelevante Beschränkungen nicht ohne tiefgehende technische Kenntnisse umgangen werden können. Ziel ist es, eine Umfunktionierung etwa zu Waffen deutlich zu erschweren.
   Jedoch gibt es einige UAS-Eigenbauten, die auf einer Open-Source-Hard- und -Software basieren. Dadurch entsteht ein unauflösbares Spannungsverhältnis zum Open-Source-Prinzip, das Transparenz und Teilhabe an Wissen fördert. Dieses ethische Dilemma zwischen Schutz vor Missbrauch und Zugang zu Wissen ist nicht vollständig auflösbar. Daher plädieren wir für eine **geteilte Verantwortung:**

   Hersteller: Safety by Design durch gewaltpräventive Maßnahmen.
   Nutzer: Folgenabschätzung durch reflexiven Umgang mit technischer Offenheit und möglichem Schaden.

[4] Viele wissenschaftliche oder technische Institutionen – etwa Hochschulen oder Forschungseinrichtungen – haben sich daher durch eine **Zivilklausel** selbst verpflichtet, ihre Forschung und Lehre ausschließlich zivilen, also nicht-militärischen Zwecken zu widmen.
[5] „Zivil" im Sinne der zivilen Konfliktbearbeitung und Friedensförderung bedeutet, Konflikte gewaltlos zu bearbeiten und sich dabei an Grund- und Menschenrechten zu orientieren.

H

- Die Möglichkeit für Geofencing, um das Überfliegen und Ausspionieren bestimmter Bereiche wie Flughäfen unterbinden zu können.
- Geocaging verfügbar machen, um Anwendern eine bessere Kontrolle über den Flugbereich zu ermöglichen.
- Die direkte Fernidentifizierung via Remote ID, um Sicherheitsbehörden eine Identifikation zu ermöglichen. (In Deutschland für die meisten C-Klassen rechtlich vorgeschrieben, siehe Kapitel 2.8.2.6 Fernidentifizierung)

Neben dem Design ist auch die Kommunikation von Bedeutung:

- Monitoring relevanter Foren: Firmen sollten relevante Internetforen und Austauschplattformen proaktiv nach Missbrauchsmöglichkeiten durchsuchen, um ggf. das Design anzupassen.
- Aufklärung: Bedienungsanleitungen sollten auch die geltenden Gesetze beinhalten und die Dual-Use-Problematik ansprechen.
- Herstellende sollten proaktiv die Öffentlichkeit für Dual-Use-Problematiken sensibilisieren oder sich bei Aufklärungskampagnen (zum Beispiel der Luftfahrtbehörden) beteiligen.
- Die Vermarktung sollte in Bildsprache und Wortlaut zivile Anwendungsfälle zeigen und martialische Werbespots vermeiden.

2. Verantwortung der Nutzenden. Folgende Punkte sollten Nutzer beachten:

- Kenntnis der Rechtslage: Jeder Nutzer ist verpflichtet, sich über die aktuell gültigen nationalen und europäischen Gesetze und Verordnungen (z.B. EU-Drohnenverordnung) zu informieren und diese strikt einzuhalten.
- Aufmerksamkeit für Rechtsbrüche: Nutzer, die Kenntnis von einem offensichtlichen oder geplanten Missbrauch der Technologie erlangen, sollten dies den zuständigen Behörden melden.
- Unterstützung der Hersteller: Wenn Nutzer von Hacks oder Design-Idee erfahren, die eine militärische Nutzung möglich machen, sollten sie die Hersteller in Kenntnis setzen.
- Bei einem Weiterverkauf einer Dual-Use-fähigen UAS sollte, soweit möglich, auf die Vertrauenswürdigkeit des Käufers geachtet werden (Kommuniziert der Käufer mit Klarnamen, wird der Kauf über Bankverbindung oder in Bargeld abgewickelt etc.)

Dieser Beitrag soll dafür sensibilisieren, den jeweiligen Einsatz der Nutzung von UAS sorgfältig abzuwägen. Es geht um die grundlegende ethische Frage, wie wir Technologien wie UAS verantwortungsvoll gestalten und nutzen, um deren Chancen und Potenziale zu entfalten, ohne dabei Grundrechte und Datenschutz zu verletzen und den Schutz vor Gewalt sicherzustellen.

Von:

- Dr. Cora Bieß, Friedens- und Konfliktforscherin, Professur an der IU Stuttgart
- Dr. Marcel Vondermaßen, stellvertretender Geschäftsführer am Zentrum für Ethik in den Wissenschaften der Universität Tübingen

THEMENFELD 4 – Allgemeine UAS Kunde

A1/A3

4.1 ALLGEMEINE KENNTNISSE UAS

4.1.1 Grundprinzipien des Fliegens

Ein Luftfahrtzeug hebt vom Boden ab, wenn die Auftriebskraft größer ist als die Gewichtskraft des Flugzeuges.

4.1.1.1 Auftriebskraft bei einem Flugzeug mit Tragflächen (Starrflügler)

Bewegt sich ein Flugzeug vom Typ Starrflügler mit seinen Tragflügeln schnell durch die Luft, strömt ein Teil der Luft oberhalb des Flügels, ein anderer Teil unterhalb des Flügels entlang. Der Tragflügel zerschneidet sozusagen die Luft wie ein Messer. Ein Flugzeugtragflügel ist dabei auf der Oberseite immer etwas gewölbt. Durch die Wölbung bewegt sich die Luft auf der Oberseite eines Flügels schneller als in der freien Strömung. Dadurch entsteht ein Unterdruck, denn immer, wenn die Luft schneller strömt, nimmt dabei der Druck ab (Bernoulli-Effekt).

Diese Druckabnahme erzeugt einen Sog nach oben. Auf der Unterseite, wo die Wölbung nicht vorhanden ist, strömen die Luftteilchen langsamer als in der freien Strömung vorbei. Dies hat zur Folge, dass hier ein Überdruck entsteht (Abb. 52).

Neben der Wölbung bewirkt auch der Anstellwinkel den gleichen Effekt. Er beschreibt unter welchem Winkel ein Tragflügel von der Luft angeströmt wird (Abb. 53). So kann auch eine Flache Platte oder z.B. der Flügel eines Papierflugzeuges einen Unterdruck auf der Oberseite und Überdruck auf der Unterseite erzeugen, solange diese Flächen schräg von unten angeströmt werden. Die Intensität des Auftriebes wird durch Vergrößern des Anstellwinkels erhöht, es erhöht sich dadurch aber auch der Widerstand gegenüber der Luftströmung. Wird der Anstellwinkel zu groß folgt die Strömung nicht mehr dem Tragflächenprofil. Es gibt einen Strömungsabriss und es wird kein Auftrieb mehr erzeugt.

Es gibt auch noch einen weiteren Effekt, der Auftrieb erzeugt. Durch die unterschiedlichen Strömungsgeschwindigkeiten an der Ober- und Unterseite werden die Luftteilchen an der Hinterkante des Tragflügels nach unten abgelenkt, also beschleunigt. Der abwärts gerichteten Kraft auf die Luft entspricht – nach dem 3. Newtonschen Prinzip: „actio ist gleich reactio“ – als Gegenkraft die aufwärts gerichtete Kraft auf den Tragflügel, der Auftrieb. Der Auftrieb ist dabei umso größer, je stärker die Ablenkungen, je größer die Geschwindigkeit und je höher die Luftdichte ist.

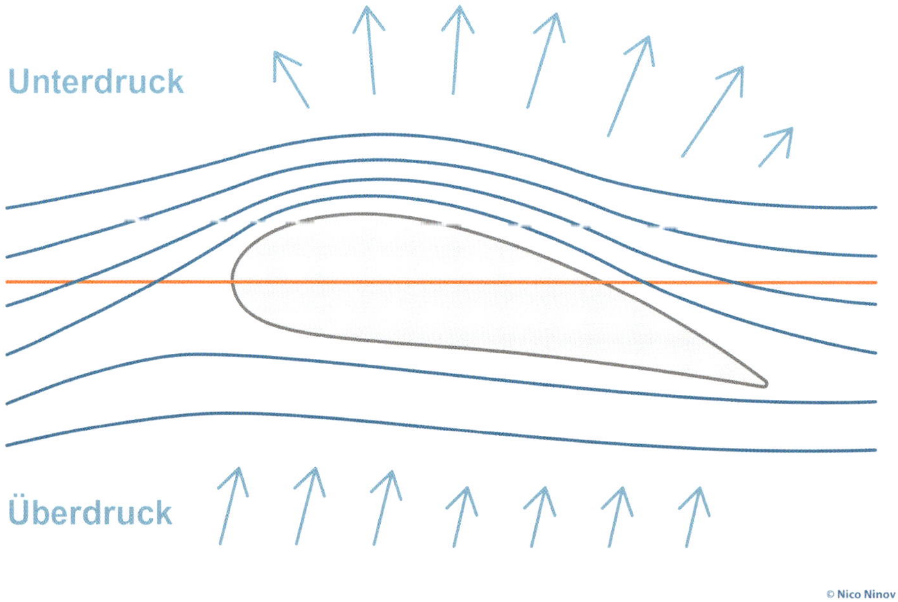

Abb 52: Querschnitte eines Tragflügels mit einer stark gewölbten Oberseite.

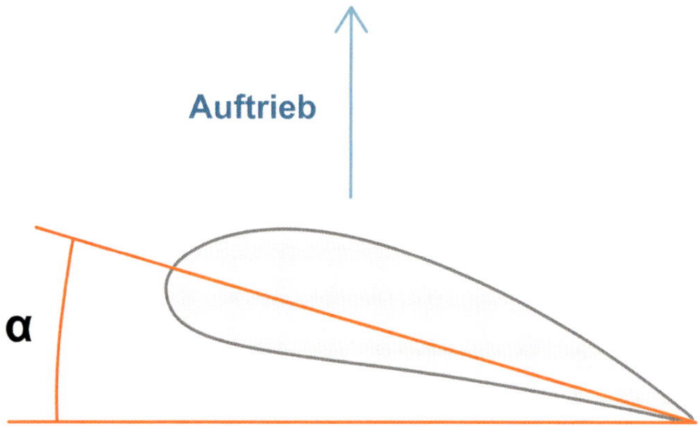

Abb 53: Querschnitte eines Tragflügels mit einer stark gewölbten Oberseite und dessen Anstellwinkel.

4.1.1.2 Auftriebskraft durch Propeller

Ein Propeller, veraltet Luftschraube genannt, setzt die Drehbewegung, die der Motor liefert in *Schub um*. Der Propeller ist vergleichbar mit einem rotierenden Tragflügel, welcher Auftrieb erzeugt. Während ein Tragflüge an einem Flugzeug sich horizontal durch die Luft bewegt, rotiert der Propellerflügel (bei einem Multikopter auch oft Rotorblatt genannt) um eine zentrische Achse. Durch diese Drehbewegung wird die Luft von den Propellerflügeln in eine definierte Richtung geschoben, es wird der Schub erzeugt.

Im Falle eines Flächenflugzeuges wird der vom Propeller erzeugte Schub hauptsächlich als Vorwärtsschub verwendet um das Flugzeug zu beschleunigen. Bei einem Multikopter muss der Schub in allererster Linie die Gewichtskraft des Kopters ausgleichen, um einen Schwebeflug zu ermöglichen. So kann ein Multikopter auch ohne Tragflügel in der Luft bleiben. Je schneller sich der Motor dreht, umso schneller ist die Umströmung des Rotorblattes, desto größer wird der Schub des Propellers, aber desto größer auch die benötigte (elektrische) Leistung des Motors. Ist der Schub größer als die Gewichtskraft steigt der Multikopter.

4.1.2 Verschiedene Drehrichtungen der Rotorblätter bei Multikoptern

Jeder Multikopter verfügt paarweise über links- und rechtsdrehende Rotorblätter und dazugehörige Motoren. Oft wird die Drehrichtung der Antriebe mit den Begriffen „Counter Clock Wise“ (CCW, gegen den Uhrzeigersinn) und „Clock Wise“ (CW, mit dem Uhrzeigersinn) angegeben.
Das Drehmoment (M) spielt dabei eine entscheidende Rolle. Es ist eine physikalische Größe, welche die Drehwirkung einer Kraft (z.B. vom Rotor) auf einen Körper (z.B. einem UA) bezeichnet (Abb. 54). Bei den meisten Multirotorsystemen sind die gleiche Anzahl links- und rechtsdrehender Motoren und Propeller montiert um das Drehmoment im Schwebeflug aufzuheben. So drehen sich beispielsweise beim Quadrokopter die zwei gegenüberliegenden Propeller nach links und die anderen beiden nach rechts. Damit ist das Motormoment in der „Mitte“ des Quadrokopters ausgeglichen. Sobald einer der Motoren schneller oder langsamer dreht, ohne, dass ein Ausgleich stattfindet, dreht sich das Gesamtsystem um die Hochachse bzw. Gierachse. Würden nur identisch drehende Propellerantriebe verwendet, würde sich der Multikoper unkontrolliert im Kreis drehen.

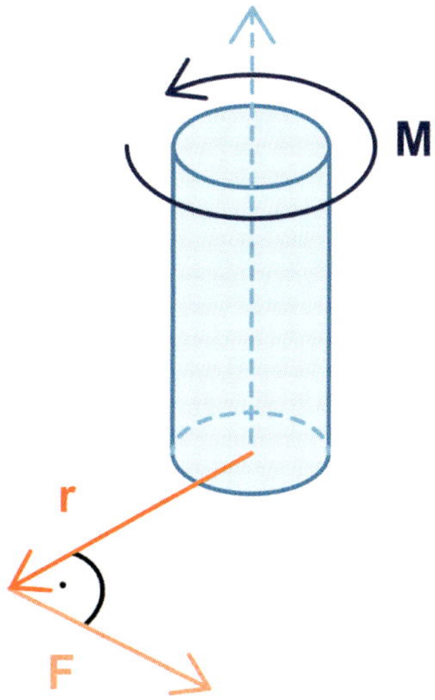

Abb 54: Im eingezeichneten Fall wirkt die Kraft F senkrecht zum Ortsvektor r

4.1.3 Fluglageregelung bei einem Multikopter

Die Stabilisierung der Fluglage (Fluglageregelung), um auftretende Giermomente auszugleichen, wird durch eine ausgeklügelte Elektronik und Sensorunterstützung gewährleistet und ist das Herzstück eines jeden Multikopters. Ohne diese wäre ein

A1/A3

Mensch nicht in der Lage einen Multikopter zu stabilisieren und zu fliegen.

Dabei kommen Beschleunigungssensoren und Gyrosensoren auf Piezo- oder MEMS- (microelectromechanical systems) Basis zum Einsatz. Diese Sensoren erfassen

- Neigung und Drehwinkelgeschwindigkeit des Multikopters um seine drei Achsen (Längs-Achse, Quer-Achse und Hoch-Achse) gegenüber der Erde sowie
- translatorische (geradlinige) Beschleunigung bzw. Bewegungen in vorwärts, rückwärts, seitwärts und auf-/abwärts Richtung.

Die Informationen werden dann von einem Mikrocontroller verwertet, um das Fluggerät über die Drehzahlregelung der Elektromotoren zu stabilisieren, und um eventuelle Störungen wie Kipp-, Dreh- und Driftbewegungen sofort entgegenzuwirken.

4.1.4 Steuerung des Multikopters

Die gebräuchlichste Art einen Multikopter zu steuern, ist über eine Fernsteuerung (oft auch als Sender bezeichnet). Daneben gibt es auch Multikopter, die mit Hilfe eines Smartphones oder Tablets gesteuert werden können. Bei den meisten professionelleren Systemen wird jedoch der Multikopter mit einer Fernsteuerung mit 2,4 GHz und der Knüppelzuordnung „Mode 2“ geflogen.

- Dabei wird mit dem linken Steuerhebel der Fernsteuerung die Flughöhe (Drehzahl) und die Drehung geregelt, entspricht bei einem Modellflugzeug (Starrflügler) Höhen-/Seitenruder,
- Mit dem rechten Knüppel wird „vor“ und „zurück“ (entspricht bei einem Modellflugzeug Schub) und die Richtung „links“ und „rechts“ (entspricht bei einem Modellflugzeug Querruder) gesteuert.

Um die gewünschten Richtungsänderungen zu vollziehen, kann ein Multikopter deswegen folgende Steuermöglichkeiten um seine drei Achsen vollziehen (Abb. 55). Das Ganze ist hier als Beispiel für einen Quadrokopter (vier Rotoren) gegeben:

Rollen (engl. roll)
Rollen steht für die Bewegung nach links und rechts um die Rollachse. Drehen sich die außerhalb der Längsachse (bzw. Rollachse genannt) positionierten rechten Rotoren schneller als die linken, wird auf dieser Seite mehr Auftrieb erzeugt und der Multikopter neigt sich nach links und fliegt also auch in diese Richtung. Umgekehrt natürlich dasselbe, drehen sich die linken Rotoren schneller als die rechten, fliegt der Kopter nach rechts. Das Rollen um die Längsachse wird mit dem rechten Knüppel im „Mode 2“ gesteuert.

Nicken (engl. pitch)
Um den Quadrocopter nach vorn zu bewegen, wird durch Neigung (Bewegung um die Nick-Achse, oft auch als Quer-Achse bezeichnet) Vortrieb erzeugt. Analog zur Roll-Bewegung drehen in diesem Fall die außerhalb der Querachse befindlichen hinteren

Rotoren schneller als der vorderen. Soll es zurückgehen, drehen die vorderen Rotoren schneller als die hinteren. Das Nicken um die Querachse wird mit dem rechten Knüppel noch vorne/hinten im „Mode 2“ gesteuert.

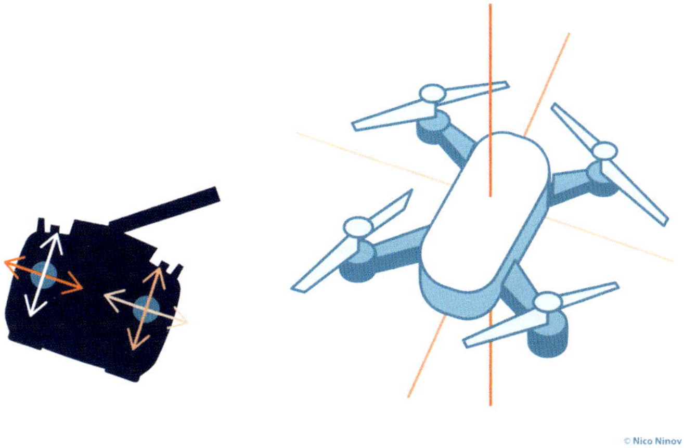

Abb 55: Steuerung eines Multikopters: Standardmasig ist bei den meisten Fernbedienungen als Achsenbelegung Modus 2 eingestellt.

Gieren (engl. yaw)
Die Gier-Bewegung bedeutet so viel wie die Drehung um die eigene Hochachse (oft auch als Gier-Achse bezeichnet). Der Multikopter dreht sich horizontal an Ort und Stelle. Dazu müssen die Drehzahlen der beiden Rotorpaare unterschiedlich sein. Drehen die linksdrehenden Rotoren schneller als die rechtsdrehenden Rotoren, dann dreht er sich aufgrund des unterschiedlichen Drehmoments nach rechts. Umgekehrt dreht sich der Multikopter nach links, wenn sich die rechtsdrehenden Rotoren schneller drehen als die linksdrehenden Rotoren. Das Gieren um die Hochachse wird mit dem linken Knüppel im „Mode 2“ nach links/rechts gesteuert.

Gas/Drehzahl (engl. thrust)
Bewegung entlang der Hochachse durch den linken Knüppel im „Mode 2“ nach vorne/hinten. Dabei wird die Drehzahl aller Rotoren gleichzeitig erhöht oder erniedrigt und der Multikopter kann steigen bzw. sinken. Eine höhere Drehzahl erzeugt mehr Schub, die Auftriebskraft wird größer und der Multikopter steigt – sobald die Auftriebskraft größer der Gewichtskraft des Multikopters ist. Bei Verringerung der Drehzahl kann der Multikopter in den Sinkflug übergehen. Ist die Drehzahl mit dem „Gasknüppel“ auf neutral ist die durch den Schub erzeugte Auftriebskraft genau so groß wie die Gewichtskraft des Kopters. Der Schwebezustand ist erreicht.

Um bei den symmetrisch aufgebauten Multikoptern den Überblick über die aktuelle Orientierung des Fluggeräts zu behalten, sind diese in Frontrichtung (und oft auch zur eindeutigen Erkennung der Rückseite oder der Seiten) farb- lich oder mit farbigen Leuchtdioden-Anordnungen markiert.

4.1.5 Steuerung eines Starrflüglers

Ein UA-Starrflügler besitzt gewöhnlich drei verschiedene Steuerflächen um das Flugzeug über seine drei Bewegungsachsen (Hochachse, Längsachse, Querachse) zu steuern (Abb. 56). Die Zuordnung der Funktionen zu den Achsen der Steuerknüppel entspricht dem „Mode 2“ (Gasknüppel links).

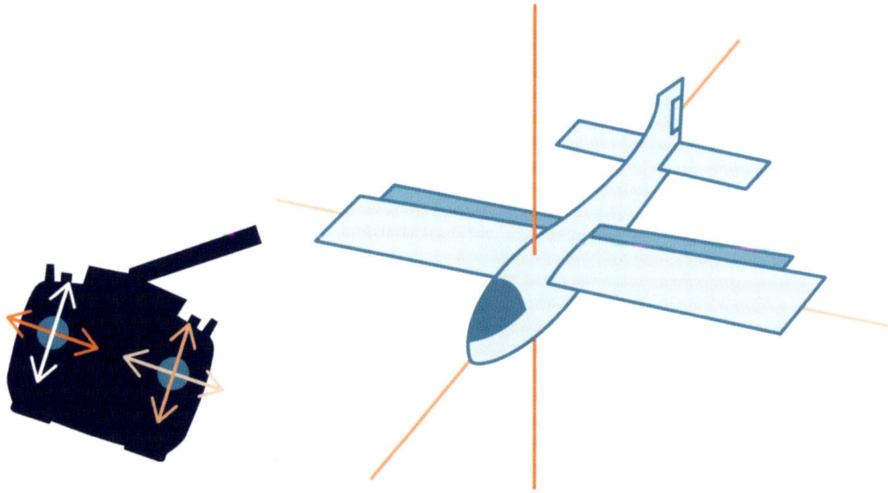

© Nico Ninov

Abb 56: Steuerung eines Starrflüglers im Flug-Modus 2. Standardmäßig ist bei den meisten Fernbedienungen Modus 2 eingestellt.

Schub / Motor (engl. Engine)

Mit dem linken Steuerknüppel wird der Motor geregelt. Diese Achse des Knüppels sollte als einzige keine automatische Zentrierung durch eine Feder besitzen. Maximaler Schub wird gegeben, indem der Steuerknüppel bis zum Anschlag nach oben gedrückt wird. Um den Schub auf Leerlauf zu setzten muss der Knüppel ganz nach unten geschoben werden.

Höhenruder (elevator)

Mit dem Höhenruder wird das Flugzeug um die Querachse gesteuert, welche durch den Flügel hindurch geht. Eine Drehung um die Querachse ändert somit die Flugrichtung nach unten oder nach oben, vereinfacht gesagt kann dadurch das Flugzeug sinken oder steigen. Um die Flugrichtung nach oben zu ändern, wird am rechten Knüppel des Senders gezogen – die Ruderflächen des Höhenruders schlagen nach oben aus. Analog hierzu: Drücken des Knüppels – Höhenruder schlägt nach unten aus – als Folge ändert sich die Flugrichtung nach unten.

Seitenruder (rudder)

Das Seitenruder dient zur Drehung um die Hochachse des Flugzeuges, auch Gieren genannt. Wird der linke Steuerknüppel nach links bewegt, bewegt sich das Seitenruder entsprechend mit. Die anströmende Luft drückt das Flugzeugheck nach rechts, die Flugzeugnase nach links und das Flugzeug beginnt dadurch nach links zu gieren. Bei Ausschlag des Seitenruders nach rechts wird das Flugzeug entsprechend nach rechts gieren.

Querruder (aileron)

Für die Bewegung um die Längsachse, welche längs durch den Flugzeugrumpfes verläuft, sind die Querruder zuständig. Diese sind an der Hinterkante der Tragflächen angebracht und bewegen sich gegenläufig. Wird der rechte Knüppel des Senders nach links gedrückt, bewegt sich das linke Querruder nach oben und das rechte Querruder nach unten. Die anströmende Luft drückt dadurch die linke Tragfläche nach unten und die rechte nach oben. Das Flugzeug beginnt nach links zu rollen. Entsprechend funktioniert das Rollen auch auf die andere Seite.

Einfachere UA-Starrflügler besitzen nur ein Seitenruder und keine Querruder, um die Richtung zu steuern. Komplexere Flugsysteme haben zusätzlich zu den Querrudern Landeklappen, um mehr Auftrieb in der Start- und Landephase zu erzeugen, um damit geringere Start- und Landegeschwindigkeit zu erreichen. Zusätzlich gibt es Modelle mit Stör-, bzw. Bremsklappen (auch Butterfly genannt). Hiermit kann mehr Widerstand erzeugt und der Auftrieb verringert werden. Höhere Sinkgeschwindigkeiten und ein steilerer Landeanflug sind damit durchführbar.

4.1.6 Fluglage – und Assistenzsysteme, GPS

Im Gegensatz zu Starrflüglern müssen alle Multikopter zur Fluglagestabilisierung über eine komplexe Flugelektronik verfügen, damit das Fluggerät ohne Fernpiloteneingriff stabil in der Luft liegen kann und einfach steuerbar bleibt.
Zudem können weitere zusätzliche Sensoren Sonderfunktionen ermöglichen und Flugassistenzsysteme die Bedienung erleichtern. Sie ermöglichen bei einzelnen Systemausfällen eine Abwendung von Gefahren und Störungen (z.B. bei der Unterbrechung der Funkstrecke zwischen Copter und Sender oder bei Verlust des GPS-Signals).

Die meisten der folgenden Assistenzsysteme können neben dem Multikopter auch auf einem Flächenflugzeugen installiert sein:

- **Infrarot- und Ultraschallsensoren:** Diese können gemeinsam mit den Beschleunigungssensoren eine Abstandserkennung ermöglichen. Das UA kann damit Hindernissen ausweichen und ohne GPS exakt starten und landen.
- **Magnetsensor:** Ein UA kann mithilfe dieses Sensors in eine voreingestellte Richtung (Heading) fliegen. Besitzt das Flugmodell zudem ein GPS-System, kann dieses mit dem Magnetsensor unterstützt werden, um damit eine präzisere Orientierung und Navigation zu ermöglichen.
- Über die sogenannte **HeadFree/CareFree**, Funktion kann die Flugsteuerung mit einem Magnetsensor sehr vereinfacht werden. Da die meisten Multikopter eine symmetrische Bauform besitzen, ist es oft schwierig die Fluglage richtig zu erkennen, insbesondere wo beim dem Copter vorne und hinten ist. Ist die HeadFree/CareFree Funktion aktiviert, muss am Sender nur der entsprechenden Steuerknüppel nach hinten gedrückt werden und das Fluggerät fliegt unabhängig von der momentanen Fluglage auf den Fernpilot zu. So kann der Multikopter bei einem Orientierungs- oder Sichtverlust einfach und sicher zurückgeflogen werden.
- **Luftdrucksensoren:** Eine exakte Flughöhe kann mit diesem Sensor bestimmt werden. (siehe Kapitel 8.2.3)

A1/A3

Das Global Positioning System
Das Global Positioning System (**GPS**; deutsch **G**lobales **P**ositionsbestimmungs**s**ystem) ermöglicht eine völlig selbständige Orientierung des UAS-Autopiloten durch satellitengestützte Navigation. Mithilfe des GPS wird die Position im Koordinatensystem der Erde ermitteln. Dabei überträgt das GPS-Modul des UA die Längen- und Breitengrade, Geschwindigkeit und Höhe über und weitere Daten an die Flugsteuerung.
Das GPS sorgt dafür, dass ein UA auch bei starkem Wind die Position durch selbständiges Gegensteuern halten oder bestimmte Strecken über einzelne Wegpunkte reproduzierbar abfliegen kann (siehe dazu die nachstehenden „Flugmodi" im Kapitel 4.1.7).

Achtung! Das GPS-Signal der Satelliten kann jedoch gestört sein oder ausfallen und entbindet daher nicht von einer ständigen Überwachung des UA während des Fluges und vom aktiven Fliegen im Notfall durch den Fernpiloten.
Oft können hohe Hindernisse je nach relativer Position zum UA für teilweise Abschattung der empfangbaren Satellitensignale sorgen. Die dadurch hervorgerufenen Schwankungen in der Qualitäts- und Empfangsstärke beeinflussen die GPS-Genauigkeit und können erhebliche Auswirklungen auf die unten GPS gestützten genannten Flugmodi haben.
Starke Sonnenstürme können einen ähnlichen Effekt verursachen (siehe Kapitel 8.13).

4.1.7 Flugmodi

Mit einem Global Positioning System (GPS; deutsch Globales Positionsbestimmungssystem) wird das UA auf Kurs oder Position gehalten und es ermöglicht eine Vielzahl von Flugmodi für navigatorische Anwendungen und Sicherheitsfeatures. Die wichtigsten sind im Folgenden aufgelistet und kurz erläutert. Es ist zu beachten, dass diese Flugmodi je nach Flugmodell und Hersteller andere Bezeichnungen besitzen oder abgeänderte Eigenschaften aufweisen können.

Waypoint: Auf Deutsch wird „Waypoint" mit „Wegpunkt" übersetzt. Waypoints sind Koordinaten eines bestimmten Punktes. Mit der Wegpunkt-Navigation können voll automatisierte Drohnenflüge genauestens über eine Karten-Software programmiert und schlussendlich auf Knopfdruck absolviert werden. Das UAS kann dann eine Route entlang vordefinierter Waypoints abfliegen oder die Position an bestimmten Waypoints halten. Oft kann zusätzlich die Flughöhe über Grund oder Meeresspiegel und die Orientierung des UAS für Waypoints angegeben werden. Bei der Waypoint-Navigation muss jedoch sichergestellt sein, dass die Route den Fähigkeiten des UAS entspricht. So müssen die Flugzeit, Steigraten und Kurvenradien des UAS bei der Erstellung der Route konsequent und zweifelsfrei beachtet werden. Zudem darf der Flug nicht außerhalb des genehmigten Bereichs stattfinden, ein Problem was zum Beispiel bei zu großen Wenderadien des UAS auftreten könnte.

Position Hold: Der Kopter hält präzise seine Position, auch bei (starkem) Wind. Meistens wird die Funktion am Sender über einen Schalter oder durch die Neutralstellung der beiden Knüppel auf dem Sender aktiviert. Der Multikopter hält nun exakt seine Position.

Altitude Hold: Wie Position Hold, nur dass hier zusätzlich die Flughöhe gehalten wird
Dynamic Position Hold/Loiter Mode: Dieser Modus versucht automatisch, die aktuelle Position, den Kurs und die Höhe des Kopters durch GPS-Unterstützung beizubehalten. Der Pilot kann den Kopter wie in einem Art manuellen Flugmodus fliegen. Über den Sender muss nur die Flugrichtung und Geschwindigkeit vorgegeben werde, die Flugregelung hält den Kopter auf Kurs. So lässt sich die Position trotz Windeinflusses präzise verschieben. Werden die Steuerknüppel losgelassen, verlangsamt sich das UAS bis zum Stillstand und hält anschließend die Position. Der Kopter driftet auch bei Wind nicht ab. Diese Funktion ist sehr hilfreich bei Kameraflügen, da hier der Flugweg präzise über Grund eingehalten werden kann.

Manual Mode/Stabilize Mode: In diesem Modus „Stabilisieren" kann der Kopter manuell gesteuert werden, wobei die Roll- und Nickachse weiterhin durch die Flugregelung stabilisiert wird. Im Vergleich zum Dynamic Position Hold/Loiter Mode wird der Kopter entsprechend der Windgeschwindigkeit leewärts verlagert, da dieser Modus keine GPS-Unterstützung enthält. Dieser Modus ist nicht für Fluganfänger geeignet und bedarf gewisser Steuerfähigkeiten.

Coming Home/Return-to-Home (RTH)/Return-to-Launch (RTL): Wird meistens durch einen Schalter am Sender aktiviert und befiehlt dem UA zurück zum Startpunkt zu fliegen. Diese Funktion sollte unverzüglich bei einem Orientierungs- und Sichtverlust des UAS angewendet werden. Die GPS-Position des Startpunktes wird hierfür bei den meisten Systemen während des Neustarts der Motoren neu initialisiert und gespeichert. Zudem kann bei den meisten Systemen auch eine vordefinierte Höhe einprogrammiert werden.

Fail Safe: Das UA kehrt nach einem Verlust der Datenlinkverbindung/ Funkverbindung (command & control) möglichst sicher und selbstständig zum Startpunkt zurück und landet dort gegebenenfalls. Die Fail-Safe-Funktion ist daher nichts anderes als die Coming-Home-Funktion, wird aber durch das UA bei Verlust der Fernsteuerungs-Funkverbindung automatisch ausgeführt.
Fail Safe kann auch bei einem Akkuspannungsabfall aktiv werden. Unterschreitet die Spannung eine kritische (voreingestellte) Grenze, steuert das UAS automatisch zum Home-Punkt zurück und landet. Ein Ausfall des Flugantriebes und einer Tiefenentladung des Akkus wird damit vorgebeugt. Fernpiloten werden meistens über eine Anzeige oder akustische Signale auf dem Sender beim Eintritt eines Spannungsabfalls und einer aktiven Fail-Safe-Funktion gewarnt.

Follow-Me ermöglicht es dem UAS, einem Objekt oder einer Person automatisch zu folgen. Sie verwendet entweder GPS (um ein Signal eines verbundenen Geräts wie eines Smartphones zu verfolgen) oder visuelles Tracking und Bildverarbeitungstechnologien (die Drohne erkennt das Zielobjekt mit ihrer Kamera). Diese Funktion ist ideal für Aufnahmen bei Aktivitäten wie Sport oder Outdoor-Aufnahmen, ohne dass der Fernpilot das UAS ständig steuern muss.

Orbit-Modus bei UAS ermöglicht es einem UAS, in einem Kreis um ein ausgewähltes Zielobjekt, auch **Point of Interest (POI)** genannt, zu fliegen. Dabei bleibt die Kamera auf das zentrale Objekt gerichtet, sodass eine gleichmäßige, kreisförmige Aufnahme entsteht. Dieser Modus ist ideal, um Rundumaufnahmen von Landschaften, Gebäuden oder Personen zu erstellen.

Fail Safe/Coming Home/Return-to-Home/Return-to-Launch (RTH) muss jedoch in der Steuerelektronik richtig konfiguriert und einprogrammiert werden. Unbedingt die Herstellerangaben beachten. Über das Betriebshandbuch wird ermitteln, wie die Betriebsart aktiviert wird, welche Reaktionen des Systems bei Aktivierung ausgelöst werden und welche Werte initialisiert bzw. voreingestellt werden müssen und können, damit das System so reagiert, wie gewünscht.

4.1.8 Eigenschaften Funkwellen

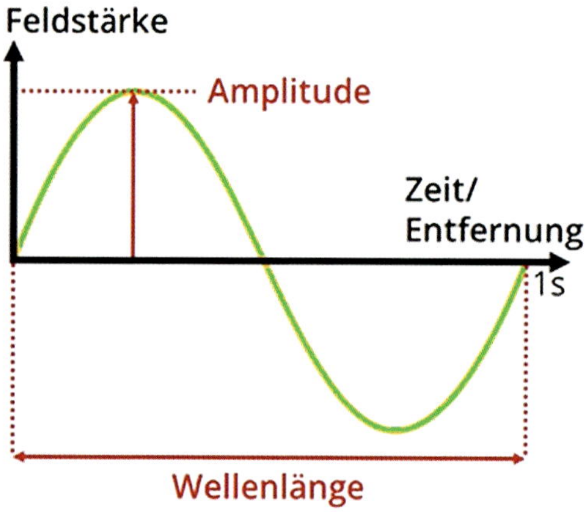

Abb 57: Darstellung einer Schwingung

Bei der Funkkommunikation werden Informationen anhand von elektromagnetischen Wellen mit (fast) Lichtgeschwindigkeit zwischen einem Sender und einem Empfänger (Detektor) übertragen. Dieses Prinzip findet im Alltag bei zahllosen Anwendungen der drahtlosen Kommunikationen Verwendung. Einige Beispiele sind hierzu Radio, Mobiltelefone, Fernsehen oder WLAN. Auch das sichtbare Licht unterliegt diesen physikalischen Eigenschaften.

Elektromagnetische Wellen breiten sich in Stoffen und im Vakuum aus und somit auch über die Luft. Bei einer elektromagnetischen Welle handelt es sich dabei um ein Muster, auch Störung genannt, das sich in einer festen Form ausbreitet. Vereinfacht gesagt, schwingt bei einer Welle etwas periodisch auf und ab. Die Wellenlänge ist dabei die Distanz in der Ausbreitungsrichtung der Welle, bis eine volle Schwingung (Ausschlag nach oben und nach unten) durchlaufen ist. Die Amplitude beschreibt den maximalen Ausschlag um den Nullpunkt (Abb. 57).

Als Frequenz ist die Anzahl der Schwingungen pro Zeit definiert und hat die Einheit Hertz (Hz). Die Frequenz 1 Hz beschreibt eine Schwingung pro Sekunde. Umso höher die Frequenz umso energiereicher ist die elektromagnetische Welle und umso mehr Daten können pro Zeiteinheit übertragen werden. In der Funktechnik sind daher sehr hohe Frequenzen üblich, bei WLAN zum Beispiel 2,4 GHz, was 2,4 Millionen Schwingungen pro Sekunde entspricht, um überhaupt die große Anzahl an Datenmengen übertragen zu können. Die Beziehung zwischen der Wellenlänge und der Frequenz ist umgekehrt proportional. Je höher die Frequenz, desto kleiner die Wellenlänge und umgekehrt.

Damit zwischen einem Sender und Empfänger Daten über eine Welle transportiert werden können, müssen der Welle auf eine bekannte Art Informationen aufgeprägt sein. Dies wird durch das Verändern von Welleneigenschaften, der so genannten Modulation erreicht. Die meistverwendeten Modulationsarten sind Frequenz- und Amplitudenmodulation (Abb. 58 und 58). Bei der Frequenzmodulation wird die Frequenz geringfügig angepasst, bei der Amplitudenmodulation die Amplitude.

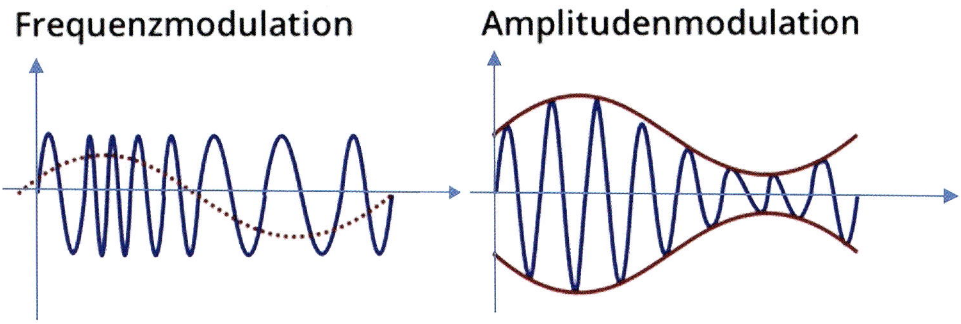

Abb 58 & 59: Modulationsarten

Ab einer Frequenz von ca. 30 Hz breitet sich eine elektromagnetische Welle als so genannte „direkte Wellen" (quasioptisch) aus. Das bedeutet, dass sie sich wie das sichtbare Licht geradlinig vom Sender ausbreitet und durch Hindernisse aufgehalten werden kann und reflektiert wird. Wie der Schatten bei Sonnenlicht, bildet sich hinter Hindernissen ein Funkschatten aus. In diesem Bereich ist ein kaum ungestörter Funkempfang zu erwarten. Es muss daher immer darauf geachtet werden, dass zwischen Sender und Empfänger, also der Sender (Fernsteuerung oder Bodenstation) und dem UA, stetig eine direkte Sichtverbindung besteht.

4.1.9 Datenlink/Datenverbindung (command & control)

Elektromagnetische Wellen sind nach ihrer Frequenz bzw. nach ihrer Wellenlänge im elektromagnetischen Spektrum eingeteilt (Abb. 60). Das sichtbare Licht (385 THz – 789 THz) stellt zum Beispiel einen kleinen Teil des gesamten Spektrums dar und ist mit Ausnahme der Infrarotstrahlung (Wärme), der einzige Bereich, der von Menschen ohne technische Hilfsmittel wahrgenommen werden kann.
Die Funkübertragung zwischen der Fernsteuerung und des Empfängers an Bord des UAS wird bei kommerziellen Drohnen in der EU fast ausschließlich mit einer Sende- und Empfangsfrequenz von 2,4 GHz, 868 MHz oder 433 MHz durchgeführt. Der Vorteil von niedrigen Frequenzen ist, dass sie eine große Reichweite haben und weniger empfindlich auf Abschattungen sind, jedoch nur geringe Datenmengen übertragen können. Daneben gibt es Infrarotfernsteuerungen für kleinere und preisgünstige UAS, die jedoch aufgrund der geringeren Reichweite nur für den Innenbereich gedacht sind.

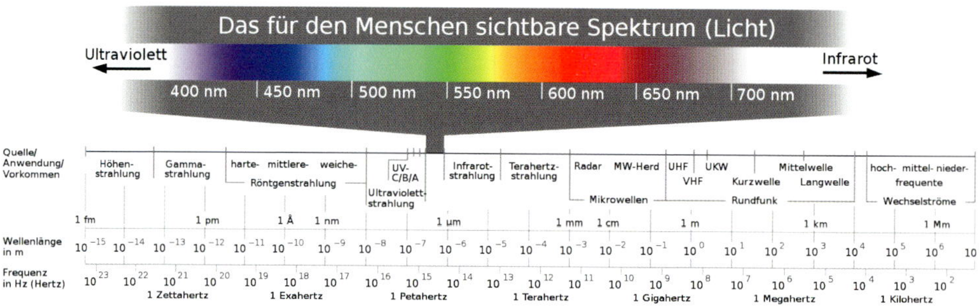

Abb 60: Elektromagnetisches Spektrum mit sichtbarem Spektrum im Detail. Die Energie der elektromagnetischen Strahlung steigt von den Radiowellen zu den Röntgenstrahlen an. Die Energie der elektromagnetischen Strahlung steigt von den Radiowellen zu den Röntgenstrahlen an. Quelle: Wikipedia, Horst Frank / Phrood / Anony – Horst Frank, Jailbird and Phrood CC BY-SA 3.0

So bricht bei einem Sender mit 2,4 GHz oder niedrigeren Frequenzen die Steuerung auch dann nicht sofort ab, wenn sich ein Hindernis wie eine Person oder ein Baum zwischen Fernsteuerung und UAS befindet. Bei der Verwendung von WLAN/Wi-Fi als Übertragungssystem bei UAS können sehr hohe Datenmengen übertragen werden. Jedoch arbeitet WLAN/Wi-Fi im hochfrequenten UHF-Bereich (*Ultra High Frequency*), wodurch die Reichweite auf ein paar hunderte Meter begrenzt ist.

Je nach System werden die Signale in einer Kombination aus Frequenz- und Amplitudenmodulation gesendet. Die verwendeten Frequenzen und Sendestärken müssen den zulässigen Werten des jeweiligen Einsatzgebietes entsprechen. Für Flüge innerhalb Deutschlands ist hierfür die Bundes Netz Agentur (BNA) zuständig. Die meisten Bildübertragungen bei an Bord befindlichen Kamerasystemen finden ebenfalls über diese Frequenzen statt, wobei hier auch der Einsatz von 5,8 GHz zum Einsatz kommt. Neuere Flugsysteme ermöglichen zum Teil auch eine Flugüberwachung und Steuerung sowie die Bildübertragung, über eine 4G LTE-Verbindung.

Die Reichweite der Funkverbindung (command & control) muss vor jedem Flug getestet werden und ist ein wichtiger Checklistenpunkt in der Flugvorbereitung!

Umgebungsbedingungen können auf die Reichweite und Empfangsqualität Einfluss nehmen. Wasserdampf hat die Eigenschaft Funkwellen zum Teil zu absorbieren. Bei hoher Luftfeuchtigkeit kann deshalb die Reichweite der Funkverbindung und Empfangsstärke stark heruntergesetzt sein. Auch wie in Kapitel 4.1.8 beschrieben, stören zudem Hindernisse die Ausbreitung von Funkwellen und können zu einem Verlust der Funkverbindung führen.

4.1.10 Fernidentifizierung

Um zu vermeiden, dass ein UA versehentlich auf den Sender einer anderen Person reagiert, werden Sender und Empfänger mit Hilfe eines Identifizierungscodes, RFID Codes (Radio Frequency IDentification) gekoppelt. Bei der Übertragung des Signals wird diesem ein RFID-Präfix hinzugefügt. Durch die Kopplung mit diesem Präfix kann das Funksignal eindeutig identifiziert werden. Dies ist nicht zu verwechseln mit der RemoteID.

4.2 FLUGLEISTUNG EINES UAS UND LIMITS (auch A2)

A1/A3

A2

4.2.1 Anweisungen Benutzerhandbuch des UAS

Ziel des Benutzerhandbuchs ist es, dem Fernpiloten ein tiefgreifendes Systemverständnis zu ermöglichen. Dies ist die Voraussetzung, um das UAS in jeder Situation sicher führen zu können. Die wichtigsten Kernpunkte umfassen:

- Einschränkungen (z. B. Masse, Geschwindigkeit, Umgebung, Batteriedauer usw.);
- Steuern der UAS in allen Flugphasen (z. B. Start, Schweben in der Luft, falls zutreffend, Grundmuster fliegen und landen);
  - Normalbetrieb-Verfahren
  - Notbetrieb-Verfahren
- Merkmale, die die Flugsicherheit beeinträchtigen;
- Einstellen der Parameter der Prozeduren für verlorene Verbindungen;
- Einstellen der maximalen Höhe;
- Verfahren zum Laden der Daten von geografischen Gebieten in das Geosensibilisierungs-System;
- Verfahren zum Laden der UAS-Betreiberregistrierungsnummer in das direkte Fernidentifikationssystem;
- Sicherheitsüberlegungen:

4.2.2 Hauptkomponenten des UAS

UA bestehen völlig unabhängig von der konkreten Konstruktionsweise prinzipiell immer aus folgenden Komponenten/Systemen:

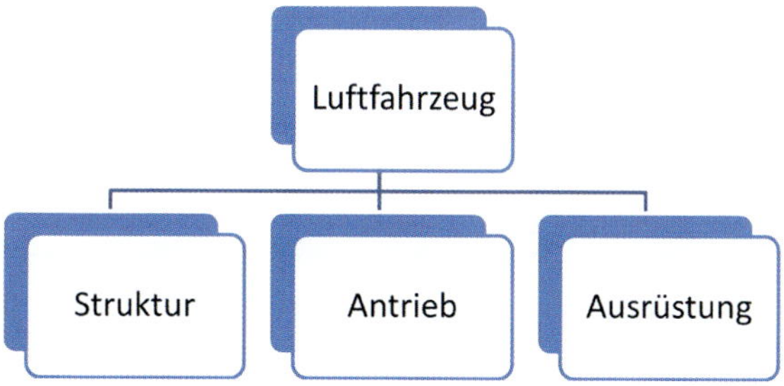

Abb 61: Komponenten eines Luftfahrzeugs

Bei den UAS kommen noch die Bodenkontrollstation und evtl. darin integriert die Datenfernverbindungseinrichtung dazu. Dafür fallen dann im UA alle für Piloten erforderlichen Einrichtungen weg.

4.2.2.1 Die Strukturkomponente (Flugwerk)

Alle Teile eines Luftfahrzeugs sind strukturell miteinander verbunden, um die Lasten aus den unterschiedlichen Quellen (Strömungslasten, Beschleunigungslasten, Impulslasten) miteinander zu verbinden. Das ist eine rein mechanische Aufgabe, die durch kraftschlüssige Verbindungen der Bauteile der Luftfahrzeugstruktur übernommen wird. Die Strukturteile werden aus möglichst leichten aber hochfesten Materialien hergestellt (zum Beispiel mit Glasfasern oder Kohlenstofffasern verstärkte Kunststoffe) und so konstruiert, dass die an der jeweiligen Stelle aufzunehmenden Lasten sicher aufgenommen werden können.

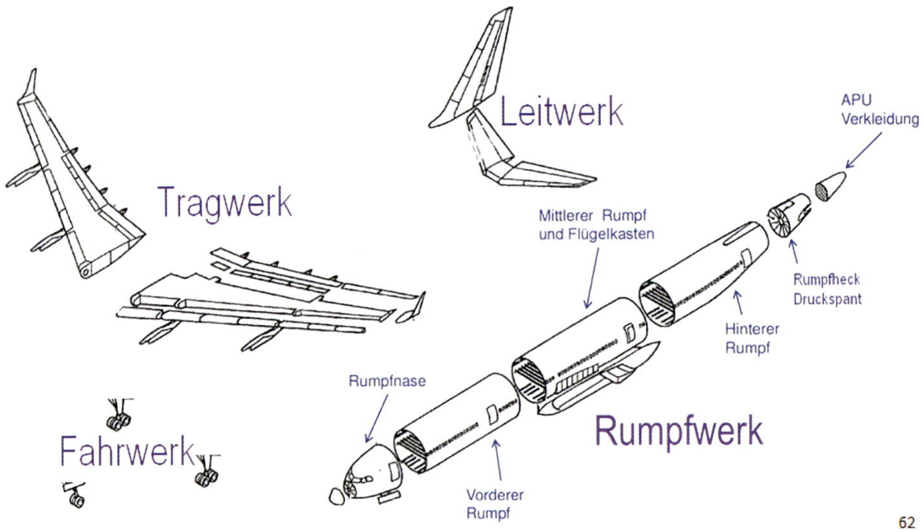

Abb 62: Strukturkomponenten eines Starrflügel-Luftfahrzeugs

Ideal wäre es, alles aus einem Stück zu fertigen, das geht aber nur beim 3D-Druck. Bei den bisher konventionellen Herstellungsverfahren werden einzelnen Strukturbauteile für den jeweiligen Hauptzweck optimiert und durch Verbindungen miteinander gekoppelt. Die Verbindungsstellen koppeln die jeweiligen Bauteile und leiten die in diesen enthaltenen Kräfte weiter zu den Stellen der zugehörigen Gegenkräfte.
Wegen den unterschiedlichen Funktionen solcher Strukturelemente wird untergliedert in (Abb. 62):

- Rumpfwerk (zentrales „Gehäuse“)
- Tragwerk (nur bei Starrflüglern UA)
- Leitwerk (nur bei Starrflüglern UA)
- Fahrwerk
- Steuerwerk (auch bei rein elektrischer Übertragung)

Das **Rumpfwerk** ist der zentrale Kern / das Gehäuse des UA, an dem alle anderen Strukturteile und angeschraubt oder angeklebt sind. Im einfachsten Fall kann das eine zentrale Platte sein auf der die übrigen Komponenten wie Antriebssystem und Ausrüstung angebracht sind.

Das **Tragwerk** ist eine Strukturbaugruppe, die es nur bei Starrflüglern gibt. An ihm greifen die Strömungskräfte an, wie z.B. der durch die Vorwärtsbewegung erzeugte Auftrieb. Da im Schwerpunkt des UA (im Rumpfwerk) die Gesamtmasse des UA zu tragen ist, müssen die Auftriebskräfte dorthin übertragen werden, wo die Beschleunigungskräfte (Erdanziehungskraft / Fliehkräfte) angreifen.

Das **Leitwerk** gibt es auch nur bei Starrflüglern. Seine Aufgabe ist die Erzeugung und Weiterleitung der Querkräfte und Drehmomente, die zum Ändern der Flugbahn erforderlich sind. Dazu sind bewegliche Steuerflächen eingebaut, die durch Ausschlag gegenüber der Strömung Querkräfte hervorrufen. Deren Hebelwirkung um den Schwerpunkt erzeugt damit das Drehmoment für die gewünschte Flugbahnänderung.

Das **Fahrwerk** sieht bei den verschiedenen Luftfahrzeugmustern recht unterschiedlich aus (Kufen, Stäbe, Luftkissen, Räder, etc.). Alle UA benötigen aber ein wie auch immer geartetes Fahrwerk. Es dient immer dem einzigen Zweck, dem UA einen sicheren Stand oder das Rollen auf dem Boden zu ermöglichen, sowie ggfls. Landestöße abzufedern, wenn es mal unsanfter beim Aufsetzen zugeht.

Das **Steuerwerk** sorgt dafür, dass die Kommandos der Fernpiloten an den jewei- ligen Bauteilen ankommen, die die Steuerkräfte / Drehmomente erzeugen sollen. Je nach Bauform des UA sind das die Steuerflächen des Leitwerks (Starrflügler) oder die Drehzahlregler der Motoren (Multikopter) oder der Verstellmechanismus der Propeller/Rotoren (Drehflügler). Die Weiterleitung der Steuersignale kann mechanisch, elektrisch, hydraulisch, pneumatisch oder auch gemischt aus mehreren dieser Übertragungsformen erfolgen.

4.2.2.2 Die Antriebskomponente

Unter Antrieb eines Luftfahrzeugs wird die Erzeugung von Vortriebs-, Auftriebs- und Steuerkräften verstanden. Die dazu benötigte Energie muss irgendwie bereitgestellt und den jeweiligen Krafterzeugern zugeleitet werden.

Das **Antriebssystem** besteht demzufolge aus Energiequellen (i.d.R. Batterien / Akkumulatoren oder Kraftstofftanks) und deren Energieverteilung, den Aggregaten der Leistungserzeugung (i.d.R. Motoren / Triebwerke) und deren Steuerung, sowie die zugehörigen Propeller/Rotoren/Schubdüsen als Krafterzeuger. Weiter existieren Bauformen mit Getrieben und Hilfsaggregaten.

- Energiespeicher (Akkumulator(en), Tanks)
- Energieverteilungs-System, (Leitungen, Ventile)
- Leistungserzeuger (Triebwerk / Motor)
- Leistungs- / Drehzahlregler / Governor / Getriebe
- Luftkrafterzeuger (Propeller (Vortriebskräfte), Rotoren (Auftriebskräfte))

Bei den meisten UA werden elektrische Antriebe verwendet. Der Exot „Verbrennungsantrieb“ wird deshalb in diesem Buch nicht betrachtet.

A2

Im **Energiespeicher** wird die benötigte Ressource „Energieträger" in der für die Leistungserzeugung erforderlichen Form eingebracht. Bei der elektrischen Energie sind das die chemischen Verbindungen, deren Zusammenwirken in galvanischen Zellen die Elektronen freisetzen, die als Strom den Elektromotoren zugeführt werden. Die chemischen Verbindungen sind i.d.R in Batterien (Primärzellen) oder Akkumulatoren (wiederaufladbare Batterien, Sekundärzellen) eingebracht oder in Tanks für Brennstoffzellen (Dauerbetrieb-Batterie, Tertiär-Zellen) bereitgestellt.

Die **Energieverteilung** besteht bei elektrischen Systemen aus Leitungen, die die Elektronen aus dem Energiespeicher entnehmen und über ein Verteilungssystem mit Schaltern, Relais, Drosseln (Widerständen) und Puffern (Kondensatoren) den Reglern der Elektromotoren zuführen.

Die **Leistungsregler** dosieren die Stromstärke für den Elektromotor als Leistungserzeuger in Abhängigkeit der Steuerkommandos, die entweder von Fernpilot:innen und / oder von Flugreglern / Autopiloten generiert werden. Ziel ist dabei, die benötigte Leistung für die Luftkrafterzeuger bereitzustellen die diese für die Erzeugung der gewünschten Bewegungsformen des UA brauchen. Beim Elektromotor wird der Leistungsregler „Drehmomentregler" oder auch „Drehzahlregler" ESC (*Electronic Speed Controller*) genannt.

Bei manchen Antrieben soll die Drehzahl der Luftkrafterzeuger (Propeller / Rotoren) aber konstant bleiben. Dann sorgt ein zusätzlicher Regler (Governor) für die Verstellung (Anstellung) der Propeller-/Rotorblätter und somit für unterschiedlich große Luftkräfte bei konstanter Drehzahl und zugehörigem Drehmoment.

Die **Leistungserzeuger** „Elektromotor" bestehen aus den Bauelementen Permanent- und/oder Elektromagnet in Form von Spulen auf Statoren (feststehende Teile) und Rotoren (rotierende Teile), bei denen eine Änderung des durchfließenden elektrischen Stroms eine unterschiedliche Rotationskraft (Drehmoment) erzeugt. Dieses Drehmoment wird über die Rotorwelle mechanisch auf den Luftkrafterzeuger (Propeller- oder Rotorblatt) geleitet.

Ein **Luftkrafterzeuger** (Propeller / Rotor) ist nichts anderes als ein Tragflügel, der die Anströmung nicht durch geradlinige Vorwärtsbewegung erhält, sondern durch Kreisbewegung. Wenn sich der Propeller/Rotor dreht, drückt er Luft durch seine Propellerebene in Achsrichtung nach hinten; durch die strömende Luft entlang des Flügelprofils werden vertikale Oberflächenkräfte erzeugt. Beide Effekte ergeben zusammen die Auftriebskraft des Drehflügels. Somit wird die Drehbewegung des Motors je nach Ausrichtung der Drehachse in eine Vorwärts bzw. Aufwärtsbewegung des Luftfahrzeuges umgewandelt. (Siehe dazu auch Kapitel 4.1.1.1 Auftrieb)

Aus Symmetriegründen werden immer mehrere Tragflügel (Propeller-/Rotor-Blätter) um eine Achse zu einem Propeller / Rotor verbunden; Es gibt Zweiblatt-, Dreiblatt- Vierblatt- bis hin zu Vielblatt-Propellern/Rotoren. Die größte Anzahl befindet sich in den Verdichtern und Turbinen der Strahltriebwerke. Dort heißen sie dann nicht mehr Blätter sondern Schaufeln.

4.2.3 Masse Schwerpunktermittlung

4.2.3.1 Begriff der Masse

Seit der Vereinheitlichung der physikalischen Größen gibt die ICAO für die Luftfahrt in Annex 5 „units of measurement" die Verwendung der SI-Basiseinheiten für die Luftfahrt vor. Die Masse ist eine sogenannte „systemimmanente" Eigenschaft eines Körpers und wird als Basisgröße mit dem Zeichen „m" in der SI-Basiseinheit Kilogramm [kg] angegeben. Die direkte Messung der Masse erfolgt am ruhenden Körper durch Vergleich mit einer Referenzmasse. Zwei Massen sind gleich, wenn sie im selben „Schwerefeld" die gleiche „Gewichtskraft" haben. Dies kann man z.B. mit einer „Balkenwaage" überprüfen. Im Gegensatz zur Masse ist das Gewicht einer Masse (korrekt die Gewichtskraft) abhängig von der örtlich herrschenden Gravitation (Erdanziehungsbeschleunigung), die auf der Erde im Mittel 9,81 m/s^2 beträgt. Somit handelt es sich beim Gewicht um eine Kraft, die sich aus der oben genannten Masse eines Körpers und der Beschleunigung infolge der Gravitation berechnen lässt.
Die Kraft wird seither in der SI-Einheit Newton [N] angegeben. Ein Newton entspricht dabei der Kraft, mit der die Masse von 1 kg durch die mittlere Erdbeschleunigung am Boden angezogen wird: 1kg „wiegt" also in Bodennähe ca. 10N (genauer 9,81N).
Da die Erdbeschleunigung sich mit dem Abstand von dem Gravitationszentrum der Erde nichtlinear verringert, ist das Gewicht ein und desselben UAS in unterschiedlichen Höhen nicht gleich. Das UA benötigt also in größeren Flughöhen weniger Auftriebskraft und damit Leistung. Der Effekt wird aber leider durch die in der Höhe geringere Luftdichte wieder zunichte gemacht (siehe Meteorologie).

4.2.3.2 Masse-Unterteilungen

Bei einem Luftfahrzeug werden u.a. die folgenden Massen unterschieden:
- Leermasse (Empty Mass, EM)
- Nutzlastmasse (Payload Mass, PM)
- Rüstmasse (Basic Mass, BM)
- Startmasse (Take-Off Mass, TOM)

Es gibt auch noch feinere Untergliederungen. Die Leermasse ist die bei der vom Hersteller durchgeführten Wägung ermittelte Masse. Sie umfasst nicht nur die UA-Struktur (ohne Boden Kontroll-Station, BKS), sondern in der Regel auch die betriebsnotwendigen Einbauten. Dazu gehören die Massen von:
- Struktur
- Antriebssystemen
- Standardausrüstung
- Betriebsnotwendigen Sensoren und Bordanlagen
- Nicht wechselbaren Betriebsstoffen
- Weiteren erforderlichen Systemflüssigkeiten Die Rüstmasse besteht aus:
- dem o.a. Leergewicht, ergänzt um
- zusätzliche Ausrüstung des UA.

Die Nutzlastmasse / Zuladung setzt sich aus allem zusammen, was zusätzlich an Bord geladen oder am UA befestigt wird (Nutzlasten), und nicht bei der Rüstmasse eingeschlossen ist. Dies sind zum Beispiel:

- die ausfliegbaren Treibstoffe (bei Verbrennungsmotoren) oder Akkus
- die wechselbaren Betriebs-Flüssigkeiten
- Gepäck und Fracht
- Betriebsnutzlasten wie Messgeräte, Kameras, etc.
- Sonstige nicht fest eingebaute Gegenstände
- Besatzung und Passagiere (zukünftig bei unbemannten Lufttaxis) Die Startmasse oder Abflugmasse besteht aus der Summe von
- Rüstmasse und
- Zuladung

zum Startzeitpunkt.

Die vom Hersteller vorgegebene maximal zulässige Startmasse (Maximum Take-Off Mass, kurz MTOM) darf in keinen Fall überschritten werden. Hintergrund sind die berechneten Lasten auf die Struktur und der erforderliche Auftrieb um überhaupt abheben und manövrieren zu können. Bei Überschreitung droht evtl. Zerstörung des UA in der Luft und/oder eingeschränkte Flugfähigkeit.
Führen Sie zur Sicherheit vor dem Flug lieber eine Schwerpunktwägung durch und reduzieren, wenn erforderlich, einzelne Komponenten der Nutzlast/Zuladung oder Zusatzausrüstung.

4.2.3.3 Schwerpunkt

Da die einzelnen Masseelemente (Teile des UA und seiner Zuladung) geometrisch nicht an einer einzigen Stelle angesiedelt sind, ergibt sich eine Verteilung entlang der UA-Struktur. Es kann also je nach Anordnung passieren, dass die Masseverteilung unsymmetrisch ist und wie bei einer Wippe dazu führt, dass das UA auf eine Seite kippt. Am Boden ist das noch nicht so schlimm aber in der Luft absolut unerwünscht und evtl. sogar gefährlich.
Den Angriffspunkt der Summe aller Gewichtskräfte nennt man „Schwerpunkt“ (Center of Gravity, CG). Den Angriffspunkt der Summe aller Auftriebskräfte des UA nennt man „Druckpunkt“ oder Auftriebsmittelpunkt (Center of Lift, CL, siehe Abbildung 63). Die Verteilung der Einzelmassen muss so organisiert werden, dass die Summe aller Gewichtskräfte der Summe der Auftriebskräfte exakt entgegen gerichtet ist. Andernfalls erhalten sie ein Moment gebildet aus dem Kräftepaar der Summenkräfte multipliziert mit deren Abstand und das UA rotiert entsprechend, solange sie nicht mit einem entgegen gerichteten Steuermoment kompensiert werden können.
Dieser Zusammenhang gilt für alle Bauformen von UA. Bei Starrflügel-UA sind die Auswirkungen auf die Flugeigenschaften jedoch gravierender als bei Multirotor-UA. Den Bereich, den die Lage des Schwerpunkts relativ zur UA-Struktur bei unterschiedlichen Zuladungen einnehmen kann nennt man Schwerpunktbereich (Abb. 63). Der Hersteller berechnet zulässige Grenzwerte dieser CG-Lagen, damit das UA noch sicher betrieben werden kann und schreibt die Grenzen der zulässigen Schwerpunktlage ins Betriebshandbuch des gelieferten UA.
Fernpiloten erhalten anhand einer Beladungstabelle (Tabelle 8) die Möglichkeit, selbst die tatsächliche Lage des Schwerpunktes zu bestimmen und gegen die Be- reichsgrenzen zu prüfen.

Als Beispiel sind die einzelnen Werte zu Beladung eines UA in die Tabelle eingetragen. Damit erhalten Fernpiloten sowohl die Abflugmasse als auch das Gesamtmoment bzw. den Hebelarm, der von einer definierten Bezugsebene aus gerechnet ist.
Wenn in diesem Beispiel eines Starrflügel-UA die zulässige Gesamtmasse 15 kg beträgt und der zulässige Hebelarm zur Bezugsebene zwischen 2.4 und 2.7 m liegt, fliegt das UA im zulässigen und somit sicheren Bereich.
Sollte der Schwerpunkt bei der Berechnung mal außerhalb des zulässigen Bereichs liegen, muss eine Umverteilung der Massen vorgenommen werden.

	Masse [Kg]	**Hebelarm [m]**	**Moment [Kgm]**
Leergewicht: (laut Flughandbuch / Wägebericht)	4,53	2,25	10,193
Akku: links vorn	0,8	1,88	1,504
Akku: rechts vorn	0,7	1,98	1,386
Kamera: max. 1,5 kg	1,2	2,15	2,58
Treibstoff spez.Gew. 0,72 Kg/l; max. 15 l	7,2	2,85	20,52
andere Nutzlasten:	0	0	0
Ergebnisse:	14,43	2,507	36,183
max zulässig: (gemäß Handbuch)	15	2,4 bis 2,7	

Tabelle 8: Ermittlung von Abflugmasse und Schwerpunklage

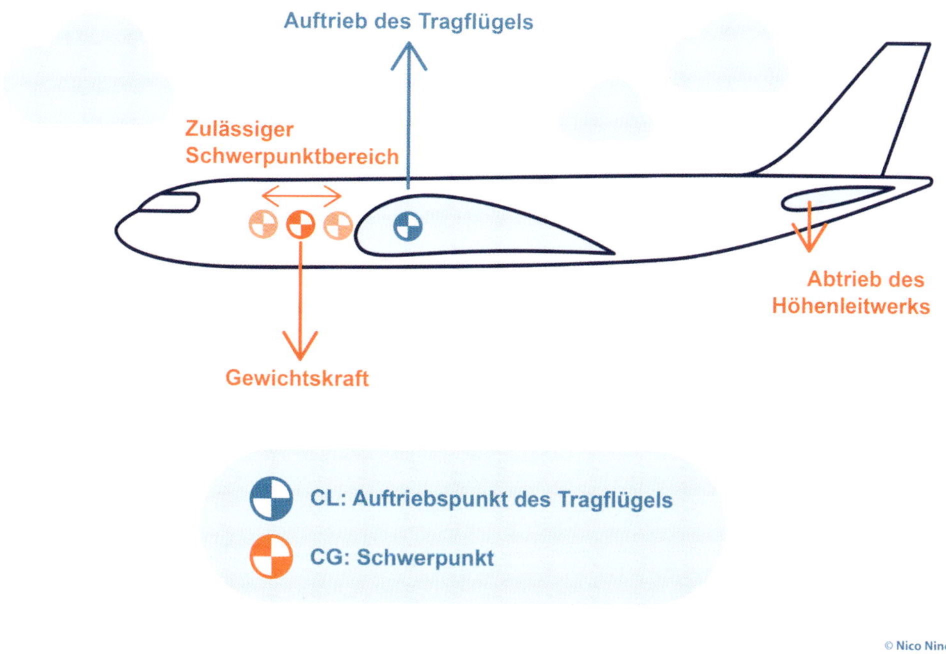

Abb 63: Verteilung der Auf-, Abtriebskräfte und der Gewichtskraft im zulässigen Schwerpunktbereich bei einem Starrflügler.

4.2.3.4 Schwerpunktverschiebung

A2 Wenn die Lokalisierung der einzelnen Nutzlasten frei wählbar ist, sollte versucht werden die Nutzlast möglichst genau im Schwerpunkt des UA zu befestigen.
Liegt die Gesamtmasse noch unterhalb der zulässigen Grenze, kann mit Ausgleichsmassen eine eventuelle Schwerpunktverschiebung vorgenommen werden. Nachfolgend soll dies anhand von einem Beispiel verdeutlicht werden:
Als Drehpunkt versteht man in der Mechanik einen feststehenden Punkt, um den sich ein Körper unter Einwirkung von Kräften (F) drehen kann. Um das in Abbildung 64 abgebildete System im Gleichgewicht zu halten, muss die Gewichtskraft der Last auf der linken Seite durch eine Kraft derselben Größe auf der rechten Seite ausgeglichen werden. Dazu kann die Länge des Lastarmes IL und zusätzlich die Last FL (Gewichtskraft) also das Drehmoment FL * IL verändert werden. Die gesamte Auflagerkraft, welche auf den Drehpunkt wirkt ist die Summe der beiden Kräfte Last (F_L) und Kraft (F_K).

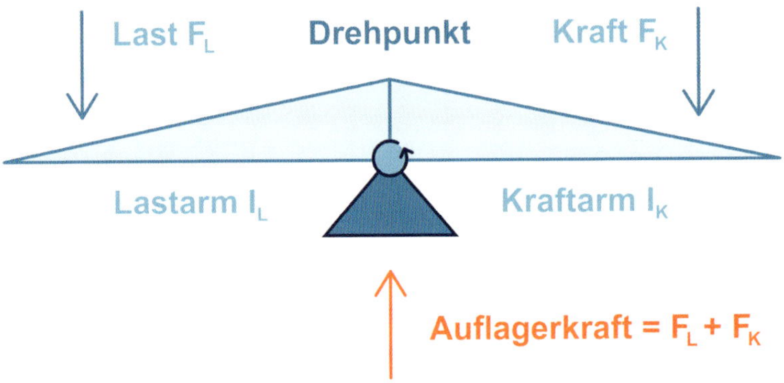

Abb 64: Schematische Darstellung eines Hebels um den Drehpunkt in der Mitte. Quelle: Nico Ninov

In Abbildung 65 ist nun ein Rechenbespiel gegeben. Wie groß muss die Kraft X sein, um ein Gleichgewicht herzustellen? (Die Lösung steht in der Bildunterschrift).

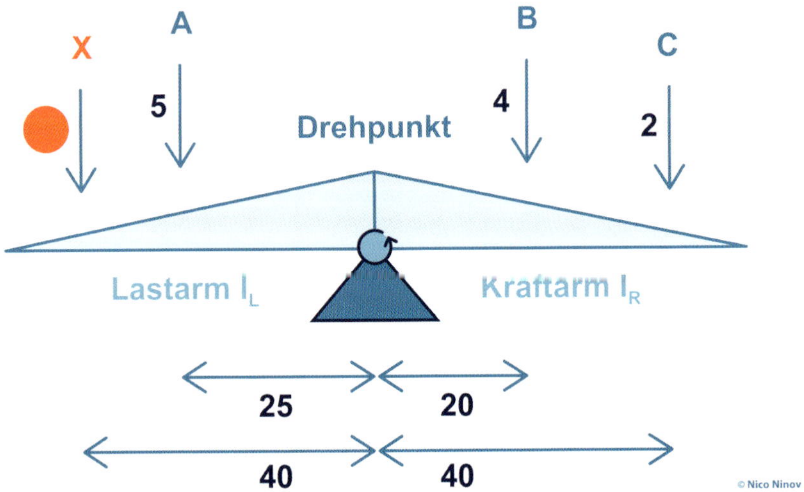

Abb 65 zu Lernfragen: Die Lösung für die Rüstkraft (X) lautet 0,875. Quelle: Nico Ninov

4.2.4 Typische Flugleistungen und Betriebsbereiche Multikopter, Flächenflugzeug und Hybrid

4.2.4.1 Betriebsbereiche

Um die Flugleistungen von UAS beurteilen zu können, ist die Kenntnis der typischen Betriebskonzepte unbemannter Luftfahrzeuge und deren dabei abgedeckten Betriebsbereiche erforderlich.
Die unterschiedlichen Betriebskonzepte wie:
- ein VTOL (vertical take off and landing), also ein senkrechtstartfähiges Starrflügel-UA,
- ein „normaler Multikopter", also ein Multirotor-UA,
- ein auf dem Katapult gestartetes Modell, z.B. ein strahlgetriebenes Starrflügel-UA oder
- ein Drehflügler wie Hubschrauber / Tragschrauber, also ein Singlerotor-UA

haben total unterschiedliche Betriebsbereiche und ihre Flugleistungen und Flugeigenschaften liegen diametral auseinander. Um ein UA auf seinen Einsatzzweck hin zu optimieren, greift der Konstrukteur in seinen Baukasten und versucht durch geschickte Kombination von Bauformen und Konstruktionsmerkmalen die optimalen Leistungen zu erreichen. Bauartbedingt unterscheiden sich die Betriebsformen von UA durch die Art
- ihres Antriebs
- Ihrer Auftriebserzeugung
- Ihrer Startmethode
- Ihrer Landemethode
- Ihrer programmierten Betriebsarten

Ihr Betriebshandbuch verrät Ihnen welche Details bei Ihrem UA realisiert wurden und zu beachten sind.
Bei der **Antriebsart** ist entscheidend welche Fluggeschwindigkeit erreicht werden soll. Hohe Fluggeschwindigkeiten sind eher mit Rückstoßantrieben zu erreichen, während niedrige Geschwindigkeitsbereiche effizienter mit Propellerantrieb realisiert werden. Dabei spielt der Strahldurchmesser der nach hinten beschleunigten Teilchen eine entscheidende Rolle. Je größer der Strahlquerschnitt, desto größer die Effizienz. Da zum Antrieb auch die Art der Leistungserzeugung gehört hat auch diese eine erhebliche Auswirkung auf die Antriebseigenschaften. Verbrennungsantriebe sind in der Regel schwerer und träger sowie ineffizienter als elektrische Antriebe. Nicht umsonst haben UAS meist Elektromotoren, die agil und einfach regelbar sind. Nachteilig ist die kurze verfügbare Flugdauer wegen der begrenzten Kapazität der elektrischen Energiespeicher (Batterie).
Dementsprechend muss auch die Art der **Auftriebserzeugung** gewählt werden. Hohe Fluggeschwindigkeiten und lange Flugzeiten erfordern eine Auftriebserzeugung, die geringe Luftwiderstände erzeugt, wie z.B. bei den Flächenflugzeugen; Drehflügler sind generell in der erreichbaren Fluggeschwindigkeit limitiert durch die maximal zulässige Blattspitzengeschwindigkeit und benötigen einen höheren Energieaufwand. Flächenflugzeuge sind außerdem bei richtiger Schwerpunktlage eigenstabil und somit auch sicher steuerbar, während ein Drehflügler nur mit viel Aufwand eigenstabil

gestaltet werden kann. Alle Rotor-UAS werden deshalb elektronisch geregelt, damit der Fernpilot bei der Flugführungsaufgabe entlastet wird.

A2

Der Energieaufwand und damit die Effizienz des UAS wird auch stark durch die **Startmethode** beeinflusst. Der horizontale Start von Flächenflugzeugen auf eigenen Rädern oder mittels eines Startkatapults oder der Wurfstart per Hand benötigen die geringste Energie. Um den Faktor 10 größer ist der Bedarf beim Senkrechtstart oder beim Schwebeflug. Dazwischen liegen alle anderen und Mischmethoden. Beim Handstart ist die benötigte Startenergie (Funktion von Masse und Mindestgeschwindigkeit) durch den werfenden Menschen limitiert.

Die Startmethode hat natürlich auch einen großen Einfluss auf die erforderliche Infrastruktur, seien es Flächenbedarf, Hilfseinrichtungen oder Sicherheitsbereiche. Querschnittlich optimal sind VTOL (Vertical Take-Off and Landing)-UAS, also senkrechtstartfähige Flächenflugzeuge, wenn die Schwebephase so kurz wie möglich im Verhältnis zur Reiseflugphase gehalten werden kann.

Gleiches gilt auch für die Auswirkungen der **Landemethode**. Den geringsten Fußabdruck bezüglich Sicherheitsbedarf und Flächenbedarf erfordert die Senkrechtlandung. Als Exoten sind die Fanglandungen zu sehen, deren „Fußabdruck" ebenfalls sehr klein ist. Der „Fang" kann umgekehrt wie beim Handstart per Hand erfolgen, das setzt aber kleine UAS-Massen und -Geschwindigkeiten voraus. Schwerere und/oder schnellere UAS müssen die Landenergie durch geeignete Vorrichtungen wie z.B. Netze oder Fangleinen abbauen.

Schließlich hat die Verfügbarkeit und Vielfalt **programmierter Betriebsarten** einen erheblichen Einfluss auf die Sicherheit, die Bedienung, die Leistungen und die Betriebsbereiche der UAS. Alle UAS sind heute mit leistungsfähigen Fluglagereglern ausgestattet, die ergänzt um Navigationshilfen und Autopiloten einen hohen Automatisierungsgrad der Flugführung ermöglichen. Automatische Starts und Landungen sind je nach UAS-Ausstattung ebenso programmiert wie automatische Wegpunktnavigation und Sicherheits-Funktionen bei Systemfehlern. Dabei sind die programmierten Funktionen örtlich so verteilt auf den/die Bordrechner und den/die Rechner in der Bodenstation, dass ein optimales Ergebnis erzielt werden kann.

Die Fernpilotn werden infolge der programmierten Funktionen also nicht mehr so sehr durch die Flugführung selbst gefordert, sondern durch die Beherrschung der Systemkomplexität bei Vorbereitung, Durchführung und Nachbereitung einer Mission. Die Flugsteuerungs- und Navigationssysteme sind mittlerweile so weit entwickelt, dass man auf die Fernpiloten verzichten könnte, wenn es nachweislich sichere autonome Systeme gäbe, bei denen eine Gefährdung Dritter in allen erdenklichen Be- triebssituationen gänzlich ausgeschlossen werden kann. Auf absehbare Zeit ist das mit wirtschaftlichem Aufwand noch nicht darstellbar, die Fernpilot:en bleiben also ein wichtiges Glied in der Sicherheitskette.

4.2.4.2 Flug-Leistungswerte, MTOW, Reichweite, Mindestgeschwindigkeit

Die Flugleistungen und Flugeigenschaften der unterschiedlichen UAS-Konfigurationen (siehe Kapitel 4.2.4.1) sind also sehr verschieden und müssen beim Betrieb berücksichtigt / beherrscht werden. Auskunft darüber gibt immer das Flug- und Betriebshandbuch des UAS-Herstellers.

Fluggeschwindigkeit: Je nach Ausführung des UAS gibt es minimale beherrschbare horizontale Fluggeschwindigkeiten (wegen Steuerbarkeit und Auftrieb bei Flächenflugzeugen) und immer eine maximal zulässige bzw. erreichbare Fluggeschwindigkeit in allen Bewegungsrichtungen (VTOL, Drehflügler). Wenn infolge der verfügbaren Beschleunigungskräfte die erreichbare Fluggeschwindigkeit größer ist als die für das UAS zulässige, dann besteht die Gefahr, dass sich das UAS durch Strukturversagen in der Luft selbst zerlegt (s.a. 4.2.5.1). Wegen der Beherrschbarkeit der Flugdynamik kann es auch sein, dass die Fluggeschwindigkeit in einer bestimmten Raumachse (z.B. vertikal, seitwärts) begrenzt ist.

Maximal zulässige Abflugmasse (maximum take-off weight, MTOW): Sie ist beschränkt durch die maximal erreichbaren Auftriebskräfte einerseits und die zulässigen Strukturkräfte des UAS andererseits. Der Hersteller ermittelt diese Werte und gibt sie in seinem Flug- und Betriebshandbuch an. Je höher die Masse des UAS, desto größer ist auch sein Gefährdungspotential bei Kontakt mit anderen Objekten (Auftreffenergie). Deshalb ist die Beachtung der Masse in Kombination mit der Bewegungsgeschwindigkeit auch wichtig für die Einhaltung der unterschiedlichen Betriebsbedingungen der Kategorie OFFEN.

Reichweite: Sie ist eine Funktion aus nutzbarem Energievorrat, Energieverbrauch je Zeiteinheit, Betriebszeit und Bewegungsgeschwindigkeit sowie unabhängig davon aus der Qualität der Funkverbindung. Je nach Betrachtung kann sie ausgedrückt werden als Distanzgröße (sicher erreichbare Entfernung) oder als Zeitgröße (nutzbare Betriebszeit, sichere Flugdauer). Die sichere Reichweite gibt immer an wie lange oder wie weit das individuelle UAS fliegen darf, ohne dass Sicherheitsrelevante Probleme auftauchen können. Diese Werte hat der Betreiber in seiner Vorbereitung und Betriebsdurchführung zu berücksichtigen.

4.2.5 Zulässiger Flugbereich, Einschränkungen

4.2.5.1 Systembeschränkungen allgemein

Wie jedes technische System unterliegt auch das UA-System konstruktiv- und technologiebedingten Limitierungen, leider aber auch rechtlichen Beschränkungen. Alle beeinflussen ganz erheblich die Einsatzmöglichkeiten und die Verwendbarkeit des UAS. Nachstehend mögliche limitierende Größen:

- Energievorrat und Verbrauchswert
- Anzahl Ladezyklen
- Schub/Gewichtsverhältnis
- Minimale und maximale horizontale Fluggeschwindigkeit
- Temperaturbereich
- UAS-Klasse
- Schwerpunktbereich
- Maximale Beschleunigungswerte

A2

Einige der Systembeschränkungen gibt es nur bei Flächenflugzeugen, andere treten bei allen UAS-Konfigurationen auf. Aus der bemannten Luftfahrt sind die Flug- bereichsdiagramme bekannt, die sehr übersichtlich die zulässigen Betriebsgrenzen aufzeigen:

- Flight-Enveloppe (n-V-Diagramm)
- Weight & Balance (Schwerpunkt-Diagramm)

4.2.5.2 Flight-Enveloppe

Beim Flugbereichsdiagramm „Flight Enveloppe" werden die aus Rechnung und Flugversuch ermittelten Grenzen der Flugfähigkeit (Auftrieb, Steuerbarkeit) wie auch der Strukturbelastung aufgezeichnet. Beide Flugbereichsgrenzen hängen von der Fluggeschwindigkeit (V) und der Beschleunigung (n) ab. Deshalb spricht man beim Flugbereichsdiagramm auch vom V-n-Diagramm. V ist die horizontale Fluggeschwindigkeit gegenüber der Luftmasse und wird auf der Abszisse (x-Achse) aufgetragen. Der Parameter n ist die auf das Fluggewicht normierte Beschleunigungskraft, die auch als Lastvielfaches bezeichnet wird und auf der Ordinate (y-Achse) aufgetragen wird. Das Lastvielfache ist somit eine „Kraft pro Masse" und hat daher die Dimension einer Beschleunigung und wird als Vielfaches der Erdbeschleunigung g angegeben.
Ein Punkt auf der Linie n=1 signalisiert also einen Zustand des unbeschleunigten Horizontalflugs (in Normallage oder Rückenfluglage); n=0 kennzeichnet einen auftriebslosen Zustand (z.B. bei Schwerelosigkeit / Parabelflugbahn).
Ein typisches Bild zeigt Abbildung 66.

- Rote Bereiche signalisieren die Grenzen ab denen Strukturversagen eintreten kann.
- Gelbe Bereiche geben an, dass Schäden auftreten können, sogenannte Vorsichtsbereiche, in denen größere Steuerausschläge vermieden werden sollten.
- Der blaue Bereich gibt an, dass hier uneingeschränkt geflogen werden darf (Normalflugbereich).

Bei Klappensystemen, die die Flügelprofilform verändern verschieben sich die Grenzwerte.

Der sicher fliegbare Geschwindigkeitsbereich von Flächenflugzeugen wird nach links begrenzt durch den Zustand des Strömungsabrisses an den Tragflächen. Die übrigen Grenzbereiche können auch bei Drehflügel-UAS dargestellt werden.
Beim Durchflug durch böige Luft kommt zu dem normalen Lastvielfachen noch die Beschleunigung durch die Böengeschwindigkeit hinzu. Durch das Eintragen von Böen-Linien in das V-n-Diagramm kann der Einfluss auf die zulässige Geschwindigkeit (Verschiebung von Manovergeschwindigkeit infolge Böeneinfluss) sichtbar gemacht werden
Insgesamt soll die Beachtung und Einhaltung dieser Grenzwerte durch die Fernpiloten dazu beitragen, dass die UAS sicher betrieben werden können und die Wer- te der maximalen Strukturbelastbarkeit nicht überschritten werden.
Die Belastung (Beanspruchung des Materials) der zur Bauausführung verwendeten Bauteile wird übrigens bestimmt durch:

- die wirkenden Kräfte,
- die Bauteil Querschnitte,

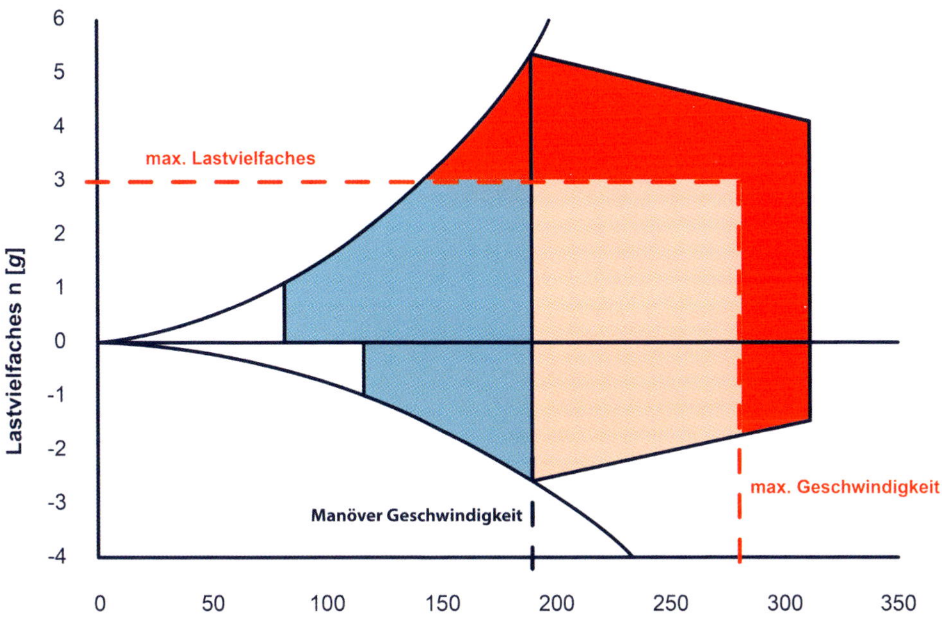

Abb 66: V-n-Diagramm eines Flächenflugzeug-UAS. x-Achse: Fluggeschwindigkeit [km/h], y-Achse: Lastvielfache [g]

- die Materialeigenschaften,
- die Temperatur.

Die auf ein Bauteil wirkenden Kräfte erzeugen im Bauteilquerschnitt Spannungen (Druck oder Zug).
Dabei können die Kräfte von außen „aufgebracht“ sein (Strömungskräfte, Massenkräfte) oder intern erzeugt sein (thermische oder chemische Verspannungen). Je nach Elastizität verformt sich das Bauteil dabei. Überschreitet die auftretende Spannung die Materialabhängige Elastizitätsgrenze, beginnt eine plastische (nicht umkehrbare) Verformung, die bei weiterer Belastung zum vollständigen Materialversagen führt. Das Bauteil reißt oder knickt oder kollabiert. Je nach Eigenschaften des Materials sind die Übergänge schnell (sprödes Material) oder langsam (elastisches Material).
Manche Materialien, insbesondere die spröden, sind empfindlich gegen wiederholte Beanspruchung und neigen dadurch zu Ermüdung (Reduzierung der zulässigen Spannungswerte). Das äußert sich meist nicht mit Verformung, sondern dem Auftreten von Rissen oder plötzlichen Brüchen (Sprödbruch).
Neben den Verspannungen durch thermische Einwirkungen hat die Temperatur noch zusätzlich Einfluss auf die Materialeigenschaften. Bei zu hohen oder zu niedrigen Temperaturen (hier lohnt wie immer der Blick auf die Angaben des zulässigen Betriebstemperaturbereichs des Betriebshandbuchs) verändern sich die Materialeigenschaften so, dass niedrigere Belastungsgrenzen zu möglicher Überlastung des UA schon beim Normalbetrieb führen können. Die Temperaturgrenzwerte Ihres UA sind also strikt einzuhalten, um sicher zu fliegen. Sie verlieren bei Abweichungen evtl. Ihren Versicherungsschutz, gehen also im Schadensfall leer aus, von zivilrechtlichen Schadensersatzansprüchen Geschädigter und luftrechtlichen Konsequenzen ganz abgesehen.

4.2.5.3 Weight & Balance

A2

Die Einflüsse der Massen von UAS-Komponenten und Nutzlasten (Zuladung) sind in Kapitel 4.2.3 dargestellt. Anstelle von Tabellen zur Berechnung von Schwerpunktlage und Flugmasse werden häufig auch Schwerpunktdiagramme in den Flug- und Betriebshandbüchern angegeben. Ein solches Diagramm ist beispielhaft in Abbildung 68 gezeigt. Der grün markierte Bereich kennzeichnet die zulässigen Lagen des Schwerpunkts, die ein Fernpilot im Rahmen seines UAS-Betriebes unbedingt einhalten muss, damit die Flugsteuerung noch sicher gewährleistet sein kann. (Siehe dazu Kap. Schwerpunkt).
Nach oben wird das zuläs- sige Gesamtgewicht überschritten, nach links und rechts reichen die Steuermomente nicht mehr aus, um das UAS zu beherrschen.

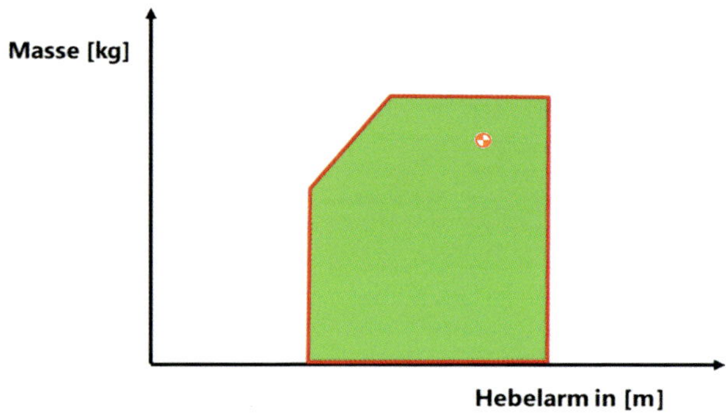

Abb 67: Schwerpunktdiagramm mit zulässigem Schwerpunktbereich.

Bei Flächen-UAS kommt bei hinteren Schwerpunktlagen (rechter Rand) noch hinzu, dass bei deren Überschreiten das dynamische Steuerverhalten in der Nickbewegung instabil wird, also das UAS manuell nicht mehr beherrschbar ist.

4.2.5.4 Limitierung durch Energiespeicher

Der Energievorrat in Verbindung mit dem spezifischen Verbrauch bestimmt die maximal mögliche Einsatzzeit des UA. So altern z.B. alle Lithiumlonen und -Polymer Akku-Varianten sehr schnell in Abhängigkeit der Anzahl der Ladezyklen und Fehlbehandlungen (Tiefentladung, Überladung, Stoß, etc.). Als Faustregel sollten deshalb von Beginn an mindestens 20% der angegebenen maximalen Flugzeit abgezogen werden. Besser noch ist die Buchführung zur Behandlung des Akkus, um Anhaltspunkte für seine Alterung zu bekommen. Die verbleibende UAS-Einsatzzeit und damit auch die Reichweite unterliegen dann zusätzlich noch den Umgebungseinflüssen:

- Windgeschwindigkeit
- Lufttemperatur
- Niederschlag

Weiter Einzelheiten zu den Limitierungen durch den Akku sind detailliert im Kapitel 4.3 beschrieben.

A1/A3
A2

4.2.6 Nutzlasten (auch A2)

Außer der o.a. Lage des Schwerpunkts und der Verteilung der zusätzlichen Massen sowie der Einhaltung der maximal zulässigen Belastungen muss berücksichtigt werden, ob und wie die Anbringung von Zuladung die Leistungen und die Sicherheit des UA beeinträchtigen wird.
Solange Sie Zuladung / Außenlasten nur an den vom Hersteller dafür vorgesehenen Stellen / Einbauräumen an- bzw. unterbringen und dabei die Vorgaben des Herstellers einhalten, gibt es eigentlich keine zusätzlichen Maßnahmen zu ergreifen. Sowohl die Dimensionierung der Lastangriffspunkte / Befestigungsstellen wie auch die aerodynamische Verkleidung der Anbringungsorte sind dann von Ihrem UA-Hersteller vorgenommen und deren Auswirkung bei den Leistungsangaben berücksichtigt. Weichen sie davon ab müssen Sie über die Auswirkungen Bescheid wissen und diese vermeiden:

- Störungen der Aerodynamik
- unsichere Befestigung

4.2.6.1 Störungen der Aerodynamik

Dabei ist zu unterscheiden zwischen den Bauformen Starrflügel-UA und Multirotor-UA. Hybride oder sogenannte Vertical Take Off and Landing Systeme (VTOL) betrachten wir dabei nicht als eigenständige Bauform, denn sie fallen dabei jeweils in eine der beiden anderen Kategorien, abhängig davon in welcher Betriebsart sie gerade geflogen werden. Generell sollten Sie versuchen, durch aerodynamische Verkleidung von Nutzlasten die Störung der freien Strömung zu minimieren, damit sie einen möglichst geringen Luftwiderstand erzeugen. Sorgen sie also dafür, dass sie stromlinienförmig symmetrisch verkleidet sind. Das lässt sich sogar mit geformtem Schaumstoff und aufgeklebter Folie durch handwerklich Ungeübte bewerkstelligen.
Bei der Montage von Aufbauten ist strikt darauf zu achten, dass die aerodynamische Umströmung der tragenden Bauteile nicht negativ beeinflusst wird. Komponenten, die im direkten Luftstrom liegen, müssen mit ihrer Symmetrielinie parallel zur Hauptströmungsrichtung ausgerichtet sein. Für Bauteile im Nachlauf der Rotoren gilt zusätzlich: Ihr Querschnitt muss im Verhältnis zur Rotorkreisfläche minimiert werden, ihre Ausrichtung sollte parallel zur Rotorachse erfolgen und in maximaler Distanz zur Rotorkreisebene positioniert werden
Auf keinen Fall dürfen Auf- und Anbauten im Vorlauf von Propellern oder Rotoren angebracht werden. Grund sind die sonst zu erwarteten höheren aerodynamischen Leistungseinbußen, sowie bei Anbringung im Vorlauf evtl. Lärmerzeugung und Sicherheitsrisiken für die Propeller / Rotoren.

4.2.6.2 Sicherung Nutzlast

Zur Sicherheit des gesamten UAS-Betriebs gehört natürlich auch die technische Sicherheit des UA. Nicht umsonst gibt der Hersteller im Betriebshandbuch Checklisten und Hinweise vor, auf was vor Inbetriebnahme zu achten ist.
Dort befindet sich für gewöhnlich auch der Prüfpunkt „sichere Befestigung der Nutzlasten und/oder Ausrüstungsbestandteile“. Dazu gehören neben den Akkus auch die Antennen, Gimbals, deren Verkabelung, Befestigungselemente, Verschlussklappen, etc.

A1/A3
A2

Alle Befestigungen, Lagerungen, Verschlüsse, etc. sollten daher immer auf sicheren Sitz und Unversehrtheit vor dem UAS-Aufstieg geprüft werden. Insbesondere vor dem Hintergrund der o.a. Ausführungen zum zulässigen Flugbereich gilt der Begriff „sichere Befestigung" nicht nur für den Normalflugzustand, sondern für alle Belastungssituationen innerhalb der zulässigen Flugbereichsgrenzen.

4.2.7 Gefahrgut (auch A2)

In der Kategorie OFFEN ist der Transport von Gefahrgut verboten. Ausgenommen ist dabei die Energiequelle (Akku oder Treibstoff) für das UAS inklusive Nutzlast.
Als Gefahrgut gelten gemäß EASA-Definition alle Gegenstände oder Stoffe, die im Falle eines Zwischenfalls oder Unfalls eine Gefahr für Gesundheit, Sicherheit, Eigentum oder die Umwelt darstellen können, die das unbemannte Luftfahrzeug als Nutzlast mitführt, darunter insbesondere:

- explosive Stoffe (Gefahr der Massenexplosion, Gefahr durch Splitter, Spreng- und Wurfstücke, geringe Gefahr durch Luftstoß, hohe Brandgefahr, Sprengmittel, extrem unempfindliche Explosivstoffe),
- Gase (entzündbare Gase, nicht entzündbare Gase, giftige Gase, Sauerstoff, Gefahr beim Einatmen),
- entzündbare flüssige Stoffe (entzündbare flüssige Stoffe, brennbare Stoffe, Heizöl, Ottokraftstoffe),
- entzündbare feste Stoffe (entzündbare feste Stoffe, selbstentzündliche Feststoffe, gefährlich bei Berührung mit Wasser),
- entzündend (oxidierend) wirkende Stoffe und organische Peroxide,
- giftige und ansteckungsgefährliche Stoffe (Gift, Biogefährdung),
- radioaktive Stoffe,
- ätzende Stoffe;

Darüber hinaus dürfen UAS in der Betriebskategorie OFFEN keinerlei Gegenstände abwerfen, unabhängig davon, ob diese als gefährlich oder nicht gefährlich eingestuft werden. Das schließt deshalb auch die Ausbringung von Stoffen für die landwirtschaftliche Nutzung wie Trichogramma Kugeln oder das Besprühen von Weinreben ein.

4.3 AKKUMULATOR (auch A2)

Bei allen elektrischen Verbrauchern muss ein Energiespeicher verwendet werden, der die elektrische Energie liefert. Dafür werden bei elektrisch angetriebenen UA und deren Bodenkontrollstationen sowie eventueller Zusatzausrüstung in der Regel Akkumulatoren (Kurzform „Akku"), umgangssprachlich auch Batterien (wiederaufladbar) genannt, eingesetzt. Bei Hybridantrieben kommt die Hauptenergie aus Verbrennungsantrieben, die auf einen Generator wirken oder aus Brennstoffzellen. Zur Pufferung von Schwankungen werden aber auch dort Akkus benötigt.

Erst mit der Entwicklung von leistungsstarken Akkumulatoren in den letzten 20 Jahren konnten sich Elektroantriebe im Bereich des Modellfluges gegenüber dem Verbrennungsmotor etablieren. Zuallererst wurden Nickel-Cadmium Akkumulatoren und später dann Nickel-Metallhydrid-Akkumulatoren verwendet.
In den letzten Jahren setzten sich dann die mittlerweile im Modellflugsport und bei Multicoptern zum größten Teil verbreiteten Lithium-Ionen–Akkumulatoren (Li-Ion-Akku) auf der Basis von Lithium und Graphit bzw. dessen Unterform der Lithium-Polymer Akku oder kurz: LiPo-Akku durch. Der LiPo-Akku ist eine Weiterentwicklung des Li-Ion-Akkus, bei welchem ein Feststoffelektrolyt auf Polymerbasis statt eines flüssigen Elektrolyten verwendet wird. Da der Akku nun nicht mehr Gefahr läuft, auszulaufen, kann auf das Gehäuse verzichtet werden. Dadurch sind LiPo-Akkus leichter und kleiner und eigenen sich deshalb durch ihre höhere Energiekapazität [Wh], hoher Energiedichte [Wh/kg] und hoher Leistungsdichte [W/kg] gut für UA.
LiPo-Akkus bringen jedoch auch einige Nachteile mit sich: Dieser Typ von Akku ist nicht Tiefentladefest und stellt eines der größten (technischen) Risiken beim Be- trieb von UAS dar – auch außerhalb des Flugbetriebs. Da Akkus hochempfindlich sind, führt Fehlbehandlung leicht zu Ausfall oder sogar hochgradiger Gefährdung; Es sind deshalb Kenntnisse bezüglich Funktionsweise, Behandlung von Akkus und ihrer Kennwerte gefordert.

4.3.1 Funktionsweise eines Akkus

Fernpiloten sollten sich mit den Eigenschaften und den in den folgenden Kapiteln nötigen Begriffen eines Akkus auskennen, da davon die Flugdauer bzw. die Leistung des UAS maßgeblich beeinflusst wird:

4.3.1.1 Galvanisches Element (Zelle)

Bei einem Akku wird durch chemische Prozesse, Energie der Materie (chemische Energie) in elektrische Energie umgewandelt. Diese Prozesse spielen sich in galvanischen Elementen oder auch Zellen genannt ab.
Ein Akku ist aus zwei Elektroden aufgebaut, eine Kathode und eine Anode. Beide sind durch einen Elektrolyten getrennt. Wird der Akku beim Betrieb entladen gibt die Anode (Minuspol) Elektronen ab, die durch den äußeren Stromkreis zur Kathode (Pluspol) wandern – es fließt Strom durch den Verbraucher, zum Beispiel durch den Elektromotor des UA. Als Ausgleich wandern positive Ionen aus der Anode in den Elektrolyt und strömen zur Kathode, wo sie eingelagert werden (Abb. 69).
Die stromerzeugenden und -speichernden Prozesse, die in Akkus an der Anode und Kathode ablaufen, sind chemische Reaktionen, die sogenannten Redoxreaktionen. Die gelieferte Spannung [Volt, kurz V] solcher Zellen hängt dabei von dem Standardpotential dieser Redoxreaktionen ab. Das Standardpotential gibt eine Information darüber, wie hoch die Kraft einer Elektrode ist, Elektronen anzuziehen. Die Stromstärke [Ampere, kurz A] wiederum hängt davon ab wie viele Elektronen pro Zeiteinheit von der Anode zur Kathode fließen.

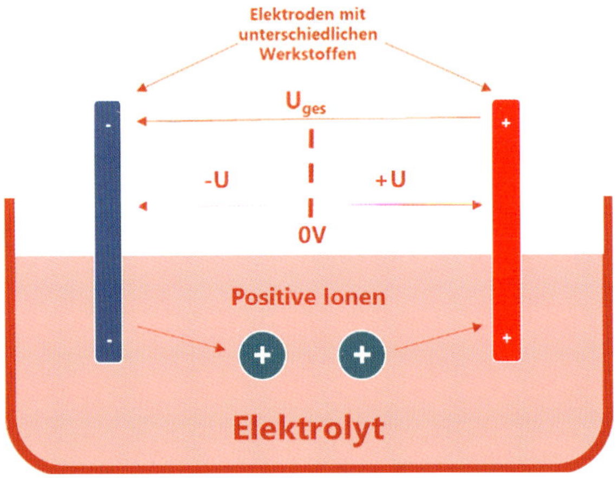

Abb 68: Funktionsweise eines galvanisches Element (Zelle) während seiner Entladung.

Lithium liegt mit einer Spannung von U = -3,04 V an der Spitze. Je nach Paarung mit dem übrigen Elektrodenmaterial können dann bei Lithium-Zellen bis zu 3.8 V erreicht werden, solange kein Verbraucher an dem Akku angeschlossen ist (Leerlaufspannung).
Wird ein Akku wieder aufgeladen, wird von außen eine Spannung an dem Akku angelegt, wodurch nun an der Anode ein Elektronenüberschuss entsteht. Die Ionen wandern nun von der Kathode zur Anode und lagern sich in der Anode wieder ein.

4.3.1.2 Typen der galvanischen Zelle

Genau genommen ist nicht jede galvanische Zelle ein Akku. Es lassen sich systematisch drei Grundtypen unterschieden, die alle bei UAS zum Einsatz kommen können.

- **Primärzelle**
  Umgangssprachlich auch als Batterie bezeichnet, lassen sich bei ihr wegen der Materialpaarung die chemischen Prozesse (Redoxreaktionen) nicht umkehren. Sie ist entladen, wenn die Elektroden zerstört sind. Das heißt, eine Batterie ist nach Entladung nicht wieder aufladbar und kann nur noch entsorgt werden (Batteriewechsel).
- **Sekundärzelle**
  Umgangssprachlich auch als Akkumulator oder kurz Akku bezeichnet, lässt sich bei ihr der jeweilige chemische Prozess weitest gehend durch Umpolen umkehren. Der Akku wird dadurch aufgeladen, wenn er entladen war. Bei jeder Entladung sowie Aufladung des Akkus gibt es jedoch weiter chemische Veränderungen innerhalb der Zelle. Es kommt dabei zu thermischen Ausdehnungen und zur Bildung astartiger Strukturen an der Anode, sogenannten Dendriten. Daher sind die Ladezyklen bei einer Sekundärzelle begrenz. Die Anzahl dieser Zyklen hängt stark mit der richtigen Handhabung des Akkus zusammen.
- **Tertiärzelle**
  Umgangssprachlich auch als Brennstoffzelle bekannt, wird bei ihr der chemische Energieträger für den Prozess zur Erzeugung der Ladungsträger von außen zugeführt. Damit verbraucht sich die Zelle nicht und kann so lange betrieben werden, wie die Zufuhr anhält. Auch hier gibt es natürlich Abnutzungserscheinungen, die die Lebensdauer begrenzen.

4.3.2 Anordnung der Akkumulatoren

Um die gewünschten Leistungswerte für den Betrieb zu erhalten, werden Einzelzellen miteinander kombiniert/verbunden. Eine Einzelzelle zeichnet sich durch ihre Leistungswerte, Spannung und Stromstärke aus, die bei der Kombination von Zellen unterschiedlich zur Wirkung kommen.
Dabei können die Zellen entweder elektrisch hintereinander – in Reihe – geschaltet werden oder nebeneinander – also parallel angeschlossen werden.

- Eine serielle Verbindung von Spannungsquellen bewirkt dabei eine Spannungsaddition, bei gleichbleibender Stromstärke (Reihenschaltung), während bei
- paralleler Verbindung die Spannung gleichbleibt, aber die Stromstärke addiert wird (Parallelschaltung).

Diese Paarungseigenschaften werden so oft ausgenutzt, bis die Zielwerte erreicht sind. Mehrere Zellen in Parallel- und Reihenschaltung bilden dann einen Akku. Mehrere Akkus lassen sich dann ebenfalls wieder seriell oder parallel verschalten, je nach gewünschtem Ergebnis. Der verschaltete Akku wird dann mit Leitungsdaten beschrieben, welche im nachfolgendem erklärt sind.

4.3.3 Wichtige Kennwerte eines Lithium-Ionen-Akkus

- **Nennspannung (Nominalspannung):** Li-Ion-Akkus bestehen meistens aus mehreren in Serie und in Reihe geschalteten einzelnen Akkuzellen. Nach Ende des Ladevorganges stellt sich ein stabiler Spannungswert des vollen Akkus ein, die sogenannte Nennspannung, selten auch als Nominalspannung bezeichnet, welche ohne Last gemessen wird. Die Nennspannung einer einzelnen Lithium–Ionen Akkuzelle ist 3,7 V.
- **S-Wert:** Der S-Wert bei einem Lithium-Ionen-Akkupack gibt dabei an, wie viele Zellen in dem jeweiligen Akkupack hintereinander geschaltet sind. Je mehr Zellen es sind, desto höher ist die Nennspannung. Steht zum Beispiel 2S auf dem Akkupack sind zwei Zellen in Reihe geschaltet und der Akku hat eine Nennspannung von 7,4 V, bei 3S sind es drei Zellen mit einer Nennspannung von 11,1 V usw.. Anhand der Zellenanzahl, also des S-Werts, lässt sich auf die Höhe die Gesamtspannung des so gekennzeichneten Akkus schließen.

Anzahl Zellen	Nennspannung
1S	3,7V
2S	7,4V
3S	11,1V
4S	14,8V
5S	18,5V
6S	22,2V

Tabelle 9: Spannungswerte bei Serienschaltung

- Die **Kapazität** eines Akkus gibt die maximale Ladungsmenge an, die in ihm gespeichert und wieder abgegeben werden kann. Dabei wird die Ladungsmenge als Produkt aus Stromstärke und der Zeiteinheit definiert und nennt sich Kapazität (capacity, C). Die Kapazitäts-Einheit ist dementsprechend die Amperestunde [Ah] oder die Milliampere Stunde [mAh]. Je höher also die Kapazität eines Akkus ist, desto länger kann konstanter Strom entnommen werden. In anderen Worten: mehr Kapazität liefert mehr Flugzeit. Nach oben sind der Stromstärke jedoch Grenzen gesetzt, da zu schnelle Entladung zu chemischen Zerfallsprozessen in der Zelle führen können, die den Akku zerstören.
- **Ladeschlussspannung:** Spannung eines voll geladenen Akkus; liegt bei einem Lithium-Ionen- Akku bei ca. 4,2 V pro Zelle.
- **Storage-Spannung:** Vom Hersteller empfohlene Spannung zur Lagerung des Li-Ion-Akkus liegt meistens im Bereich von 3,6 V – 3,8 V pro Zelle.
- **Leerlaufspannung:** Auch Quellenspannung genannt ist die Ausgangsspannung einer Spannungsquelle im unbelasteten Zustand, d.h an dem Akku ist noch kein Verbraucher angeschlossen.
- **C-Wert - Ladestrom:** maximaler Strom, mit dem der Akku geladen werden kann. Geringere Ladeströme erhöhen trotzdem die Lebensdauer. Beispiel: Ein LiPo-Akku wird mit 3000 mAh und 12 C deklariert. Der Ladestrom = 12* Kapazität; also im Falle eines Akkus mit 3000 mAh ist bei 12 C ein Ladestrom von 36 Ampere (A) zulässig. Es gibt bereits hochladefeste Akkus mit 60C. Deren nutzbare Kapazität ist deutlich geringer als bei gleicher Kapazität mit nur 1C, wegen des starken Spannungseinbruchs gegen Ende der Entladung. Durch die hohe Beanspruchung sind die thermischen Begleiterscheinungen wesentlich ausgeprägter und die Lebensdauer sinkt.
- **Entladestrom:** Maximaler Strom, der beim Betrieb des UAS fließen darf. Wird analog zum Ladestrom in „C“ angegeben und ist meistens nur in der Gebrauchsanweisung angegeben und nicht auf dem Akku Etikett.
- **Elektronische Zell-Überwachung:** Produktionsbedingt weisen die einzelnen Zellen Toleranzen auf mit dem Ergebnis, dass keine Zelle der anderen gleicht. Außerdem können Zellen bei Beanspruchung unterschiedlich altern. Damit nun jede Zelle so behandelt wird, dass ihre Grenzwerte nicht über-/unterschritten werden, haben moderne Akkus oftmals eine integrierte Elektronik als Schutzschaltung. Sollte Ihr Akkusdas nicht haben, müssen Sie selbst für diese Überwachung sorgen. Dazu gibt es Spezialladegeräte für Li-Io-Akkus. Sie sorgen durch gezielte Ladevorgangsüberwachung der einzelnen Zellen für gleichmäßige Ladung (sogenannte Balancer).
- **Zellendifferenz:** Differenz zwischen den Zellen nach dem Aufladen an einem Balancer-Ladegerät. Unterscheiden sich die Zellspannungen um mehr als 5-10% besteht die Möglichkeit, dass eine der Zellen defekt ist.
- **Innenwiderstand:** Kann herangezogen werden, um den Zustand des Akkus zu überprüfen. Übersteigt der Innenwiderstand der Zellen die Herstellerangaben oder unterscheiden sich die einzelnen Zellen stark, weist das auf einen Defekt hin.
- **Zyklen:** Anzahl der Ladezyklen. Je nach Hersteller beginnt der Akku nach einer bestimmten Anzahl von Zyklen an Leistung zu verlieren.
- Alter: Das maximale Alter von LiPo-Akkus ist von vielen Faktoren abhängig. Ein LiPo-Akku sollte nie nur nach dem Alter beurteilt werden sondern nach allen der hier gelisteten Faktoren.

Abb 69: 4S Akku mit einer Kapazität C = 10'000 mAh, einer Nennspannung von 14,8 Volt (V), einem Dauerentladestrom von 15C = 15 * 10 A = 150 Amper (A), einem kurzzeitigen Entladestrom von max. 30C = 300 A. Der Ladestrom wird meistens auf dem Etikett nicht deklariert und muss in der Gebrauchsanweisung nachgelesen werden.

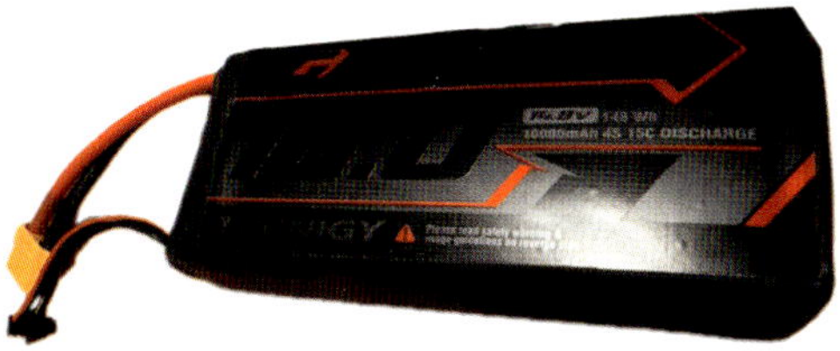

4.3.4 Laden und Entladen des Li-Ion-Akkus

Der Wunsch von UAS-Betreibern ist sicherlich, die maximale Flugzeit aus ihren Akkus zu erhalten und dann mit schnellstmöglicher Aufladung des Akkus wieder in die Luft zu kommen.
Aber **ACHTUNG:** das zehrt an den chemischen Eigenschaften des Akkus und schadet ihm. **Es gilt dabei folgende Zusammenhänge zu beachten:**

1. Der Akku muss auf die hohen Ströme ausgelegt und somit überhaupt geeignet sein;
2. Ein hoher Energietransfer erwärmt den Akku sowohl beim Laden wie auch beim Entladen.
   Ein erhitzter Akku sollte daher nicht geladen werden, erst nachdem er sich abgekühlt hat. Ist ein Akku zu kühl sollte er vor Inbetriebnahme vorgewärmt werden.
3. Die chemischen Eigenschaften verbieten ein Überschreiten einer Maximalspannung (Überladung) und das Unterschreiten einer Minimalspannung der einzelnen Zellen (Tiefentladung), da sonst Zersetzungsreaktionen des Zellmaterials eintreten können (siehe Details weiter unten)
4. Jeder (Ent-) Ladevorgang beansprucht den Akku und nutzt ihn umso mehr ab je dichter der Akku an seinen Grenzwert n betrieben wird.
5. Über-/Unterschreiten des zulässigen Betriebstemperaturbereichs des Akkus beeinflusst die chemischen Prozesse genauso wie die o.a. Über-/Unterspannungen;
6. Ab den Temperaturen unter dem Gefrierpunkt werden die chemischen Prozesse massiv eingeschränkt mit dem Ergebnis, dass sowohl Spannung wie Stromstärke stark sinken:
7. Ein ganz voller oder leerer Akku wird durch lange Lagerung geschädigt. Grund sind ebenfalls Zersetzungsprozesse des Zellmaterials. Das verstärkt sich bei falschen Lagerungsbedingungen. Daher sollte die Lagerungsfunktion eines intelligenten Ladegerätes genutzt werden.
8. Li-Ion-Akkus haben im Gegensatz zu anderen Akkutypen wie Nickel-Cadmium keinen Memory-Effekt, wollen aber pfleglicher und nur innerhalb Ihrer Betriebsgrenzen behandelt werden.

Tiefentladung und Überladen führen zu einer Zersetzung der Anode der Akkuzelle, wodurch Wasserstoff entsteht. Dies äußert sich oft in einem leichten oder sogar starken „Aufquellen" des Akkus und kann bis hin zur Explosion führen. Die Überwachung der Spannung nur am Haupt-Akkustecker ist nicht ausreichend, da hier lediglich die Gesamtspannung über alle Zellen gemessen werden kann.

A2

Beim Entladen des Akkus während des Fluges können die einzelnen Zellen unterschiedlich schnell ihre Kapazität abgeben. Beispielsweise kann ein 3S LiPo-Akkupack eine am Hauptstecker gemessene Restspannung von 10,5 V besitzen, die einzelnen drei Zellen müssen aber nicht zwingend jeweils die gleiche Restspannung von 3,5 V haben. So kann zum Beispiel eine Zelle eine Spannung 3,5 V haben, die zweite Zelle sogar noch 3,7 V und die dritte nur noch 3,3 V. Kritisch bei einer Lipo-Zelle ist die Grenze der Restspannung von ca. 3,0 – 3,2 V. Sollte dieser Wert auch nur einmal unterschritten werden, ist der Akku tiefenentladen und damit defekt.
Die Spannung der Akkus sollte daher jederzeit im Blick behalten werden. Der Flug rechtzeitig beendet werden.

4.3.4.1 Lade-/Entladeverhaltens

Wichtig ist deshalb auch die Kenntnis des Lade-/Entladeverhaltens von Li-Ion-Akkus. Nach Inbetriebnahme des vollgeladenen Akkus nimmt die Spannung zunächst kurzzeitig schnell ab, gefolgt von einem nahezu stabilen Verlauf der Spannung über der Flugzeit, trotz abnehmender Restkapazität. Das kann dazu verführen, der Spannung weniger Aufmerksamkeit zu schenken, im Glauben es sei ja noch viel Kapazität vorhanden.
Gegen Ende der Endladekurve kommt es zu einem plötzlichen und schnellen Abfall der Spannung. Der Zeitpunkt des Spannungseinbruchs ist stark temperaturabhängig (siehe Abb. 70) und kann auch zwischen Einzelzellen variieren.
So weit sollen es Fernpiloten aber nicht kommen lassen, um eine sichere Landung des UA zu gewährleisten. Deshalb fordert die EU-Verordnung 2019/947 bei den UAS-Klassen C1 bis C3 eine technische Warnfunktion.

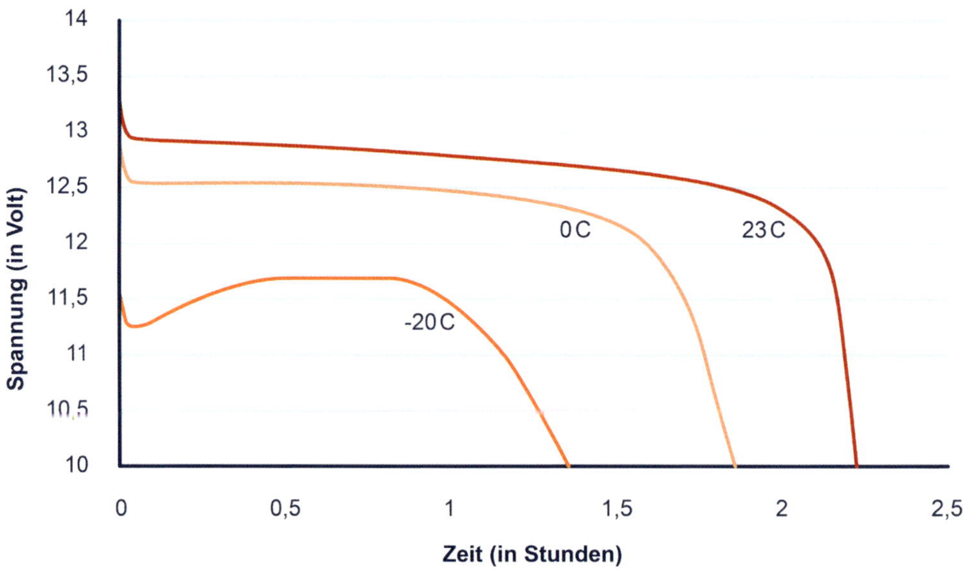

Abb 70: Entladekurve eine Li-Ion-Akkus bei verschiedenen Außentemperaturen. Der Buckel des Spannungsverlaufes des Akkus bei einer Außentemperatur von -20°C ist auf die innere Erwärmung des Akkus bei Stromentnahme zurückzuführen.

4.3.4.2 Ladegeräte und Lademanagement

Ein Li-Ion-Akku muss an speziell dafür geeigneten Ladegeräten geladen werden. Ein gewöhnliches Netzteil-Ladegerät ist nicht zum Laden geeignet, da diese Ladegeräte keine gezielte Ladevorgangsüberwachung der einzelnen Zellen besitzen (Balancer). Diese Überwachung sorgt für eine ausgeglichene Aufladung der einzelnen Zellen in einem Akkupack, da die Spannungen der einzelnen Zellen überwacht werden.
Ein Balancer verhindert zudem auch ein Überladen der Zelle. Wird eine Zelle beim Aufladen am Ladegerät über die Ladeschlussspannung von 4,2 V geladen kann diese explodieren und Feuer fangen. Die Ladeschlussspannung muss deshalb bei einem Ladegerät richtig eingetragen sein, um ein Überladen zu verhindern. Moderne Akkus haben hierfür eine integrierte Elektronik als Schutzschaltung um die Grenzwerte einzuhalten.
Während des Aufladens sollte deshalb ein Li-Ion-Akku immer in einem feuerfesten Behältnis, wie einer LiPo-Tasche und nur unter Aufsicht geladen werden. Moderne professionelle Ladegeräte besitzen zusätzlich einen Temperatursensor, der während des Ladevorgangs am Akku befestigt wird. Sollte der Akku zum Beispiel aufgrund einer Überladung zu warm werden wird der Ladevorgang automatisch gestoppt.
Intelligente Akkus sind mit einem komfortablen Lademanagementsystem ausgestattet, das noch viel weiterreichende Funktionalitäten enthalten kann, wie z.B.:

- Anzeige des Ladezustands (als Digitalwert oder mittels LED)
- Temperaturwarnung
- Überspannungs- und Unterspannungsschutz
- Eingebauter Ausgleichsregler (Balancer) zwischen den Einzelzellen
- Lagerungsmanagement entweder als
  - o Vorgabe (Signal / Anzeige) einer Lagerungsspannung, oder
  - o Automatische Entladefunktion, wenn der geladene Akku über einen definierten Zeitraum nicht betrieben wird
- Aufzeichnung der Lade-/Entladezyklen (Logbuchfunktion)

Bei solchen Akkus schreibt der Hersteller spezielle Ladegeräte vor oder liefert sie gleich mit. Generell ist zu beachten, dass alle Akkus immer genau nach Herstellerangaben behandelt werden müssen. Es empfehlen sich aber folgende grundsätzliche Vorgehensweisen beim Laden:

- Akkus sollten niemals unbeaufsichtigt geladen werden, dies gilt für alle Akku-Typen
- Beim Ladevorgang sollte immer ein geeignetes Löschmittel (Wasserfeuerlöscher) bereitgehalten werden.
- Können mit einem Ladegerät verschiedene Akkutypen laden, muss darauf geachtet werden, dass zum Beispiel ein LiPo-Akku niemals mit den Einstellungen der anderen Akkutypen wie Nickel-Cadmium (NiCd) oder Nickel-Metallhydrid (NiMH) geladen wird.
- Es sollten immer verpolungssichere und gut sitzende Steckverbindung im UAS sowie an der Ladestation verwendet werden.
- Vor jedem Flug ist es sehr empfehlenswert einen Akku-Check durchzuführen. Die einzelnen Zellen des Akkus können mit Hilfe eines Spannungsmessgerätes (Digitaler Batteriekapazitätstester und Spannungsprüfer) auf die richtige Spannung überprüft werden.
- Wird ein Aufblähung des Akkus festgestellt, darf der Akku nicht mehr verwendet werden, da die Verwendung eines geschädigten Li-Ionen-Akkus mit hohen

A1/A3

A2

Risiken verbunden ist. Es besteht dann eine hohe Gefahr eines Brandes, einer Explosion und eines plötzlichen Leistungsverlustes. Auch bei mechanischer Beschädigung, wie einer Delle oder Verformungen und dergleichen, sollte der Akku ersetzt werden.

4.3.5 Betrieb und Laden bei Kälte

Li-Ion-Akkus werden bei Kälte aufgrund ihrer chemischen Reaktionen „träger" (der Innenwiderstand steigt an). Es hat den Anschein, als besitze der Akku nun keine Leistung mehr. Die Leistung des Akkus geht mit fallender Temperatur kontinuierlich zurück. Es muss daher der maximal mögliche Entladestrom herabgesetzt werden, sonst droht eine Überlastung des Akkus durch einen zu tiefen Spannungseinbruch, also einer Tiefentladung! Bei 10°C beträgt der Entladestrom etwa nur noch 50% des maximal möglichen C-Wertes.
Zusätzlich steht bei niedrigen Temperaturen auch nicht mehr die volle Kapazität des Akkus zu Verfügung, folglich ist die Flugzeit deutlich reduziert.
Soll der UAS-Betrieb dennoch bei niedrigen Temperaturen mit hohen Ladeströmen durchgeführt werden ist ein Vorwärmen der Akkus unerlässlich. Generell gilt wenn die Akkutemperatur unter 18°C ist. Dann ist Vorwärmen Pflicht! Eine sehr verbreitete Lösung ist das Vorwärmen des Akkus mit einem Heizkoffer auf eine handwarme Temperatur (ca. 36°C). Die Vorwärmzeit sollte dabei mindestens 90 Minuten betragen, damit sich die Wärme auch im Inneren des Akku-Packs gleichmäßig verteilen kann. Wird ein Li-Ion-Akku bei Temperaturen unter 15°C geladen, sollte der Ladestrom nicht auf den maximal möglichen C-Wert eingestellt werden. Wenn der Akku z.B. mit einem maximalen Ladestrom von 4C deklariert ist, dann sollte in diesem Fall max. 2-3C gewählt werden. Liegen die Temperaturen deutlich unter 10°C sind Ladeströme von unter 1C (typisch: 0,2C bis 0,5C) ratsam.

4.3.6 Lagerung und Entsorgung des Li-Ion-Akkus (auch A2)

Li-Ion-Akkus sollten IMMER nach Maßgabe des Herstellers gelagert werden. Dabei ist vor allem auf Temperatur und Feuchtigkeit sowie auf die Spannung des Akkus zu achten. Der Akku sollte kühl und trocken in einem feuerfesten Behältnis gelagert und transportiert werden. Der Transport größerer Mengen sollte dabei in dafür vorhergesehenen Gefahrgutbehältern durchgeführt werden. Wird der Akku für längere Zeit nicht verwendet (ab einer Woche) sollte er auf die sogenannten „Storage-Spannung" geladen werden. Dabei ist auf die Empfehlung des Herstellers für die sogenannte „Storage-Spannung" zur Lagerung des Akkus zu achten, für gewöhnlich liegt diese bei Li-Ion-Akkus im Bereich von 3,6 V – 3,8 V pro Zelle, was etwa 50% seiner Kapazität entspricht. Hier ist der chemische Zerfall der Zellen am geringsten. Wichtig ist niemals einen leeren Akku einlagern, da das Risiko einer Tiefenentladung besteht. Auch im ungenutzten Zustand entlädt sich ein Akku leicht weiter und sollte deshalb zwischenzeitlich überprüft werden.

Bei unsachgemäßer Handhabung kann es zu den schon oben erwähnten thermochemischen Reaktionen kommen, die mit einem Brand oder sogar einer Explosion enden können.
Ein chemischer Brand setzt mehr Energie frei und funktioniert anders als ein normaler Oxidationsprozess (Brand). Wegen der enthaltenen Chemikalien und Reaktionsprodukte (z.B. Wasserstoff) kann es zu plötzlichen Verpuffungen kommen (siehe Abb. 71), die die weitere Umgebung erfassen können. Die entstehenden Dämpfe sind außerdem sehr giftig.

Abb 71: Feuer durch beschädigten LiPo Akku. Quelle: Christopher Kösters und Nico Ninov

Das Löschen solcher Brände erfordert deshalb auch mehr Vorsicht und Erfahrung.
Die Feuerwehren empfehlen:
- Nur den Einsatz geeigneter Löschmittel mit hohem Kühleffekt
- Als besonders geeignet gelten Feuerlöschgeräte mit sehr viel Wasser und gegebenenfalls Löschmittelzusätzen. **Andere dürfen nicht verwendet werden.**
- Der Mindestabstand beim Löschen beträgt 1 m
- Wegen der Gefahr einer „Rückzündung“ nach dem Löschen sollen die Akkus im Wasserbad oder geeigneten Sicherheitsbehältern gelagert werden.

A1/A3

A2

4.3.7 Zusammenfassung Sicherheitsregeln (auch A2)

Beim Umgang mit Lithium-Ionen-Akkus sollten grundsätzlich folgende Sicherheitsregeln eingehalten werden (gilt nicht nur für die Akkus eines UA sondern z.B. auch für die eines E-Bikes):
Grundsätzlich sind die Hinweise in den zum Akku gehörenden Herstelleranweisungen / Handbüchern / Produkt-Merkblättern zu beachten.

Handhabung

- Lassen Sie die Akkus nicht fallen oder fügen Sie ihnen keine mechanische Beschädigung zu;
- Transportieren Sie die Akkus in einer Sicherheitstasche oder einem Metallbehälter.
- Verwenden Sie keine aufgeblähten oder beschädigten Akkus ohne vorherige Überprüfung;
- Lagern Sie Akkus immer so, dass keine brennbaren Materialen in der Nähe sind;
- Lagern sie Akkus nur im auf Lagerspannung (ca. 70%) abgesenkten Zustand;
- Lagern sie die Akkus bei normaler Raumtemperatur und Luftfeuchtigkeit.

Flugbetrieb

- Starten Sie ihr UA immer nur mit einem vollständig aufgeladenen Akku;
- Prüfen Sie die Spannung jeder Einzelelle des Akkus vor dem Flug, sofern Sie keine intelligenten Akkus verwenden;
- Wechseln Sie die Akkus Ihres UA beim Betrieb öfters;
- Überwachen Sie die Anzahl der Ladezyklen der einzelnen Akkus (Logbuch oder Strichmarkierungen);
- Prüfen Sie die Akkus nach einem Absturz oder einer Beschädigung genau und verwenden Sie nur solche Akkus weiter, bei denen keine Zweifel an der Funktionsfähigkeit bestehen.

Laden

- Verwenden Sie ausschließlich die für Ihre Akkus geeigneten Ladegeräte;
- Laden Sie Akkus niemals unbeaufsichtigt (gilt für alle Akku-Typen);
- Halten Sie beim Ladevorgang einen geeigneten Feuerlöscher (Wasser) bereit;

Entsorgung

Li-Ion-Akkus sind Sondermüll. Muss ein Akku entsorgt werden darf dieser nicht einfach in den Hausmüll. Stattdessen wird er zuerst deutlich unter die Lagerspannung entladen, ca. 3-3,3 V pro Zelle. Anschließend werden die Kabel einzeln am Gehäuse gekappt und mit einem Klebeband abisoliert. Nun kann der Akku beim Händler zurückgegeben, auf dem Wertstoffhof oder in einer dafür vorgesehen Sammelbox im Supermarkt abgeben werden.

THEMENFELD 5 – Flugbetriebsverfahren / Risiken

5.1 FLUGVORBEREITUNG

5.1.1 Flugvorbereitung und mitzuführende Unterlagen

Sicherheit ist der Luftfahrt höchstes Gut. Das gilt sowohl für Sicherheit im eigentlichen Flugbetrieb (im Englischen „Safety") vor zufälligen und ungewollten Gefahrenquellen, als auch für die Abwehr von gezielten äußeren Gefahren wie Terroranschlägen oder vorsätzliche Straftaten und die missbräuchliche Verwendung von UAS für kriminelle Zwecke (im Englischen „Security").
Fernpiloten haben sich daher der Sicherheitsrisiken von UAS bewusst zu werden und mit allen Unterlagen und Informationen, die für die sichere Durchführung des UAS-Fluges von Bedeutung sind, vertraut zu machen. Sie müssen (wie alle anderen Luftfahrzeugführer auch) nach §27 LuftVO nachweisen, dass sie sich für den Flug ausreichend vorbereitet und das UAS vor dem Flug überprüft haben.
Eine korrekte Flugvorbereitung umfasst: Flugsicherungsinformation, Flugwetter, Genehmigungen, Notfallplanung und kann folgendermaßen aussehen:

- Habe ich eine Drohnen-Haftpflichtversicherung, die dieses Vorhaben abdeckt?
- Wo ist der beste Aufstiegsplatz für eine freie Sicht- und Funkverbindung?
- Welche Lufträume in meinem Fluggebiet und welche Gegebenheiten am Boden (Sicherheitsabstände) schränken mich ein? Wo werde ich wann wie hoch fliegen, ist die Wegpunktprogrammierung korrekt? Hierzu die ICAO-Karte und NOTAMs beachten, gegebenenfalls Einholung einer behördlichen Aufstiegsgenehmigung.
- Sind die Informationen im Geo-Sensibilisierungssystemen (Geo-Fence) des UAS aktuell und wird das Fluggebiet durch geografische Gebiete eingeschränkt?
- Habe ich von allen Anrainern das Einverständnis zum Aufstieg auf deren Grund?
- Halte ich die Vorgaben des Datenschutzes und der Privatsphäre ein?
- Wie wird das Wetter?
- Habe ich alle erforderlichen Dokumente dabei? (u.a. Fluglizenz, Flugvorbereitung, Betriebshandbuch, Einverständniserklärung, Aufstiegsgenehmigung)
- Habe ich die Funktion des Fluggerätes kennengelernt und überprüft. Wie sind die Vorgaben des Herstellers (Betriebsgrenzen, Fail Safe/Return Home-Funktion, Verlust der Datenlink- bzw. Funkverbindung?) Sind das UAS und dessen Ausrüstung in Ordnung?
- Sind die Akkus aufgeladen und ist die aktuelle Software auf allen Systemen installiert?
- Muss das Magnetometer des UAS, falls vorhanden neu kalibriert werden? Ist mit interferierenden Frequenzbereichen durch Mobilfunk, Datenfunk und meinen Telemetriesystemen zu rechnen? Ggf. am Boden vor Abflug überprüfen.

Wird ein Aufstieg mit einem UAS durchgeführt, müssen immer die zum erlaubten Betrieb dazugehörigen Unterlagen mitgeführt werden. Die Unterlagen beinhalten den Nachweis zur:

- Qualifikation des Personals (z.B. EU-Kompetenznachweis, EU-Fernpilotenzeugnis)
- Lufttüchtigkeit des Luftfahrtzeuges (z.B. CE-Kennzeichnung, UAS-Klasse)
- Versicherung gegen Haftpflichtansprüche (z.B. Nachweis Haftpflichtversicherung)
- Registrierung der Luftfahrtzeuges und/oder des Betreibers (z.B. Betreiberregistrierung vom LBA)

Werden Flüge außerhalb der Betriebskategorie OFFEN durchgeführt, müssen je nach Genehmigung gegebenenfalls noch weiter Dokumente wie z.B. Tauglichkeitsnachweis und der Nachweis über die Betriebserlaubnis mitgeführt werden. Darüber hinaus ist es auch sinnvoll Kontaktdaten der nächsten Rettungsstelle oder Polizeidienstelle/ Ordnungsamt mitzuführen um u.U. diese Stellen schnellst möglich kontaktieren zu können.

5.1.2 Checklisten

Obwohl die Nutzung von Checklisten in der unbemannten Luftfahrt nach der EU-Verordnung keine Pflicht ist, ist die Zuhilfenahme für Betriebsabläufe mit einem UAS sehr empfehlenswert. Checklisten können in allen Betriebsbereichen wie der Flugvorbereitung, Einweisung von Hilfspersonen, Flugbetrieb und Nachbereitung verwendet werden. Checklisten müssen für die jeweilige Missionen und den Betrieb individuell für jeden UAS-Typ zugeschnitten sein:

- administrative und logistische Vorbereitung
- Einrichtung und Inbetriebnahme des Aufstiegsgeländes
- Vorbereitung und Inbetriebnahme aller verwendeten Systeme
- Einweisung von Hilfspersonen
- Flugdurchführung und Datengewinnung
- Außerbetriebnahme und Versorgung der verwendeten Systeme
- Rückbau des Aufstiegsgeländes, logistische und administrative Nachbereitung soweit erforderlich, und unter Nutzung der von den System-Herstellern und Behörden vorgegeben Betriebsvorgaben

Checklisten dienen zur Vermeidung von Flüchtigkeitsfehlern und erhöhen bei richtiger Verwendung mit Hilfe von standardisierten Abläufen die Sicherheit enorm. Außerdem dienen sie zur Sicherstellung der ordnungsgemäßen Inbetriebnahme des UAS gemäß Herstellervorgabe.
Auch wenn einige Punkte banal erscheinen, sind es oft einfache Dinge, die man vergisst und im schlimmsten Fall Schaden nach sich ziehen. Gibt es eine Unterbrechung, muss von vorne begonnen werden. Somit soll verhindert werden, dass wichtige Punkte durch Unachtsamkeit, Stress oder Routine vergessen werden.
Eine Checkliste sollte chronologisch mit allen Handgriffen übereinstimmen und einfach und präzise formuliert sein, dabei müssen die Punkte auf der Checkliste zur geplanten Mission passen.
Der von der Checkliste abgedeckte Prozess soll dabei mit allen zu tätigenden Aktionen Schritt für Schritt in der richtigen Reihenfolge abgebildet werden (Checklistensystem,

siehe Abb. 72). Je nach Mission laufen dabei unterschiedliche Einsatzprozesse ab. Das erfordert eine individuelle Anpassung der Checklisten auf einen lückenlosen Ablauf und ein Training der Crew. Nur eine gut formulierte und richtig befolgte Checkliste verringert die Wahrscheinlichkeit Punkte zu überspringen oder falsch zu verstehen. Die das UAS betreffenden Checklisten sind in der Regel im Betriebshandbuch des jeweiligen UAS enthalten, ein Beispiel einer möglichen Checkliste ist in Abb. 73 gegeben.

Abb 72: Checklistensystem UAS-Betrieb

droneLIONS® ACADEMY by nicopter GmbH

Vorab Checkliste (mind. 1 Tag vor Abflug)

- ☐ Lizenz gültig
- ☐ Betreiberregistrierung gültig
- ☐ Versicherung gültig
- ☐ Flugroute / -gebiet geplant
- ☐ Luftraum und Hindernisse ok
- ☐ NOTAMs geprüft
- ☐ Wetter geprüft
- ☐ Erforderliche Genehmigungen ok
- ☐ Drohne ist flugfähig / gewartet
- ☐ Software und Firmware aktualisiert
- ☐ Batterien aufgeladen
- ☐ Fernbedienung / Bodenstation geladen
- ☐ Ausrüstung vorbereitet / gepackt
- ☐ Speicherkarten vorbereitet

Ausrüstung

- ☐ Benötigte Ausrüstung bereit
- ☐ Speicherkarten einsatzbereit
- ☐ Ersatzbatterie vorhanden
- ☐ Kamera funktionsfähig
- ☐ Bodenstation betriebsbereit
- ☐ Betriebshandbuch vorhanden
- ☐ Windmesser vorhanden
- ☐ Aufladegerät vorhanden
- ☐ Wetterinformationen aktualisiert
- ☐ NOTAM -Informationen aktualisiert

Notizen, wichtig für den Flug sowie die Nachbereitung

Vor dem Start (Am Abflugort)

- ☐ Fitness ok („I'M SAFE")
- ☐ Equipment zusammengebaut
- ☐ UAS zusammengebaut
- ☐ UAS auf Beschädigungen und festen Sitz geprüft
- ☐ Propeller fest und freiläufig
- ☐ Batteriespannung und Temperatur ok
- ☐ Batteriebefestigung geprüft
- ☐ Kompass kalibriert
- ☐ RTH Home und Höhe eingestellt
- ☐ Flugmodus eingestellt (GPS/Atti/Manual)
- ☐ Max. Flughöhe eingestellt
- ☐ Signalstärke und Empfang ok
- ☐ GPS -Empfang und Satelliten ok
- ☐ Kamerarahmen funktionsfähig
- ☐ Kamera fest und korrekter Modus
- ☐ MTOM ok (Nutzlast)
- ☐ Wetter / Wind aktualisiert
- ☐ Luftraum / Umgebung geprüft
- ☐ Mobiltelefon: kein Gesprächsempfang
- ☐ Zuschauer informiert

Nach dem Start auf 1 Meter Höhe

- ☐ Steuerung ok
- ☐ Signalstärke ok
- ☐ Keine Abnormalitäten
- ☐ 20 s Schwebeflug ok

Nach der Landung

- ☐ UAS ausschalten (zuerst)
- ☐ Fernbedienung ausschalten
- ☐ Kamera / Payload ausschalten
- ☐ UAS auf Beschädigungen prüfen

Nach dem gesamten Flug

- ☐ Batterie entfernt / entladen
- ☐ Flugdokumentation

Abb 73: Beispiel einer Checkliste zur Durchführung eines UAS-Betriebes.

Im professionellen Einsatz koordiniert ein vorher benannter Verantwortlicher die Nutzung der einzelnen Teilprozess-Checklisten gemäß Gesamtablaufplan. Dabei achtet er auf die Rückmeldung der Erfüllung jedes einzelnen Checklistenpunktes durch den Teilprozessverantwortlichen. Zum Beispiel liest eine Hilfsperson die Checklistenpunkte vor, und der Fernpilot prüft und bestätigt. Sollte es offene Punkte geben, müssen diese vor dem Abflug behoben werden. Das Zusammenspiel wird im Rahmen des Briefings vereinbart.

5.1.3 Fluggebiet und Aufstiegsplatz

Während des Betriebes eines UAS muss sichergestellt sein, dass in dem Fluggebiet (Betriebssicherheitsbereich) keine unbeteiligten Personen gefährdet werden, dass das UAS selber – oder Infrastruktur durch das UAS nicht beschädigt wird. Das Fluggebiet muss daher vor dem Aufstieg auf Hindernisse wie zum Beispiel Masten, hohe Gebäude und Bäume, Hochspannungsleitungen oder Windkraftanlagen überprüft werden. Diese können ansonsten die Flugsicherheit beinträchtigen u.a. durch:

- Sichtbehinderung, insbesondere wenn in der Kategorie OFFEN geflogen wird
- Turbulenz im Lee des Hindernisses, welche Einfluss auf das aerodynamische Flugverhalten des UAS haben kann
- elektromagnetische Interferenzen, welche zu Funkstörungen zwischen dem Sender und dem UAS führen können

Auch gilt es auf öffentliche Fuß-, Radwege und Straßen zu achten, auf denen sich jederzeit unbeteiligte Personen aufhalten könnten, erst recht in einem unübersichtlichen Gelände. Natürlich muss für das Fluggebiet abgeklärt sein, ob es durch geografische Gebiete eingeschränkt ist, und falls dies der Fall ist, entsprechende Genehmigungen vor dem Aufstieg eingeholt werden.
Der Aufstiegsplatz bzw. die Landestelle muss für einen sicheren Start und eine sichere Landung des UAS geeignet sein. Er muss eine Dimensionierung aufweisen, die sicherstellt, dass beim Betrieb die öffentliche Sicherheit und Ordnung und die Sicherheit der Beteiligten nicht gefährdet werden kann. Von diesem Platz aus muss der

Abb 74: Start/Landematte für ein UA und Absperrung des Aufstiegsplatzes mit Aufsteller „Achtung Drohnenbetrieb".

Fernpilot das gesamte Fluggebiet im Blick haben, wenn der Flug in Sichtweite des/der Fernpilot (VLOS Bedingungen) durchgeführt wird. Bei einem UAS mit Tragflächen muss die Start- und Landebahn ausreichend lang sein und im An- und Abflugbereich dürfen sich keine störenden Hindernisse befinden. Zudem sollte die Start- und Landerichtung bei einem Flächen-UAS immer entgegen der vorherrschenden Windrichtung ausgerichtet sein. Darüber hinaus muss berücksichtigt werden:

- Eine Erlaubnis des Eigentümers oder Verfügungsberechtigten des Grundstücks, an dem der Aufstieg stattfindet, muss vorliegen. Die Einschränkungen und Flugverbotszonen müssen vor dem Betrieb des UAS überprüft sein.
- Der Aufstiegsplatz muss mindestens so groß sein, dass unter Berücksichtigung der Wetterverhältnisse ein sicherer Aufstieg, An-/Abflug sowie Landung des verwendeten UAS möglich sind. Ein Aufstiegsplatz, der sich z.B. im Lee eines großen Hindernisses befindet, kann bei starkem Wind gefährlich werden.
- Auch während eines Notfallverfahrens (z.B. bei Aktivierung der return-to-home Funktion) muss immer ein sicherer, hindernisfreier Anflug des UA zum Aufstiegsplatz oder zu einem davor definierten Notlandeplatz aus dem Fluggebiet gewährleistet sein.
- Den Aufstiegsplatz kennzeichnen und gegebenfalls absperren. Wenn es in der Betriebserlaubnis gefordert ist oder wenn die Gefahr besteht, dass unbeteiligte Personen in den Gefahrenbereich eindringen können, sollte der Aufstiegsplatz abgesperrt werden. Die LuftVO enthält dabei keine Bestimmungen zu Absperrungen, aber generell ist jede Maßnahme geeignet, die den Zugang von Unbefugten wirksam verhindert oder mindestens erschwert. Um den Aufstiegsplatz sicher abzusperren, kann mit unterschiedlichen Markierungen (Warntafeln, Absperrband), eingewiesenen Personen oder durch vorhandene Abgrenzungen gearbeitet werden. Eine Sondernutzung öffentlichen Raumes ohne Genehmigung ist jedoch zu unterlassen.

5.1.4 Beteiligte Personen

Ein erfolgreicher UAS-Flugbetrieb ist oft nur mit weiteren Hilfspersonen neben dem UAS-Fernpilot gewährleistet. Haben Sie als Beispiel einen Auftrag, einen Flug im öffentlichen Raum oder komplexem Gelände zu absolvieren, können Hilfspersonen dabei die Einsatzsicherheit erheblich erhöhen, da diese viele Aufsichtsaufgaben (z.B. Luftraumbeobachtung, Sicherung des Fluggebietes, Informationsweitergabe) im Umfeld des Fernpiloten erfüllen und das UAS im Zweifel übernehmen und fliegen können. Hilfspersonen, die während des Flugs im Einsatz sind, sind sogar Dritten gegenüber weisungsberechtigt, aufgrund der Unterstützung eines Luftfahrzeugführers im Rahmen der ihnen übertragenen Verantwortung.
Dabei ist aber vor Flugbetrieb eine Unterweisung von allen am Flugbetrieb teilnehmende Personen im Rahmen eines Briefings unbedingt notwendig. Alle Hilfspersonen sind über folgende Punkte aufzuklären:

- Das Vorhaben und die geplante Flugmission und Flugablauf
- Einhaltung der standardisierten Checklisten (siehe Kapitel 5.1.2)
- Das Absichern des Fluggebietes, und der Aufstiegs- und Landestelle (s. Kapitel 5.1.3)

- Risiken und möglichen Gefährdungen und deren Vermeidung (s. dazu Kapitel 5.2.5)
- Alle zu treffenden Maßnahmen bei Notfällen (z.B. Verhalten bei einer Notlandung) und bei außergewöhnlichen Vorkommissen (Kapitel 5.3)
- Kenntnis über die vorhandenen Notfallmittel (Verbandskasten, Feuerlöscher), deren Standort und ihre korrekte Benutzung
- Richtige Kommunikation und Vermeidung von Kommunikationsproblemen

Bei UAS-Crews mit mehr als einem Team-Mitglied spielt insbesondere die Koordination der einzelnen Funktionen eine erhebliche Rolle. Neben der o.a. Unterweisung sollte ein Crew-Coordination Training absolviert werden, damit alle Mitglieder durch aufeinander abgestimmtes Vorgehen den sicheren UAS-Betrieb gewährleisten.
Alle nicht als Hilfspersonen eingewiesenen Personen gelten als Unbeteiligte, es sei denn sie haben erklärt, dass sie über die Gefahren aufgeklärt sind und sich im kontrollierten Bodenbereich aufhalten wollen. Unbeteiligte Personen wiederum sollten sich in dem Betriebssicherheitsbereich (Bodenkontrollbereich) nicht aufhalten.

Abb 75: Einweisung der Hilfspersonen am Boden vor dem UAS Aufstieg.

5.2 FLUGBETRIEB UND RISIKEN BEIM BETRIEB

5.2.1 Abflug- und Normalverfahren

Während des gesamten Flugbetriebes mit einem UAS sollten die zuvor festgelegte Verfahren eingehalten werden, erst recht so lange das UA sich in der Luft befindet. Das UA muss an einem geeigneten Aufstiegsplatz starten (siehe dazu Kapitel 5.1.3). Sind alle Flugvorbereitungen inklusive der Checklisten abgeschlossen und ist der Luftraum frei und die Umgebung am Boden sicher und kann das UA abheben. Folgende Reihenfolge bei der Bedienung wird meist empfohlen, es gelten jedoch immer die Anweisungen Betriebshandbuches:

Einschalten der Fernsteuerung (Sender) -> Aktivierung des UAS -> Überprüfung der Funkverbindung zwischen Bodenstation und UA -> Aktivieren der weiteren Ausrüstung

Bei einem UAS vom Typ Multikopter bietet es sich an nach dem Start in einer sichereren Höhe etwa bei 2 m, alle Funktionen, sowie die ordnungsgemäße Funktion der Nutzlast, der Telemetrie und die Steuerung zu testen, wenn dies nicht schon am Boden möglich ist. So können technische Probleme frühzeitig erkannt oder Korrekturen wie zum Beispiel die falsche Einstellung des Flugmodus vorgenommen werden. Funktioniert alles einwandfrei, kann die Flugmission abgeflogen werden.
Jeder Ablauf im Rahmen des Flugbetriebes, der zuvor geplant und festgelegt wurde und/oder durch das Betriebshandbuch des UAS vorgegeben ist zählt zum Normalverfahren. Abläufe die als Notverfahren definiert sind werden im Kapitel 5.3 behandelt. Während das UA im Flug ist sollten kontinuierlich der Luftraum und Bodenumgebung, der Zustand des UA und dessen Fluglage und der Energievorrat beobachtet werden.

- Die **Beobachtung des Luftraums** während des Fluges ist notwendig, da sich jederzeit bemannte Luftfahrzeuge mit hoher Geschwindigkeit nähern können und diese fast keine Möglichkeit haben ein UAS rechtzeitig zu erkennen. Professionelle UAS-Betreiber führen daher UAS Flüge immer mindestens in Zweierteams durch, obwohl dies in der OFFENEN Kategorie nicht vorgeschrieben ist. Der Fernpilot behält dabei das UA im Blick, während die Hilfspersonen, den Luftraum, die Umgebung und die Nutzlast des UAS überwachen.
- Die **Entladekurve eines Lithium Akkus** folgt meistens einem vorhersehbaren Verlauf. Am Anfang des Fluges fällt die Spannung des Akkus relativ schnell, gefolgt von einer Periode mit geringerer Entladung (und Spannungsabfall). Anschließend kommt wieder eine Periode mit zügiger Entladung (siehe Kapitel 4.3.4.1). Hier kann ein falsches Sicherheitsgefühl entstehen, und im schlimmsten Fall ist das UAS zu weit vom Landepunkt entfernt und schafft die Flugstrecke nicht mehr zurück. Es sollte daher immer mit einer ausreichenden Energiereserve gelandet werden.
- Während des Flugbetriebes in der Kategorie OFFEN muss der Fernpilot permanenten **Sichtkontakt zum Fluggerät** halten und darf nicht zu lange auf die Fernsteuerung blicken (siehe Kapitel 5.2.2.1). Nur so kann rechtzeitig erkannt werden, ob das UAS eine ungewöhnliche Fluglage einnimmt, sich ungewöhnlich Verhält oder in Gefahr gerät mit einem Hindernis oder Vögel zu kollidieren. Fernpiloten sollten sich daher nicht von vorbeikommenden Personen während des Flugbetriebes stören lassen.

5.2.2 Flug in Sichtweite, Follow-Me, FPV

5.2.2.1 VLOS

Während des Flugbetriebes in der Kategorie OFFEN muss der Fernpilot eines UAS permanenten Sichtkontakt zu seinem Fluggerät halten (VLOS-Bedingungen). VLOS steht für Visual Line Of Sight, also ein Flug in Sichtweite des Fernpiloten.

- Die Distanz zwischen Fernpiloten und UA darf dabei 1 km nicht überschreiten.
- Der Sichtkontakt darf dabei nicht primär über optische Hilfsmittel wie Ferngläser, Nachtsichtgeräte oder First Person View (FPV) Kameras erreicht werden.
- Es zählt hierbei nicht nur der reine Sichtkontakt zu dem UAS, der Fernpilot muss auch jederzeit in der Lage sein die Flugorientierung und Lage des UAS zu er- kennen. Laut LuftVO gilt: „Der Betrieb erfolgt außerhalb der Sichtweite des Fernpilots, wenn er/sie das unbemannte Fluggerät ohne besondere optische Hilfsmittel nicht mehr sehen oder seine Fluglage nicht mehr eindeutig erkennen kann." Es macht dabei keinen Unterschied, ob der Flug am Tag oder in der Nacht mit Beleuchtung stattfindet.

Selbstversuche mit einer kleinen DJI Spark zeigen, dass schon bereits bei geringen Abständen zum Fernpilot (ab 10-20 m) die Position des Copters und seine Fluglage sehr schwer zu beurteilen sein können. Oft spielt hierfür der Hintergrund und die Bemalung des UA eine entscheidende Rolle, siehe dazu Abbildungen 76 - 80. Weitere Eigenschaften zur Wahrnehmung eines UA sind in Kapitel 7.6 aufgezeigt.

5.2.2.2 Follow-Me-Modus

UAS der Klassen C0 oder C1 können mit einem so genannten **„Follow-Me"-Modus** ausgestattet sein. Dieser Modus erlaubt es dem UAS selbständig dem Fernpiloten, zu folgen, um sie zu filmen. Der Abstand zwischen Fernpilot und UAS darf dabei maximal 50 m betragen.

5.2.2.3 Extended VLOS und FPV-Flug

Der Betrieb eines UAS darf mithilfe eines visuellen Ausgabegeräts in der Kategorie OFFEN stattfinden, wenn eine zweite qualifizierte Person als Sicht-Beobachter (visuelle Beobachter) agiert. Diese Person übernimmt dann alle Pflichten des Fernpiloten bezüglich der Überwachung des Luftraumes und der Umgebung und beobachtet das UA direkt. Der Fernpilot steuert dabei das UAS nur nach seiner Positionsanzeige und ggf. Kamerabild. Ein bekanntes Steuerverfahren mit künstlicher Sicht ist dabei der First-Person-View Drohnenflug (FPV-Flug) mit einer Videobrille, welche der Fernpilot trägt. Dieser kann den Flug aus Sicht des UA mit einer auf dem Luftfahrzeug installierten Kamera verfolgen. Beobachter und Fernpilot befinden sich dabei direkt nebeneinander und zwischen beiden gibt es eine direkte und effektive Kommunikation. Der Fernpilot bleibt für die Durchführung des Fluges verantwortlich. Darüber hinaus gibt es auch noch das in Kapitel 2.3.2.1.2 beschrieben Standardszenario (STS-02 EVLOS).

Abbildung 76: Eine DJI Spark mit weißem Körper ca. 10 m von Pilot und Spotter entfernt. Das UA befindet sich im Zentrum des weißen Kreises.

Abbildung 77: Eine DJI Spark ca. 25 m von Pilot und Spotter entfernt. Vor solch einem Hintergrund ist der Sichtkontakt nur noch schwer zu halten. Bei einer größeren Entfernung verliert man schnell den Sichtkontakt zum UA.

Abbildung 78: Eine DJI Spark in ca. 10 m Höhe gegen den Himmel.

Abbildung 79: Eine DJI Spark in ca. 20 m Höhe gegen den Himmel.

Abbildung 80: Eine DJI Spark in ca. 30 m Höhe gegen den Himmel.

A1/A3

5.2.3 BVLOS

BVLOS Beyond Visual Line Of Sight, ist ein Flug jenseits der visuellen Sichtlinie. Der UAS-Fernpilot hat keine visuelle Referenz des Flugzeugs mehr. Flüge in der Kategorie OFFEN gestatten diesen Betrieb des UAS nicht. Hierzu muss der Betrieb in der Kategorie SPEZIELL oder ZULASSUNGSPFLICHTIG beantragt werden.

5.2.4 Beleuchtung Ausrüstung für Nachtflugbetrieb

Nach den EU-Regeln ist der Betrieb in der Kategorie OFFEN nach VLOS Bedingungen zu jeder Tageszeit erlaubt, also auch nachts, allerdings nur mit entsprechend ausgerüsteten UAS. Gemäß EU-Verordnung 923/2012 (SERA) wird als Nacht der Zeitraum

Abb 81: Mitte der Sonnenscheibe 6 Grad unter dem Horizont markiert beim Sonnenuntergang den Beginn der Nacht.

zwischen jenen Zeitpunkten, in welchen sich der Mittelpunkt der Sonnenscheibe am Abend und am Morgen sechs Grad unter dem Horizont befindet, definiert (Abb. 81). Bei einem nächtlichen Aufstieg ist auf dem UA ein grünes Zusammenstoß-Warnlicht (Anti-Collision Light, ACL) auf dem UA mitzuführen, um eine Unterscheidung von bemannten Luftfahrzeugen zu ermöglichen. Darüber hinaus wird in Anlehnung an die SERA-Verordnung empfohlen auch ein UA mit zusätzlichen Positionslichtern zu kennzeichnen (siehe Abb. 82) damit die Fluglage für die Fernpiloten sicher erkennbar bleibt.

5.2.5 Risiken beim Betrieb

Um die mit dem Betrieb eines UAS verbundenen Risiken systematisch erkennen und einschätzen zu können, wird im UAS-Betrieb zunächst zwischen Bodenrisiko und Luftrisiko unterschieden und je Bereich die Gefahrenquellen identifiziert. Grundsätzlich beschreibt ein Risiko die Wahrscheinlichkeit, dass durch eine Gefährdung auch ein Schaden entsteht. Eine Gefahr stellt das Potential dar, Schäden zu verursachen.

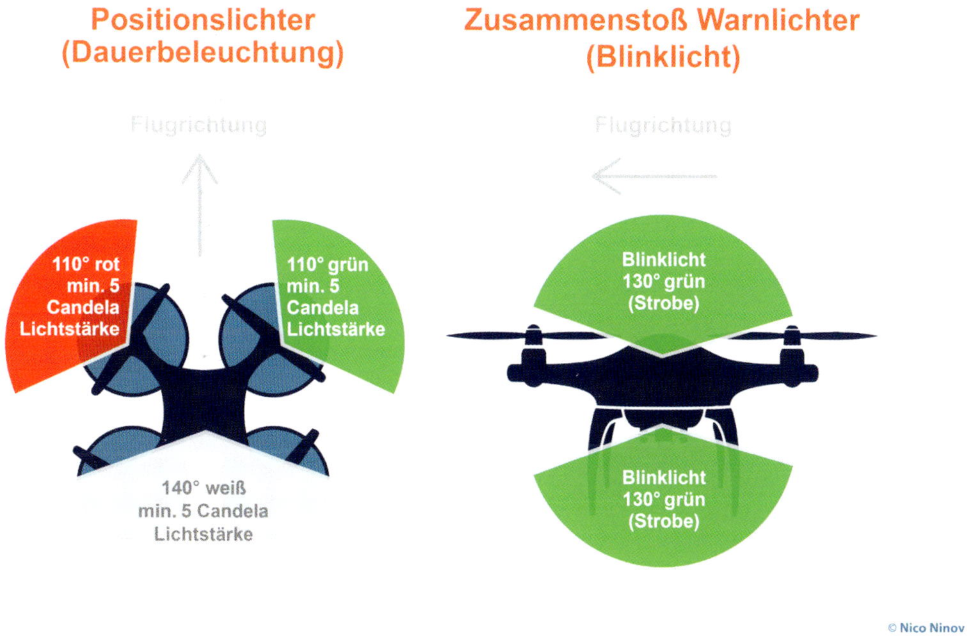

Abb 82: Beleuchtungs-Vorgabe bei Nachtflug angelehnt an SERA 923/2012 für ein UA.

Das Bodenrisiko beim UAS-Betrieb beschreibt einen möglichen Aufprall eines UA auf sich am Boden befindende Personen oder Gegenstände.

Das Luftrisiko beschreibt die mögliche Kollision mit anderen Luftfahrtteilnehmern (bemannt oder unbemannt).
Ziel ist möglichst die Vermeidung von Gefährdungen sowie die Minderung der Risiken, wenn sich eine Gefährdung nicht vermeiden lässt, um den entstehenden Schaden so klein wie möglich zu halten. Schäden entstehen durch das Eintreten unterschiedlicher Gefährdungen beim Flugbetrieb.
Mögliche Gefahrenquellen beim Betrieb von unbemannten Luftfahrzeugen können technische Ursachen haben, einem operationellen Hintergrund entspringen, Umwelteinflüsse oder menschliche Faktoren darstellen.

Technische Gefahrenquellen sind z.B.:

- Ein technischer Ausfall der Funkverbindung,
- die Erschöpfung der Energiequelle,
- ein Akkubrand in der Luft oder am Boden,
- das Versagen von Bauteilen der Flugsteuerung,
- ein unkontrolliertes Verlassen des Betriebsbereichs.

Menschliche Gefahrenquellen sind z.B.:

- Mangelnde Kompetenz des Fernpiloten,
- Müdigkeit, Erschöpfungszustände,
- Krankheit, Alkohol, Drogenkonsum,
- fehlende oder mangelhafte Zusammenarbeit.

Operationelle Gefahrenquellen sind z.B.:
- Konfliktverkehr (sich kreuzende Flugbahn mit anderen Fahrzeugbahnen),
- eine Nutzung des UAS für kriminelle Zwecke (Kamikaze, Schmuggel, etc.),
- eine bewusste oder unbewusste Störung des Flughafenbetriebs,
- eine Missachtung von Abläufen, Regeln.

Umweltfaktoren für das Eintreten von Gefahren sind z.B.
- Ein Verlust der Sichtverbindung,
- Strahlung / Blendung, Wind / Turbulenz.

Das UAS-Betriebsrisiko wird maßgeblich durch die Anzahl und Schwere der Gefahrenquellen bestimmt. Während einige Faktoren sowohl das Luft- als auch das Bodenrisiko erhöhen, lässt sich das Gesamtrisiko durch gezielte Gefahrenvermeidung und Schadensminderung deutlich senken. Eine zentrale Säule der Sicherheit ist die technische Kompetenz des Fernpiloten: Er muss die spezifischen Reaktionen seines Systems in Notsituationen genau kennen. Dazu gehören insbesondere das Verhalten bei GPS-Ausfällen, Unterbrechungen der Funkverbindung sowie die exakte Funktionsweise der hinterlegten Fail-Safe-Routinen.

Es empfiehlt sich auf einem sicheren Übungsgelände (Modellflugplatz o.ä.) die Grenzen des UAS kennenzulernen: Maximale Steiggeschwindigkeit, minimaler Kurvenradius, Flugzeit bei Vollgas, Verhalten bei starkem Wind, Fail Safe-Modus, etc.
Auch Flugsimulatoren können beim Vertraut machen und Fliegenlernen hilfreich sein. In einigen Versionen ist bereits die originalgetreue Steuerung verschiedener UAS möglich. So kann man sich schon vor dem Kauf eines teuren UAS mit den Flugeigenschaften vertraut machen, und typische Notsituationen einüben.

Generell gilt: Im Einsatz beim Steuern des UAS soweit wie möglich Risiken minimieren, auch im automatischen Modus immer bereit sein einzugreifen. Vor jedem Flug sicherstellen, dass das UAS technisch einwandfrei ist. Hierzu helfen Checklisten bei der Flugvorbereitung. Damit können alle vor der Inbetriebnahme und während des Fluges und nach der Landung nötigen Schritte gewissenhaft durchführt werden.

5.2.6 Unbeteiligte Person

Die Einführung der Betriebskategorien für Fernpiloten nach der EU-Verordnung 2019/947 basiert auf einer solchen Risikobetrachtung. Basis war die Vermeidung der Gefährdung von unbeteiligten Personen durch operationelle und technische Maßnahmen. Gemäß dem international anerkannten Swiss-cheese-model (Abb. 88) galt es durch das Einziehen möglichst wirkungsvoller Barrieren und Minderungen die Gefährdung von Personen zu minimieren, möglichst ohne den erlaubnisfreien Betrieb einzuschränken. Ausgehend von der „Schmerzgrenze" der kinetischen Energie beim Aufprall von UAS auf Personen, die keine ernsthafte Verletzungen erzeugt (E_{kin}<80 Joule) wurden die Betriebs-Unterkategorien A1 bis A3 in Verbindung mit den technischen Anforderungen der UAS-Klassen C0 bis C4 definiert. Als Ergebnis dürfte bei

Einhaltung der Anforderungen kein unbeteiligter Mensch ernsthaft zu Schaden kommen (low risk category).
Für die Einhaltung haben sowohl der UAS-Betreiber als auch der Fernpilot Sorge zu tragen.

5.3 NICHTPLANMÄSSIGE VERFAHREN

5.3.1 Maßnahmen/Verhalten und abnormale Situationen während des Fluges

Während des Betriebes mit dem UAS können jederzeit Situationen eintreten, die ein unmittelbares Handeln erfordern. Oft sind solche Situationen frühzeitig durch abweichendes Verhalten oder Signale „abnormal" erkennbar, was sie deshalb noch kontrollierbar macht, bevor es zu einer ernsthaften Gefahr oder einen Notfall kommt. Der Begriff „abnormal Situation" verweist auf eine nicht gewünschte Situation, in der der Fernpilot mit gewissen Einschränkungen rechnen muss. Dies können Betriebsabläufe oder die Technik des UAS betreffen. Daher wird als Voraussetzung für die A2-Prüfung vom LBA eine Erklärung über die erfolgreiche Absolvierung des praktischen Selbststudiums zum Erwerb eines Fernpiloten-Zeugnisses für UAS in der Kategorie OFFEN, Unterkategorie A2 gefordert.
Zu den systemseitig vorgesehenen Verfahren bei abnormalen Situationen gehören, die bei UAS einprogrammierten Funktionen wie:

- Rückkehr zum Startplatz [Return (to) Home, Return to Launch (**RTH**, **RH**, **RTL**)]
- Automatische Landung [Autoland (**AL**)] auf vordefinierten Hilfsplätzen
- Sofortlandung [immediate landing (**IL**)] an Ort und Stelle

Diese werden immer dann ausgelöst, wenn bei einem der nachstehend benannten Fälle eine situationsgerechte Kontrolle ausgeübt werden muss.
Besondere Verhaltensmaßnahmen, welche bei einem Flug mit einem UAS beachtet werden sollen:

5.3.1.1 Verhalten bei Annäherung bemannter Luftfahrtzeuge

Im allgemeinen Luftraum haben UAS-Fernpiloten immer die Pflicht, allen anderen Luftverkehrsteilnehmern auszuweichen. Wenn sich ein bemanntes Luftfahrtzeug dem Einsatzgebiet nähert, ist die Mission zu unterbrechen und eine unverzügliche Sicherheitslandung einzuleiten.

- Vor der Befliegung Möglichkeiten für Notlandeplätze erkunden und eine Planung der Sicherheitslandung auf erkundetem Außenlandegelände durchführen.

Dabei wird aufgrund der Gegebenheiten vor Ort beurteilt, ob ein Notlandeplatz überhaupt notwendig ist. Sollte aufgrund der engräumigen Befliegung kein Notlandeplatz notwendig sein, da Start- und Landepatz ohne weitere Gefährdung dafür genutzt werden können, kann trotzdem eine Befliegung durchgeführt werden.

A1/A3

5.3.1.2 Verlust bei Orientierung und/oder des Sichtkontaktes

Wurde die Orientierung verloren oder das UA ist weit entfernt bzw. der Fernpilot kann nicht mehr die Lage und Ausrichtung des UAS feststellen (Fly Away), sollten folgende Maßnahmen ergriffen werden:

- Verfügt das UAS über ein GPS-System sollte hier unverzüglich in den Coming Home/Return Home-Modus geschaltet werden (Kapitel 4.1.7).
- Ist bei einem Multicopter (nicht bei einem Flächenflugzeug) nur ein Kompass-Sensor vorhanden, kann mit der HeadFree/CareFree-Funktion der Copter sicher zum Fernpilot zurückgebracht werden. Dabei steuert der Multicopter immer auf den Piloten zu, sobald der entsprechende Steuerknüppel nach hinten gedrückt wird, unabhängig davon, in welcher Lage sich der Multicopter gerade befindet. Dies ermöglicht bei einem Orientierungsverlust oder Sichtverlust des Multicopters ein sicheres Zurückfliegen, bis zum Wiederherstellen des Sichtkontaktes.
- Ist keines der beiden Systeme vorhanden, kann der Fernpilot versuchen, durch gegensätzliche Flugbewegung oder Veränderung des Standorts Sichtkontakt zu erlangen. Oder der Fernpilot verharrt an der Position und bittet eine Hilfsperson (Spotter) möglichst zügig den Sichtkontakt zum UA herzustellen.

Hohe Hindernisse können je nach relativer Position zum UAS für teilweise Abschattung der empfangbaren Satellitensignale sorgen. Das Problem tritt oft bei Flügen in Straßenschluchten, im Gebirge oder Wald auf. Die dadurch hervorgerufenen Schwankungen in der Qualitäts- und Empfangsstärke beeinflussen die GPS-Genauigkeit, im schlimmsten Fall reißt sogar das Signal komplett ab. Das UAS ist dann nicht mehr im GPS-gestützten Modus steuerbar.

5.3.1.3 Verlust der Funkverbindung

Starke elektromagnetische Felder wie in der Nähe von Hochspannungsleitungen oder bei starken Sonnenwinden (siehe Kapitel 8.13) können die elektrischen Komponenten eines UAS wie GPS, Datenlink, Autopilot bis zu einem Ausfall der Systeme beeinflussen. Auch eine hohe Luftfeuchtigkeit kann die Übertragungsreichweite und Signalstärke einschränken.
Nach einem Verlust der Datenlinkverbindung/Funkverbindung (command & control) erfolgt je nach Ausrüstung des UAS eine Reaktion entweder gar nicht oder automatisch bzw. manuell gemäß vorher programmierten Fail Safe-Funktion (Kapitel 4.1.7) und den darin voreingestellten Werten. Um die gewünschte Reaktion des Systems sicherzustellen, ermittelt man im Betriebshandbuch, wie die Fail Safe-Funktion aktiviert wird, welche Reaktionen des Systems bei Aktivierung ausgelöst werden und welche Werte man initialisieren bzw. voreinstellen muss.

5.3.1.4 Spannungsabfall

Eine niedrige Akku-Spannung bzw. Spannungsabfall kann je nach System oft anhand von reduzierter Leistung, der Steuerbarkeit, durch Warntöne, durch evtl. optische Warnung wie blinkende LEDs, durch eine Spannungsanzeige, oder an allem gleichzeitig erkannt werden. Oft kann auch hier eine Fail Safe-Funktion einprogrammiert werden oder ist vorhanden. Ein Notfallplan sollte dann Folgendes vorsehen, falls der

Hersteller in der Betriebsanweisung des UAS nichts anderes beschreibt: Kontrolliertes, schnellstmögliches Absteigen zu einem sicheren Außenlandefeld bei rechtzeitiger Verringerung der Sinkrate vor dem Aufsetzen. Achtung, der verfügbare Schub bei UAS-Systemen kann bereits limitiert sein oder sogar ganz ausfallen. Bei einem Starr- oder einem Drehflügler ist aber ein kontrollierter Gleitflug trotz Spannungsausfall oft noch möglich.

5.3.1.5 Kritisches Wetter

Wettergegebenheiten können sich örtlich und zeitlich dynamisch sehr schnell ändern und den Betrieb mit einem UAS stark beeinträchtigen. Die Wettervorhersage ist daher ein unerlässlicher Teil der Flugplanung. Trotzdem können plötzliche Änderungen der Wetterlage eintreten, mit entsprechenden Gefahren für das Flugverhalten eines UAS. Nachfolgend sind zusammenfassend wichtige Aspekte mit Verweis auf das jeweilige Kapitel im Buch beschrieben, in denen die Problematik detailliert skizziert ist.

- Bei niedrigen Temperaturen, insbesondere unterhalb von 15°C wird die Kapazität der Akkumulatoren negativ beeinträchtigt werden. In diesem Fall muss verstärkt auf den Ladestand des Akkus geachtet und mit einer geringeren Betriebszeit des UAS geplant werden (Kapitel 4.3).
- Temperaturen unterhalb des Nullpunktes können vor allem in Verbindung mit einer hohen Luftfeuchtigkeit zu Vereisung an den Propellern oder Tragflächen führen. Dies wiederum beeinträchtigt die Aerodynamik und Flugeigenschaften erheblich und kann letztlich in einem Absturz resultieren (Kapitel 8.8).
- Es kann unerwartet die Windgeschwindigkeit zunehmen. Das UAS sollte in diesem Fall rechtzeitig gelandet werden, bevor es nicht mehr ausreichend kontrollierbar ist. Ferner sollte bei starken Windgeschwindigkeiten ausreichend Abstand zu Objekten und Hindernissen eingehalten werden, um Kollisionen zu vermeiden (Kapitel 8.12).
- Eine hohe Luftfeuchte kann die Funkübertragung einschränken. (siehe Kapitel 4.1.9)

5.3.2 Notfallverfahren

Die überwiegende Zahl der Unfälle und Notfälle beruhen auf menschlichem Versagen: Leichtsinn, Unsinn, Selbstüberschätzung. Niemand ist jedoch gegen solche Fehler gefeilt, zudem können unvorhergesehene Dinge eintreten, wie technische Probleme – oder sich schlagartig ändernde Umweltbedingungen. Neben den Verfahren des Normalbetriebs gibt es deshalb immer auch Verfahren für abnormale Verhältnisse (nicht planmässiger Betrieb, Kapitel 5.3.1), Verfahren für die Verhinderung des Notfalls (letzter Versuch einen Schaden Dritter zu verhindern) sowie Verfahren bei bereits eingetretenem Notfall / Schaden, bei denen es letztlich nur noch um die Schadensbegrenzung geht.
Die **Notfallverfahren** (contingency procedures) kommen immer dann zur Anwendung, wenn das UA den Sicherheitsbereich / das Sicherheitsvolumen aus welchem Grund auch immer zu verlassen droht. Um den potentiellen Schaden Unbeteiligter zu

vermeiden ziehen die Fernpiloten also die sprichwörtliche Notbremse. Sie ist immer dann fällig, wenn ein Kontrollverlust des Systems eingetreten ist und mit den Mitteln der systemseitig vorgesehenen Normal- und Abnormalverfahren nicht mehr gearbeitet werden kann.

Zu den „Notbremsen“ gehören:

- die Flugabbrüche (flight termination, **FT**) mittels eingebautem Rettungssystem und
- die erzwungenen Landungen (forced landing **FL** oder hard landing, **HL**), also die gesteuerten Abstürze.

Beide sind unumkehrbar, das heißt nach Auslösung kann keine Kontrolle des Systems wiedergewonnen werden. Während beim Einsetzen der FT das Fluggerät z.B. am Fallschirm sicher zu Boden schweben kann wird es beim Auslösen des Absturzes (beim Multikopter z.B. durch Abstellen der Antriebe) durch Aufprall am Boden zerstört oder zumindest stark beschädigt.
Der Notfallpuffer um den Sicherheitsbereich ist deshalb von Fernpiloten je nach verwendetem Notfallverfahren zu bemessen.

Beim gesteuerten Absturz folgt die Flugbahn des antriebslosen UA entweder:

- bei Multirotorsystemen einer ballistischen Kurve (Wurfparabel), deren Strecke am Boden aus Flughöhe und Horizontalgeschwindigkeit berechnet wird, oder
- bei Starrflüglern und bei Drehflüglern (Hubschrauber oder Tragschrauber) einer gesteuerten Absturzflugbahn (Spiralsturz), deren horizontale Strecke aus der horizontalen Fluggeschwindigkeit und der Zeit bis zum Eintritt in den Spiralsturz (Spiralsinkflug beim Drehflügler) zuzüglich Radius der Spiralbewegung berechnet wird.

Gegebenenfalls muss noch ein Wirkungsradius der am Boden auftreffenden Teile dazu gerechnet werden. Er ist abhängig von der Bewegungsenergie umherfliegender Teile bzw. Energie evtl. chemothermischer Reaktionen.
Sollten sich Personen in dem Bereich eines tatsächlich passierenden Absturzes (gesteuert oder ungesteuert) befinden, hilft nur noch lautstarke Warnung: verbal oder durch Lärmerzeuger.

Ist dann trotz aller Bemühungen ein Schaden Dritter eingetreten, gilt es diesen Schaden bzw. dessen Auswirkungen zu minimieren. Dazu dient die Einrichtung eines Notfallplans.
Die **Notfallplanung** ist deswegen ein sehr wichtiger Teil der Betriebsplanung und muss immer vorhanden sein. Ziel der Notfallplanung ist die Minimierung der negativen Auswirkungen, die bei einem eingetretenen Notfall auftreten können. Sie wird in einem danach bezeichneten Dokument (ERP, emergency response plan) niedergeschrieben.
Das bloße Erstellen eines ERP reicht aber nicht aus. Wenn keiner ihn kennt und keiner jemals damit gearbeitet hat, ist die beabsichtige Schadensminderung nicht erzielbar.
Die im ERP festgelegten Verfahren müssen mit allen Beteiligten trainiert werden um voll wirksam angewendet werden zu können.
Sie müssen in den Checklisten vorkommen, sind vom Betriebspersonal zu berücksichtigen und sind ein Teil des Safety Management Systems und der Risikobewer-

tung. Im Notfallplan sollten unter anderem enthalten sein:

A) Kommunikation

- **Rufnummern** der nächsten Rettungsleitstelle, Feuerwehr und Polizeidienststelle.
- Mindest-Informationen an die Rettungsstelle: Ort, Uhrzeit, Anzahl Verletzte, Art der Verletzungen, Telefon-Nummer für Rückfragen.
- Welche **Kommunikationsmittel** sind bei einem Notfall vorhanden (Funk, Walkie-Talkie, Handy).
- **Kommunikationsverfahren:** Wer wird benachrichtigt? (Rettungsstelle, Behörden)
- Wer ist der Verantwortliche im Notfall? Der Verantwortliche koordiniert den Ablauf des Notfallplans, benennt Verantwortliche und dokumentiert das Verfahren in der Nachbereitung.
- **Erreichbarkeit von Verantwortlichen:** Für den Notfall ist z.B. sicher zu stellen, dass der verantwortliche Fernpilot ständig erreichbar ist.

B) Erstversorgung

- **Wer ist Ersthelfer?** (Werden keine Ersthelfer definiert, droht der Bystander-Effekt: Aufgrund der vielen möglichen Helfer vor Ort fühlt sich im Notfall niemand verantwortlich).
- **Erste-Hilfe-Verfahren:** Zuerst Verletzte versorgen, Menschenrettung hat Vorrang vor allen anderen Maßnahmen. Erste Hilfe leisten, Notruf verständigen!

C) Schadensfeststellung

- Erfassung der Personen und Sachschäden
- Feststellung der Randbedingungen
- Beschreibung und wenn möglich Fotodokumentation
- Absicherung
- Folgeschadenvermeidung

D) Dokumentation

- Fotodokumentation der Störungsstelle und Schäden
- Protokollierung aller Randbedingungen (Ort, Zeit, Beteiligte, Beobachtungen, Aussagen, etc.)
- Berichterstellung für Versicherungen, Behörden

E) Ereignismeldung

Ein Vorfall muss von Einzelpersonen (anonym) oder Organisationen immer dann an die zuständigen Behörden gemeldet werden, wenn:

- jemand durch ein unbemanntes Luftfahrzeug schwer verletzt wurde
- jemand durch ein UAS getötet wurde oder
- eine beinahe Kollision oder ein Vorfall mit einem bemannten Luftfahrzeug stattfand

Zuständig sind die Luftfahrtbehörden der EU-Länder, welche die Daten in ein europäisches Zentralregister bei der EASA einspeisen (siehe dazu gesondertes Kapitel 5.3.3). Weiterführende allgemeine Informationen zum Thema Notfall/Erste Hilfe und Regelungen für den Einsatz von Drohnen können unter anderem auf der Internetseite der Deutschen Gesetzlichen Unfallversicherung (DGVU) abgerufen werden. Dort kann auch eine „Muster-Betriebsanweisung für den Umgang mit Multikoptern” abgerufen werden.

5.3.3 Meldung von Ereignissen und Störungen

Die Luftfahrt schützt sich selbst mit einem engmaschigen Netz von Ereignismeldungen. Hintergrund ist die Erkenntnis, dass nur ein intensiver Austausch von Informationen aus allen Betriebsbereichen dazu führen kann sicherheitsrelevante Zustände transparent zu machen, auszuwerten und aus erkannten Fehlentwicklungen zu lernen. Deshalb sollten jeder Vorfall, jeder Unfall und jede Störung den zuständigen Stellen unverzüglich gemeldet werden, entweder als Privatperson oder als eine Organisation – **nicht** etwa, um den Schuldigen / die Schuldige zu finden und Strafen zu verhängen, sondern einzig und allein aus dem Grund, dass somit herausgefunden werden kann, wie eine mögliche zukünftige Gefährdung verhindert werden kann. Diese angewandte Methodik folgt der „Just Culture“-Philosophie und beinhaltet das:

- Erfassen und Auswerten aller sicherheitsrelevanten Ereignisse
- Finden von systemimmanenten Schwachstellen
- Erarbeiten von Verbesserungsvorschlägen

mit dem Ziel zukünftige Unfälle zu vermeiden. Die Sammlung und Auswertung der „Ereignismeldungen“ erfolgen amtlicherseits.

In Deutschland erfolgt die Meldung von sicherheitsrelevanten Ereignissen, Störungen oder Beinaheunfällen über das Online-Meldesystem der Bundesstelle für Flugunfalluntersuchung (BFU) oder direkt beim Luftfahrt-Bundesamt (LBA). Zusätzlich können Meldungen über das VFR-eBulletin der DFS eingereicht werden. Die „Just Culture“-Philosophie steht dabei im Vordergrund: Ziel ist nicht die Sanktionierung, sondern die Verbesserung der Flugsicherheit durch systematische Auswertung.
In der Schweiz ist das Bundesamt für Zivilluftfahrt (BAZL) zuständig. Meldungen können über das Online-Portal des BAZL eingereicht werden. Für grenzüberschreitende Einsätze mit Betriebsgenehmigung (z. B. SORA) stellt das BAZL ein spezielles Formular zur Verfügung, in dem der Betrieb als „location-specific“ oder „location-independent“ gekennzeichnet wird. Dabei muss auf die relevanten Abschnitte im Operations Manual (OM) verwiesen werden, die die lokalen Bedingungen und Risikominderungsmaßnahmen berücksichtigen.

Hinweis: In beiden Ländern gilt: Ereignismeldungen sollten möglichst zeitnah und vollständig erfolgen – unabhängig davon, ob ein Schaden entstanden ist. Sie dienen der Prävention und der Weiterentwicklung sicherer Betriebsstandards.

5.4 WARTUNG/DOKUMENTATION

5.4.1 Flugbuch

UAS-Betreiber können in der Kategorie SPEZIELL oder ZULASSUNGSPFLICHTIG verpflichtet werden über den Betrieb von UAS einen Nachweis zu führen. Am besten eignet sich die Protokollierung von Flugdaten mit Hilfe eines Flugbuches.

Einträge zu folgenden Punkten sollten im Flugbuch festgehalten werden:

- Name des Fernpiloten (mehrerer Fernpiloten sind auch möglich)
- Bezeichnung des eingesetzten UAS (Eintrag mehrerer Modelle möglich)
- Europäische Registrierungsnummer des Halters und des UAS
- Aufstiegsort bzw. Einsatzgebiet
- Datum, Uhrzeit, Flugdauer, Anzahl von Starts und Landungen
- Max. Abfluggewicht (MTOM) und UAS-Klassifizierung
- Einsatzzweck
- Besondere Vorkommnisse und Betriebsstörungen

Zusätzlich können Einträge zur Daten- oder Filmaufzeichnung oder Bemerkungen zu Störungen, technische Probleme, Wetter oder Lichtverhältnisse hilfreich sein.

5.4.2 Wartung, Instandhaltung, Pflege

Um den Fall plötzlichen Versagens eines UAS auszuschließen, helfen nur regelmäßige Zustandsüberprüfungen.

Das beinhaltet zumeist:

- flugzeitabhängige periodische Inspektionen
- präventives Tauschen von Komponenten,
- regelmäßige Updates von Software,
- regelmäßiges Aufspielen von Geo-/ und Luftraum-Daten bis hin zur
- tägliche Kontrollen vor, während und nach dem Flugbetrieb.

Zur Durchführung dieser präventiven Maßnahmen der Wartung und Pflege erstellen Hersteller oder Betreiber Wartungs- und Reperaturpläne inklusive Beschreibung der durchzuführenden Arbeiten und des dafür benötigten zugelassenen Materials. Darüber hinaus erlassen Hersteller oder Betreiber Checklisten für alle Routineabläufe und für weitere organisatorische Festlegungen im Rahmen des Gesamtbetriebs und Anleitungen zum Durchführen von Software-Updates.

Wenn bei der Wartung Schäden ersichtlich sind, die zu Ausfällen oder Störungen führen können, sind diese Schäden im Einklang mit den Instandhaltungsvorschriften zu beheben.

THEMENFELD 6 – Technische/ betriebliche Risikominimierung

6.1 EINFÜHRUNG SAFETY MANAGEMENT SYSTEM

Was ist ein Safety Management System (Sicherheitsmanagement, SMS)? Dieses Kapitel ist kein Prüfungsbestandteil, erläutert aber Hintergründe wie ein professioneller UAS-Betrieb aufgebaut sein sollte.

„Eine Reihe definierter, organisationsweiter Prozesse, die eine effektive risikobasierte Entscheidungsfindung in Bezug auf das Tagesgeschäft eines Unternehmens ermöglichen.“
(Quelle: ICAO-Annex 19)

Zentraler Bestandteil eines Sicherheitsmanagements ist ein Sicherheitskonzept. Hier werden alle relevanten Rahmenbedingungen, die definierten Sicherheitsziele von UAS-Betreibern sowie die Maßnahmen zur Zielerreichung beschrieben bzw. definiert. Das Sicherheitskonzept stellt dementsprechend die Basis für die Planung und Durchführung einzelner Sicherheitsmaßnahmen dar. Ziel der Erstellung und Umsetzung eines Sicherheitskonzepts ist das Erreichen eines geplanten Sicherheitsniveaus und die Minimierung identifizierter Risiken.

Damit die Umsetzung nachhaltig funktioniert empfiehlt sich der Aufbau eines betrieblichen Sicherheitsmanagementsystems das alle Bereiche des UAS-Betreibers umfasst und dauerhaft erreicht.

Die vier Säulen der Umsetzung des Sicherheitsmanagements sind (Abb. 86):
- Formulieren und Vorgeben einer Sicherheitspolitik
- Einführen eines konsequenten Risikomanagements
- Einrichten einer Organisation zum Durchsetzen der Sicherheitsgarantie
- Permanente Sicherheitsförderung

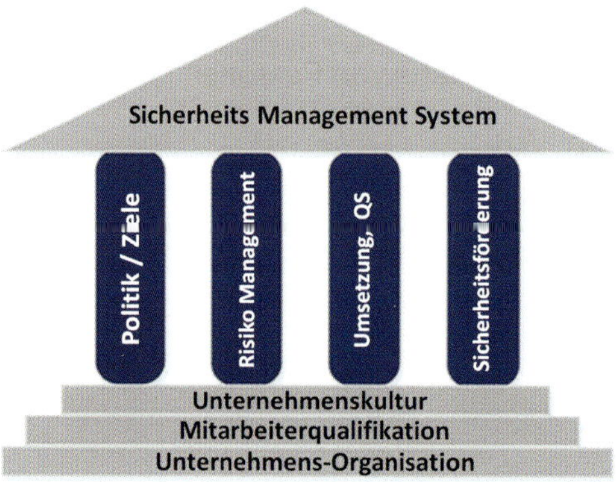

Abb 83: Safety Management System (Quelle: ICAO-Annex 19)

Die darin enthaltenen Kernprozesse eines SMS sind:

- Gefährdungsermittlung
  Eine Methode zur Identifizierung von Gefahren in Bezug auf die gesamte Organisation (operative + systemische Gefahren).
- Sicherheitsberichterstattung
  Ein Verfahren zur Erfassung von Sicherheitsdaten nicht nur in Bezug auf die Produktsicherheit.
- Risikomanagement
  Ein Standardansatz zur Bewertung von Risiken und zur Anwendung von Risikokontrollen.
- Leistungsmessung
  Managementtools zur Analyse, wie effektiv die Sicherheitsziele der Organisation erreicht werden.
- Sicherheitsgarantie
  Auf Qualitätsmanagementprinzipien basierende Prozesse, die die kontinuierliche Verbesserung der Sicherheitsleistung der Organisation unterstützen.

Anlehnend an solch einen Aufbau sind die Anforderungen an die Organisation des Antragsstellers und dessen Dokumentation für eine Erlangung eines Light-UAS Operator Zertifikat (LUC) gestellt. (siehe Kapitel 2.3.2.1.4).
Beim individuellen UAS-Betrieb sind bei der Vorbereitung zu jedem Flug zumindest die Prozesse Gefährdungsermittlung und Risikomanagement zu durchlaufen.

6.2 RISIKOBEWERTUNG

Das mit dem UAS-Betrieb verbundene Risiko für Personen und Dinge, sowohl am Boden als auch in der Luft ist Grundlage für viele in der Luftfahrt erarbeitete Vorschriften und Betriebsverfahren. Beim UAS-Betrieb können dabei zahlreiche Risiken entstehen (siehe dazu auch Kapitel 5.2.5). Risiko wird dabei oft mit Gefährdung verwechselt. Dabei gibt es aber eine ganz klare Abgrenzung zwischen den Begriffen, die von Fernpiloten verstanden werden müssen, damit sie Risiken wirksam vermeiden können. Unter **Gefahr / Gefährdung** wird das Potenzial einen Schaden zu erleiden/ zu erzeugen verstanden. Der Betrieb mit Luftfahrzeugen beinhaltet inhärent immer die Gefahr einer Schädigung, wenn er in der Nähe von Personen oder Sachen stattfindet. Nur der Verzicht auf Flugbetrieb kann diese Gefährdung vollumfänglich ausschließen. Unter Risiko wird die Wahrscheinlichkeit verstanden, dass eine Gefahr materialisiert wird, d.h. tatsächlich ein Schaden eintritt.

Mögliche Schäden beim UAS-Betrieb wären z.B.:

Verletzung / Tötung von Menschen / Lebewesen durch Berührung

- Zerstörung durch Brand
- Umweltverschmutzung

Ein Verletzen der Privatsphäre / Intimsphäre
- Sachbeschädigung durch Aufprall
- Ruhestörung durch Lärmemission
- Datenschutzverletzungen
- Vertreiben von brütenden Tieren
- Störung von Betriebsabläufen

Ursachen für das Eintreten einer Schädigung (Materialisieren der Gefahr) sind in der Regel:
- technischer,
- menschlicher,
- organisatorischer Natur
- oder umweltbedingt

Bei den Ursachen technischer Natur kommen z.B. in Frage:
Das Versagen von Bauteilen des Fluggerätes oder der Bodenkontrollstation oder ein technischer Ausfall der Funkverbindung.
- Ein Akkubrand (in der Luft oder am Boden),
- Die Erschöpfung der Energiequelle (Akku oder Tank leer),
- Ein Fehler in der Navigationseinrichtung (Hardware / Software).

Als operationelle Gefahrenquellen gelten u.a.:
- Protestaktionen (Störung, Behinderung des Luftverkehrs),
- Das Auftreten von Konfliktverkehr (Planungsfehler sich kreuzender Flugbahnen),
- kriminelle Absichten (Kamikaze, Schmuggel, etc.),
- Ignorieren von Regeln, Verfahren.

Menschliche Ursachen für das Eintreten der Gefährdungen können z.B. sein:
- Einnahme berauschender Mittel,
- Krankheit / Übermüdung / Erschöpfung,
- mangelnde Kompetenz für die geforderte Aufgabe,
- ungeeignete Einstellung zu Zusammenarbeit / Sorgfalt,
- mangelndes Risikobewusstsein.

Schließlich kommen noch u.a. als mögliche umweltbedingte Faktoren dazu:
- alle wetterbedingten Einschränkungen von Sicht und Wahrnehmung,
- Wind / Turbulenz,
- beeinflussende Naturereignisse (Sandsturm, Ascheregen, Erdbeben),
- elektromagnetische Strahlung.

Die Fernpiloten haben dann die Aufgabe alle Gefahren und auslösenden Ursachen zu erkennen und Maßnahmen zu ergreifen, die die Ursachen für den Eintritt des jeweiligen Risikos möglichst ganz verhindern (Barrieren als Risikominderung) bzw. bei einem möglicherweise eintretenden Risiko den Schaden zu minimieren (Schadenminderungsmaßnahmen). Es wird dabei zwischen:

Bodenrisiko ist in dem Zusammenhang die Wahrscheinlichkeit, Personen oder Sachen am Boden zu schädigen

Luftrisiko ist analog dazu die Wahrscheinlichkeit, Personen oder Luftfahrzeuge in der Luft zu schädigen

unterschieden. Insbesondre gilt es Schaden an Personen zu verhindern.

6.3 SICHERHEITSRISIKEN MIT UNBETEILIGTEN PERSONEN

Die Verhinderung von Schaden an Personen ist der wichtigste Grundsatz in der Luftfahrt somit auch beim UAS-Betrieb. Im nachfolgenden sind deshalb Gefährdungen zusammengefasst, die beim UAS-Betrieb Personen bedrohen:

- Zusammenstoß / Aufprall (mögliches Freisetzen von kinetischer Energie)
- Explosion / Entzündung brennbarer Materialien (mögliches Freisetzen thermischer Energie)
- Lärmemission (mögliche Schädigung, Belästigung durch Schalldruck, Geräusch)
- Unterschreiten der Fluchtdistanz, die bei jeder Person unterschiedlich ausfallen kann (mögliche Schädigung durch Rempeleien, Panikauslösung)
- Verbreitung von Aufnahmen / Bildern (mögliche Rufschädigung, Auslösen von Belästigung)
- Verbreiten von persönlichen Daten (mögliche Schädigung durch Datenmissbrauch)

Ziel aller Maßnahmen der verantwortlichen Personen (Fernpiloten und UAS-Betreiber) muss es sein, die Wahrscheinlichkeit (also das Risiko) so niedrig zu halten wie irgend möglich, dass unbeteiligte Personen zu Schaden kommen können. Das wird erreicht durch das räumliche Separieren von UAS und unbeteiligten Personen. Dazu hat sich die Gliederung der Betriebsbereiche Arbeitsvolumen, Sicherheitsvolumen und Betriebsvolumen ergeben, die sowohl für die Bewertung der Bodenrisiken als auch Luftrisiken nutzbar sind und nach dem sich letztendlich auch die Betriebskategorien richten. Auf diese Betriebsbereiche und mögliche Maßnahmen zur Minderung von Risiken wird in den nachfolgenden Kapiteln eingegangen.

6.4 SICHERHEITSBEREICHE (ARBEITSVOLUMEN, SICHERHEITSVOLUMEN, NOTFALLPUFFER)

Im Rahmen der Flugvorbereitung ermitteln UAS-Betreiber und Fernpiloten alle möglicherweise auftretenden Gefährdungen und grenzen durch geeignete Barrieren und Minderungen die Risiken auf ein akzeptables Maß ein. Nach diesen Grundsätzen richten sich auch die Risikobewertungen (SORA) zur Erlangung einer Betriebsgenehmigung für UAS-Aufstiege in der Kategorie SPEZIELL (Kapitel 2.3.2).
Dazu ist zu betrachten, wie der praktische Betrieb mit einem UAS eigentlich abläuft. Bei der Planung des UAS-Einsatzes wird davon ausgegangen, dass eine genau definierte Aufgabe erfüllt werden soll und diese – wie erforderlich – ungestört über einer bestimmten Fläche durchgeführt werden kann. Diese Fläche, der sogenannte Arbeitsbereich des UA, wird durch die zeitliche Abfolge der Arbeitsschritte (Wegpunktfolge) von dem UAS-Betreiber während der geplanten UAS-Mission festgelegt. Die Wegpunktfolge setzt sich aus Wegpunkten (Waypoints) zusammen. Da zu jedem Wegpunkt auch eine geplante Flughöhe gehört, wird dadurch ein 3-dimensionales Gebilde aufgespannt. Es besteht aus mehreren Bereichen, die genau definiert sind und in dem nachfolgenden Unterkapitel erklärt werden.

6.4.1 Arbeitsvolumen

Das ist ein bestimmtes, räumlich und zeitlich festgelegtes Arbeitsvolumen, in dem sich das UA bewegen soll (Abb. 84). Der maximale mögliche Arbeitsbereich in der offenen Kategorie kann errechnet werden, indem man den Radius um den Start- und Landepunkt gleichsetzt mit dem VLOS Abstand zur Drohne.
Diese UA-Bewegungen werden von Fernpiloten unter Verwendung der normalen Betriebsverfahren des UAS durchgeführt. Die Flugbahnführung des UA innerhalb die-

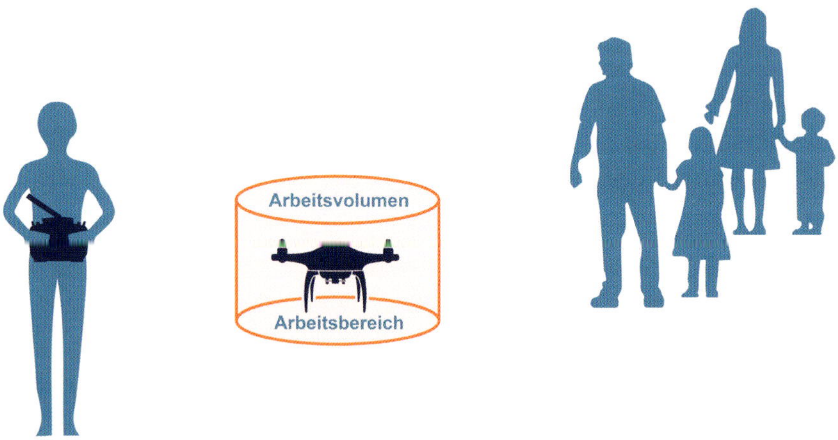

Abb 84: Definition des Arbeitsbereichs und Arbeitsvolumens; Quelle: Nico Ninov

ses Arbeitsvolumens ist frei planbar und wird für gewöhnlich durch abzufliegenden Wegpunkte bestimmt.

Wenn nun aus unterschiedlichsten Gründen, wie z.B. Windböen oder GPS-Störungen während des Fluges das UA nicht mehr das tut, was kommandiert wurde, könnte das UA Gefahr laufen, sein Arbeitsvolumen zu verlassen und damit eine Bedrohung für angrenzende, unbeteiligte Personen darstellen. Fernpiloten müssen diesen Zustand

(a) so schnell wie möglich erkennen und dann
(b) rechtzeitig mit Gegenmaßnahmen versuchen, in dem Arbeitsvolumen mit sicherem Abstand zu Unbeteiligten zu bleiben.

Die Reaktionszeit von Fernpiloten und UAS geht dabei wesentlich in die Beurteilung des Risikos einer möglichen Gefährdungswirkung mit ein.

6.4.2 Sicherheitsvolumen

Jetzt kann der oben erwähnte Zwischenfall natürlich genau dann eintreten, wenn das UA gerade am Rand des Arbeitsvolumens fliegt. Da beide Schritte (a)+(b) eine gewisse Reaktionszeit benötigen und evtl. zusätzlich mit Verzögerung behaftet sind, gilt es als Sicherheitsstandard, dass um das normale Arbeitsvolumen ein Sicherheitspuffer geschaffen wird (Abb. 85).
Die Breite des Puffers leitet sich durch die Fluggeschwindigkeit des UA ab.
Es wird dabei die Distanz (D_{Puffer}) berechnet, welches das UA in 2 Sekunden Flugzeit bei seiner maximal möglichen Fluggeschwindigkeit (V_{max}) zurücklegt. Der Breite des Sicherheitspuffers ist also:

$$D_{Puffer} = V_{max} * 2\ s$$

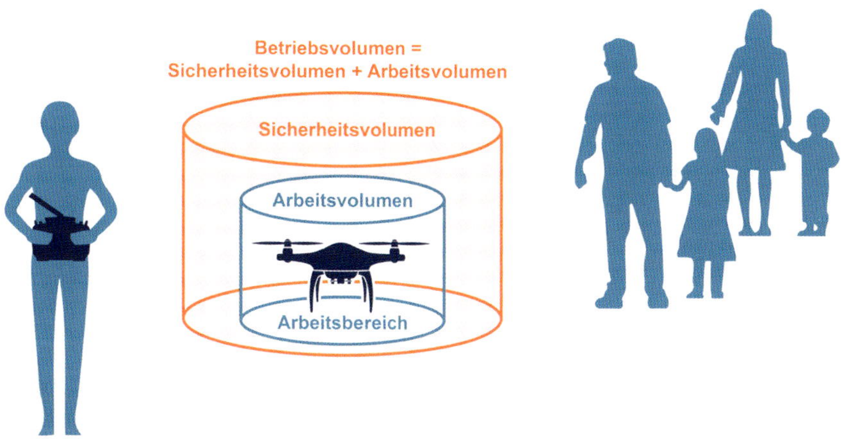

Abb 85: Definition des Sicherheitspuffers und Sicherheitsvolumens. Quelle: Nico Ninov

A2

Kann zum Beispiel das UA eine maximale Fluggeschwindigkeit von 25 m/s erreichen, ist somit ein Sicherheitspuffer mit 50 m Breite einzuplanen. Dreidimensional ergibt sich daraus ein Sicherheitsvolumen, das das oben beschriebene Arbeitsvolumen mit dem Sicherheitspuffer des Abstands D_{Puffer} einhüllt. Beide Volumen zusammen ergeben das sogenannte Betriebsvolumen.
Wenn die eingeleiteten Gegenmaßnahmen nicht fruchten, der Fernpilot also keine volle Kontrolle mehr über die Bewegung des UA erreichen kann, reicht der Sicherheitspuffer auch nicht mehr aus. Es müssen nun schleunigst Notfallmaßnahmen eingeleitet werden, wie z.B. Flugabbruch mit einem Fallschirmsystem (FT) oder der gesteuerte Absturz (FL).
Da auch diese Maßnahmen mit Zeitverzögerung, ballistischem Flugbahnverlauf bzw. Winddrift verbunden sind, könnte das UA den Sicherheitsbereich, also das Betriebsvolumen, verlassen und erst außerhalb davon zu Boden gehen.

6.4.3 Notfallpuffer

Die damit verbundene erneute Gefährdung der unbeteiligten Personen kann nur durch einen weiteren Puffer für den Notfall abgefangen werden. Dieser sogenannte Notfallpuffer um das Betriebsvolumen wird wieder mit einem entsprechenden Abstand dimensioniert (Abb. 86).

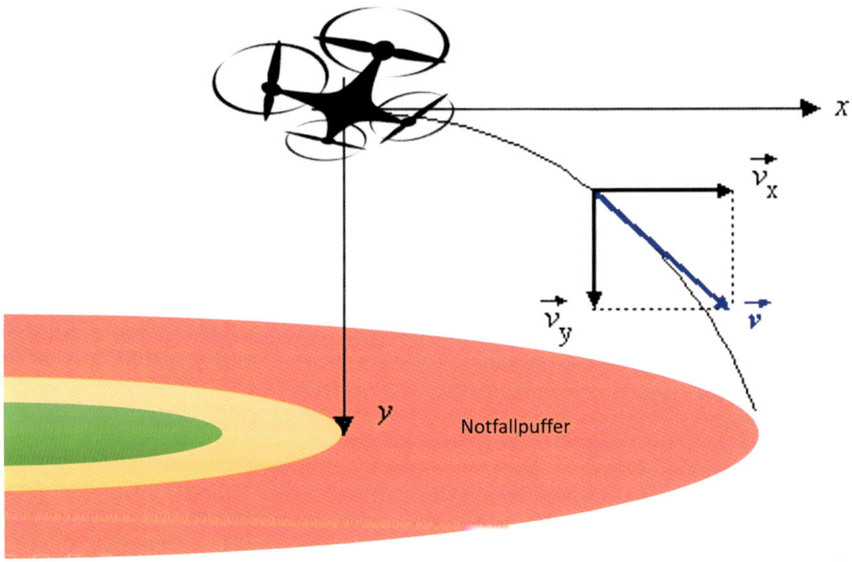

Abb 86: Schematische Darstellung des ballistischen Flugbahnverlaufs zur Berechnung des Notfallpuffers.

Da das UA außer Kontrolle geraten ist, und der Flug sofort terminiert werden muss errechnet sich dieser Abstand aus der möglichen Maximalbewegung des UA infolge eines ballistischen Flugbahnverlaufs und/oder Winddrift in Anhängigkeit von der Flughöhe. Da dieser Flugbahnverlauf von den Eigenschaften und der Ausrüstung des UA abhängt, bleibt dem UAS-Betreiber die detaillierte Berechnung nicht erspart.

Dabei beträgt die durch das UA horizontal zurückgelegte Strecke:

$$S_x = V_x \cdot \sqrt{\frac{2h}{g}}$$

wobei g die Erdbeschleunigung ist. Neben der horizontalen Fluggeschwindigkeit (v_x) geht also die Flughöhe (h) maßgeblich in die Distanz des Notfallpuffers (s_x) ein. Bei Fallschirmlandung sind neben der Windgeschwindigkeit die Sinkgeschwindigkeit und die Ausgangshöhe die bestimmenden Größen.
Als Mindestnotfallpuffer gilt laut den AMC und GM der EASA zur EU-Verordnung 2019/947 die Distanz, die der Flughöhe entspricht (siehe hierzu die 1:1 Regel im Kapitel 6.5.4).

Für die Fernpiloten hat die Minimierung des Risikos im praktischen UAS-Betrieb bereits bei der Flugvorbereitung und in allen weiteren Phasen des Flugbetriebs absolute Priorität. Sie müssen ununterbrochen das aktuelle Risiko für alle Personen und Gegenstände im Blick halten und die Maßnahmen ergreifen, die es so gut wie ausschließen.

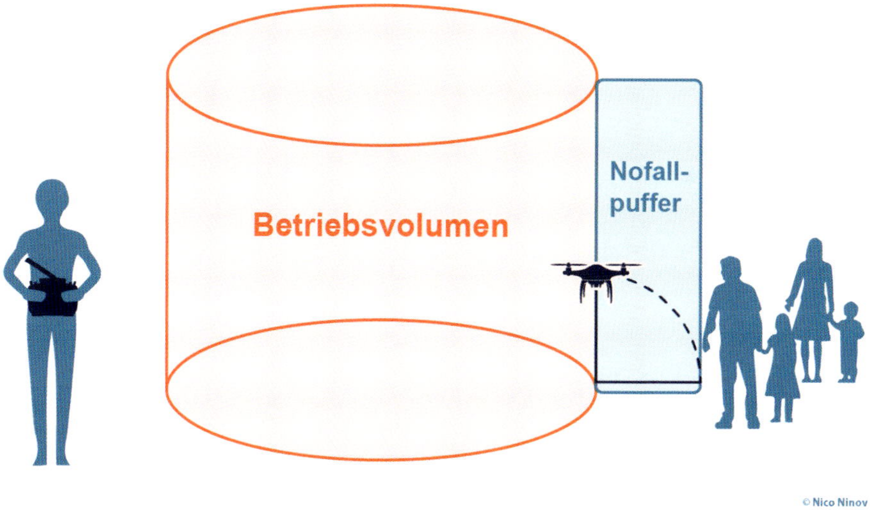

Abb 87: Betriebsvolumen bestehend aus dem Sicherheitsvolumen und dem Arbeitsvolumen mit zusätzlichem Notfallpuffer. Quelle: Nico Ninov

6.5 MINDERUNGSMASSNAHMEN

A2

Die Maßnahmen zur Minderung von Risiken werden zumeist zwei gleichwertigen Bereichen zugeordnet:

- der technischen Risikominderung,
- der organisatorischen (flugbetrieblichen) Risikominderung,

wobei der technischen Verhinderung der Risiken immer der Vorzug gegeben werden sollte.

6.5.1 Technische Risikominderungen

Die bevorzugte Methode zur Reduzierung von Risiken ist die Schaffung technischer Barrieren, die mögliche Gefährdungen abfangen. Die organisatorischen Maßnahmen kommen dann erst zum Einsatz, wenn der technische Aufwand unverhältnismäßig hoch wird. Den Herstellern von UAS stehen heute viel mehr erschwingliche technische Möglichkeiten zur Detektion von Abweichungen und Vermeidung von Fehlverhalten, z.B. durch redundante Auslegung zur Verfügung als früher. Durch die weitere Miniaturisierung von Elektronikkomponenten wird sich diese Entwicklung fortsetztzen. Es darf hier aber nicht vergessen werden, dass das Vertrauen auf die Technik Fernpiloten nicht von ihrer Verantwortung entbindet. Die Möglichkeiten und Unterstützung der Technik ist hilfreich, Fernpiloten müssen aber trotzdem immer argwöhnisch und wachsam bleiben!

6.5.1.1 Langsamflugmodus

Die Betriebsregeln der Unterkategorie OFFEN-A2 gestatten die Annäherung schwererer UA an unbeteiligte Personen nur, wenn die technische Ausstattung des UAS das massenbedingt erhöhte Betriebsrisiko wieder weit genug vermindert. Daraus folgt, dass die Einflussgrößen, die den Sicherheitspuffer und Notfallpuffer dimensionieren, verkleinert werden müssen.
Die dazu festgelegten Maßnahmen sind in den Anforderungen an die Konformität der UAS-Klasse C2 beschrieben:

- Limitierung der Fluggeschwindigkeit für Multirotorsysteme durch aktivierbaren Langsamflugmodus auf 3 m/s.
- Begrenzung der MTOM auf unter 4 kg.

Hinzu kommen weitere technische und organisatorische Maßnahmen, wie:

- Langsamflugmodus muss eingeschaltet sein.
- Wetterbedingungen im zulässigen Bereich des UAS.
- EU-Fernpilotenzeugnis A2.
- Verschlüsselung der Fernsteuer-Funkverbindung. (Kapitel 6.5.1.2)
- Absperrung des überflogenen Arbeitsbereichs.
- Einhaltung der 1:1 Regel. (siehe Kapitel 6.5.4)

Die wirksame Limitierung der Fluggeschwindigkeit reduziert die durchflogene Strecke während der Reaktionszeit des Fernpiloten bei Betriebsabweichungen und soll so rechtzeitige Korrekturen noch ermöglichen.
Für Fernpiloten bedeutet dies aber, wenn eine der oben genannten Maßnahmen versagt oder nicht eingehalten werden können, muss der Abstand zu unbeteiligten Personen sofort wieder vergrößert werden auf den bei einer Abflugmasse von mehr als 4 kg vorgegebenen Wert von mindestens 30 m, bzw. die der Flughöhe eventuell entsprechenden größeren Distanz (Zusatz-Abstand gleich Flughöhe größer 30 m).
Wobei der Mindestwert nur für Windstille gilt. Ungünstigere Windverhältnisse oder technische Ausfälle oder Störungen erfordern gegebenenfalls eine deutliche Vergrößerung des Sicherheitsabstands.

6.5.1.2 Zusätzliche Minderungen

Weitere technische Minderungsmaßnahmen, die in die Anforderungen der UAS-Klasse C2 integriert sind, wurden bereits im Kapitel 2.8.2.4 aufgeführt: z.B. die abgesicherte Fernsteuer-Funkverbindung. Andere Maßnahmen wurden aus der UAS-Klasse C1 übernommen, wie z.B. Geo-Sensibilisierung, Höhenlimitierung und Warnanzeigen bei Erreichung von Grenzwerten. Nach oben sind dem technisch betreibbaren Aufwand natürlich keine Grenzen gesetzt

6.5.1.3 Flugabbruchsystem (flight termination system)

Eine sehr wirksame technische Minderungsmaßnahme ist z.B. ein Flugabbruchsystem (flight termination system, FTS), bei dem das außer Kontrolle geratene UA entweder an einem Fallschirm zu Boden schwebt oder senkrecht zum Absturz gebracht wird. Die Aufprall mindernde Wirkung des Fallschirmsystems ist aber nur dann gegeben, wenn

- die Sinkgeschwindigkeit so klein ist, dass das abtreibende UA beim Aufprall eine kinetische Energie kleiner 80 Joule freisetzt und
- das System auch nachweislich sicher auslöst und funktioniert also z.B. durch redundant ausgeführte Ansteuerung und robuste, geprüfte Ausführung (Herstellung, Wartung).

6.5.1.4 Systeme zur Raumbegrenzung (Geo-Fence Systeme)

Im Flugsteuerungssystem wird ein „virtueller Zaun“ (Geo-Fence) anhand geografischer Koordinaten einprogrammiert, der ein bestimmtes Gebiet umschließt. Durch Vergleich mit den GNSS-Positionsdaten des UA kann die Flugsteuerung genau feststellen wir weit das UA vom „Zaun“ entfernt ist. Der Zaun kann auch wie ein Käfiggitter dreidimensional aufgespannt sein.
Sobald das UA an diese Grenze kommt, führt es ein vorprogrammiertes Manöver durch, beispielsweise hält ein Multirotor UA in der Luft an oder ein Starrflügler-UAS fliegt Wartekreise bis zum nächsten Kommando des Fernpiloten.
Auf diese Weise können sowohl statische wie auch dynamische „Käfige“ erzeugt werden, die z.B. für Rettungseinsätze einen begrenzten Luftraum um ein brennendes Objekt vor ungenehmigtem Einflug von anderen UA schützen.

A2

Nicht immer sind jedoch technische Maßnahmen zur Risikominderung ausreichend oder vorhanden. In diesem Fall müssen organisatorische Maßnahmen zur Minderung eingesetzt werden.

6.5.2 Organisatorische Risikominderungen

Zu den organisatorischen Minderungen gehören alle Maßnahmen, die durch betriebliche Abläufe beeinflusst werden können, also Handlungen von Menschen beinhalten. Da Menschen aus vielfältigen Gründen Fehler begehen, ist bei den Maßnahmen primär zu versuchen, technische Minderungen und Barrieren einzusetzen.
Allein mit technischen Mitteln lassen sich aber nicht immer alle Risiken ausschließen. Außerdem kann Technik versagen, wenn sie unbeaufsichtigt und ungepflegt im Einsatz ist, also vom Menschen vernachlässigt wird.
Für die Minderung des verbleibenden Restrisikos muss dann der Mensch sorgen. Dabei gibt es viele Teilaspekte zu beachten die ineinandergreifend für Sicherheit beim Flugbetrieb sorgen. Die Summe aller Maßnahmen führt dann zum gewünschten Sicherheitsniveau wenn dabei keine Fehler passieren.
Das wird gut durch das sogenannte „Schweizer Käse"-Modell von James Reason veranschaulicht, bei dem die Löcher die Fehler im Sicherheitssystem darstellen (Abb. 88). Bei den Fehlern muss deutlich unterschieden werden zwischen den gefährlichen systemischen und den eher mal zufälligen Fehlern. Beide sollten ausgemerzt werden. Bei den systemischen Fehlern ist dazu häufig die organisatorische Ausrichtung zu verbessern.

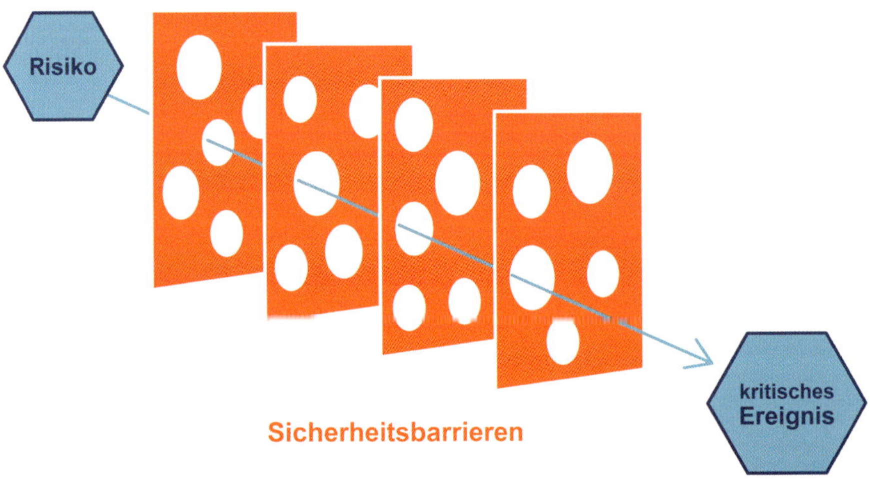

Abb 88: Schematische Darstellung des „Schweizer-Käse" Modells nach James Reason.

Daraus lässt sich der Katalog an erforderlichen organisatorischen Maßnahmen erahnen, z.B.:

A) fachliche Qualifikation des einzusetzenden Personals für die jeweilige Funktion
B) Trainingsstand des Personals bezüglich der zu absolvierenden Aufgabe
C) Menschliche Eignung / Mindset bezüglich zu übertragender Verantwortung
D) Verantwortungsstruktur / eindeutige Zuordnung von Personen zu Aufgaben
E) Festlegung von Abläufen / Prozessen / Zielen
F) Standardisierung der Zielkontrolle / des Nachweises von Ergebnissen
G) Geregelte und offene Kommunikation der beteiligten Personen
H) Dokumentation aller Vorgaben / Festlegungen / Ergebnisse / Abweichungen / Erkenntnisse
I) Fehler-Vermeidungskultur

6.5.2.1 Organisation von Abläufen / Verantwortlichkeiten

Getreu dem flapsigen Motto „TEAM = toll ein anderer macht's" wird offenbar, wo der Ansatz des Organisierens liegen muss: beim Zusammenspiel von Aufgaben, Verantwortungen und Strukturen/Menschen und der permanenten Zustands-Kontrolle.

Egal nach welchen Gesichtspunkten eine Organisation (z.B. UAS-Betreiber-Firma) aufgebaut ist, das Zusammenspiel der Mitarbeiter / Abteilungen funktioniert nur nach gemeinschaftlich verbindlichen Regeln und Abläufen.
Beim Betrieb von UAS ist das z.B. die erforderliche Umsetzung der Vorgaben die im Rahmen einer Betriebsgenehmigung formuliert sind (Beschreibung des sicheren Betriebs) sicherzustellen. Die Gesamtverantwortung liegt bei dem UAS-Betreiber. Da er – außer bei Kleinstbetrieben – nicht alles selbst ausführen kann, muss er die Aufgaben aufteilen und die jeweilige Teilverantwortung an Mitarbeiter delegieren.
Die Delegation sollte den Umfang, die Regeln, die Verfahren und den Verantwortungsbereich eindeutig beschreiben.

Damit die Regeln und Abläufe eingehalten werden bedarf es verständlich geschriebener Verfahrensanweisungen und deren Überwachung.
Auf die Wartung und Instandhaltung von UAS bezogen bedeutet das z.B. Vorgabe von

- flugzeitabhängigen periodischen Inspektionen,
- präventivem Tauschen von Komponenten,
- regelmäßigen Updates von Software,
- regelmäßigem Aufspielen von Geo-/ und Luftraum-Daten sowie
- tägliche Kontrolle vor, während und nach dem Flugbetrieb.

Diese Vorgänge werden dann im Detail beschrieben in

a) Wartungs- und Reparaturplänen des Herstellers,
b) Beschreibungen der durchzuführenden Arbeiten,
c) Beschreibung des benötigten zugelassenen Materials (Werkzeuge, Halbzeuge, Ersatzteile, Betriebsstoffe) zusätzlich evtl. ein bebilderter Teilekatalog; (a bis c zu finden im Wartungs- und Instandsetzungshandbuch)
d) Anleitungen zum Durchführen von Software-Updates,

e) Checklisten für alle Routineabläufe, (d und e zu finden im Flug- und Betriebshandbuch)
f) zusätzliche Ablaufbeschreibungen und Checklisten des UAS-Betreibers für weitere organisatorische Festlegungen im Rahmen des Gesamtbetriebs, (zu finden in entsprechenden Handbüchern des Betreibers).

6.5.2.2 Eindeutige Zuordnung von Verantwortlichkeiten

Bei allen Tätigkeiten an Luftfahrzeugen ist es wichtig, dass es immer einen eindeutig Verantwortlichen gibt. Geteilte Verantwortung ist möglich, insbesondere bei umfangreichen Missionen teilweise auch unerlässlich. Dann bedarf es aber ausführlicher Festlegung des Zusammenspiels und der zugehörigen Kommunikation.
Der Verantwortliche muss außerdem natürlich in die Lage versetzt werden können, dieser Funktion gerecht zu werden. Dazu bedarf es der vorherigen Qualifizierung/Erfahrung des Personals für die jeweilige Funktion.

6.5.2.3 Qualifikation / Erfahrung des Personals

Die verantwortliche Person, benötigt

- eine Ausbildung für die geplante Funktion,
- einen qualifizierten Abschluss (Nachweis der Kompetenz) in Theorie und Praxis,
- möglichst noch praktische Erfahrung aus gleichwertiger Tätigkeit (Berufserfahrung).

Nicht umsonst hat die EASA für Fernpiloten den Kompetenznachweis als unterste Stufe der theoretischen Qualifikation eingeführt und für jeden risikoreicheren UAS-Betrieb zusätzliche Kompetenzelemente definiert.
Die ganze Qualifikation nützt natürlich wenig, wenn sie Jahre zurück liegt und nicht weiter aufgefrischt wurde. Die eingesetzte Person sollte also „im laufenden Training“ – auf Englisch „current“ sein.

6.5.2.4 Trainingsstand des Personals

Was bedeutet in der Luftfahrt als Peron „im laufenden Training“ bzw. „current“ zu sein? In-Übung-Haltung, bzw. fortlaufende Übung. Ein Fernpilot, der z.B. vor zwei Jahren eine A2-Prüfung bestanden hat und danach nie mehr als Fernpilot tätig war dürfte weder Kenntnis von den aktuell gültigen Betriebsregeln noch von technischen Feinheiten des UAS haben, von den praktischen Fertigkeiten einer feinmotorischen UAS-Steuerung ganz abgesehen.
Deshalb fordert die EASA von den Piloten fortlaufende Übung in Form von Mindeststundenzahlen und Flugbewegungen sowie eine periodische Auffrischungsschulung. Der Nachweis erfolgt über die Vorlage von Flugbuch- oder Logbuch-Aufzeichnungen, die von einer Aufsichtsfunktion (z.B. Flugleiter) bestätigt sein müssen. Bei höherwertigen Berechtigungen werden Gültigkeitszeiten der Berechtigungen festgelegt und deren Verlängerung an Bedingungen geknüpft wie Kompetenzüberprüfungen oder Befähigungsüberprüfungen (skill tests), siehe Kapitel 9.

6.5.2.5 Kommunikation

Die Trainingsanforderung gilt auch für die Elemente der Kommunikation. Piloten, die Flugfunkgeräte bedienen, brauchen z.B. ein Funksprechzeugnis, damit sie die Kommunikationsregeln beherrschen und den Flugfunkverkehr nicht stören.
Jede Person im Team des UAS-Betriebs muss deshalb für jede erdenkliche Situation wissen,

- wem sie etwas melden muss,
- wann sie eine Meldung machen muss,
- auf welchem Weg / mit welchen Mitteln sie die Information zu übermitteln hat,
- wie sie die Meldung so kurz und eindeutig formuliert, dass jeder den Inhalt versteht und nicht lange „gelabert" wird.

Diese Kommunikation muss deshalb nicht nur irgendwo vorgeschrieben sein, sondern aktiv geschult und mit dem betreffenden Personenkreis trainiert werden. Verantwortlich ist dafür der UAS-Betreiber.

6.5.2.6 Mindset (Einstellung/Verhalten)

Das ganze Wissen und die fortlaufende Übung nützen wenig, wenn die betreffenden Funktionsträger kein Interesse haben. Die mentale Grundhaltung entscheidet letztlich, ob die Verantwortung ernst genommen wird oder alle Regeln und Vorgaben beiseitegeschoben werden. Wenn das einreißt und geduldet wird, leidet die Teamleistung und insbesondere die Betriebssicherheit.
Über eine gute Sicherheitskultur in Team lassen sich Missstände schnell identifizieren und ausmerzen.
UAS-Betreiber müssen deshalb dafür sorgen, dass „Just Culture" nicht nur ein Schlagwort ist, sondern aktiv von jedem im Team gelebt wird. Sie selbst müssen mit Vorbild vorangehen.

6.5.2.7 Just Culture

Was bedeutet nun diese Fremdwortphrase „gerade (nur) Kultur"? Sie beschreibt eine Verhaltensweise von Personen im Umgang mit Ereignissen, an denen sie unter Umständen selbst oder ihnen nahestehende Personen beteiligt sind. Durch die Selbstbetroffenheit leiden sowohl die Objektivität wie auch die Bereitschaft offen darüber zu berichten, es könnten dadurch ja Nachteile entstehen.
Vorfälle, Ereignisse die sicherheitsrelevant sind müssen aber akribisch analysiert werden, um daraus Lehren ziehen zu können und künftige Fehler zu vermeiden.
Jeder Vorfall, jeder Unfall und jede Störung müssen deshalb unbedingt den zuständigen Stellen gemeldet werden, entweder als Privatperson oder als eine Organisation – nicht etwa, um den Schuldigen / die Schuldige zu finden und Strafen zu verhängen, sondern einzig und allein aus dem Grund, dass herausgefunden werden kann, wie eine mögliche Gefahr zukünftig beseitigt werden kann.
Nichts anderes will „just culture". Die UAS-Betreiber müssen in ihrer Organisation ein Umfeld schaffen, in dem offen über alle Probleme gesprochen werden kann, ohne, dass dadurch Nachteile befürchtet werden müssen.

A2

Solche Nachteile können z.B. sein:
- Mobbing durch Kollegen
- Rüge durch Vorgesetzte
- Bestrafung durch Behörden
- Geringschätzung durch das Umfeld
- Vorwurf von Nestbeschmutzung

Damit solche Verhaltensmuster nicht Platz greifen können, bedarf es sorgfältiger Schulung des Personals und der Verkündung einer diesbezüglich eingeforderten Betriebsphilosophie. Das muss unterstützt werden durch Vorbildfunktion und die Schaffung von internen Berichtsmedien, die Anonymität garantieren. Als Ergebnis wird in einem solchermaßen geführten Betrieb offen über mögliche Missstände diskutiert, daraus resultierende mögliche Gefährdungen analysiert und Verbesserungen eingeleitet.

6.5.3 Einhaltung der Entfernung zu unbeteiligten Personen

Ein weiteres Beispiel organisatorischer Maßnahmen liefert die Bewertung möglicher Gefährdung von unbeteiligten Personen im zu kontrollierenden Bodenbereich und daraus abgeleiteten Maßnahmen.
Wenn keine sicheren technischen Barrieren die Ausfallwahrscheinlichkeit der verwendeten UAS reduzieren können, oder bei Ausfall die Auswirkungen auf Personen so weit reduzieren, dass keine Verletzungen entstehen können, dann muss durch organisatorische Maßnahmen wie Absperrungen und Kontrollen der Zutritt unbeteiligter Personen in den Notfallpuffer des Betriebsvolumens verhindert werden.
Nicht immer lässt sich ein Bereich aber sicher kontrollieren. Dann müssen die Fernpiloten in der Lage sein unbeteiligte Personen zu identifizieren, die Entfernung zu ihnen abzuschätzen und die erforderlichen Mindestabstände einzuhalten.
Die Beurteilung der Entfernung zwischen dem UA und Personen ist komplex, fehleranfällig und basiert zu einem großen Teil auf Erfahrung und guter Beobachtung.

Checkliste zum besten Vorgehen:
Schritt 1: Abschätzen der Distanz zwischen Fernpilot und den IDENTIFIZIERTEN Personen,
Schritt 2: Subtrahieren der Entfernung zwischen Fernpilot und UA von der geschätzten Distanz.
Schritt 3: Prüfung, ob der Abstand dem sicheren Wert gemäß A1, A2, A3 Betriebsbedingungen entspricht, notfalls Einleitung eines sofortigen Korrekturmanovers.

6.5.3.1 Schätzen von Distanzen (Entfernung, Höhe, relative Abstände)

Die Augen der Fernpiloten haben leider keine Messeinrichtung. Mit der eingebauten Linse kann das Abbild eines entfernten Objekts zwar auf der Netzhaut scharf eingestellt werden, es fehlt jedoch der zugehörige Maßstab. Mit einem Auge kann man noch nicht einmal räumlich sehen.

Die einzigen Möglichkeiten zur Bestimmung einer Distanz ergeben sich also aus:

1. Verwendung von Hilfsmitteln wie Entfernungsmessern oder Positionsangaben des UAS (Angaben der Bodenkontrollstation),
2. Abschätzung z.B. durch Nutzung von Erfahrungs- / Vergleichsgrößen.

Genaue Daten sind nur mit den Hilfsmitteln zu 1. erfassbar. Diese Quellen sind also der Abschätzmethode (2.) in jedem Fall vorzuziehen.

Falls das nicht möglich ist, bleibt nur noch die Abschätzung.
Die Fehler bei der Abschätzungsmethode können erheblich sein und sind von Tauglichkeit, Wissen und Erfahrung der Fernpiloten abhängig.
So sind zum Beispiel die Entfernungen und Höhen von Hindernissen durch Vergleich mit

- bekannten Landmarken (vorher durch Messung ermittelt) oder
- den Abmessungen bekannter Objekte (Autos, Häuser, Bäume) abschätzbar.

Es bedarf aber abgespeicherter Erfahrungswerte und Übung im Abschätzen um einigermaßen verwertbare Ergebnisse zu erhalten.
Je weiter weg die Objekte sind desto ungenauer wird dabei die Schätzung. Der Mensch kann Schätzungen bis 10 m Distanz einigermaßen gut beherrschen, da in dem Bereich die meiste Erfahrung existiert.
Durch intensives Üben lässt sich der Erfahrungsbereich vergrößern und die Genauigkeit der Schätzung verbessern.

Abb 89: Abschätzung von Distanzen in der Entfernung.

A2

Im Wesentlichen gibt es sieben Methoden zum groben Schätzen von Entfernungen, die auch von der jagenden Zunft angewendet werden:

- a. die Erinnerungsmethode,
- b. der Vergleich bekannter Größen, Strecken und Entfernungen,
- c. das Halbieren der Strecke,
- d. die 10 Meter-Methode,
- e. die Additionsmethode,
- f. das Eingabeln,
- g. die Daumensprungmethode (mathematisch am exaktesten),

Nachfolgend ist für a. bis f. nur eine kurze Übersicht dargestellt.

6.5.3.1.1 Die Erinnerungsmethode

Die Erinnerungsmethode ist eine der übungsintensivsten Methoden zum Schätzen von Entfernungen. Sie basiert auf der Erinnerung an ermittelte, gemessene Distanzen, funktioniert also nur in bestens bekanntem Gelände. Die Fernpiloten fertigen sich dazu eine Übersichtskarte des Betriebsbereichs und tragen darin alle gemessenen Entfernungen zu Hindernissen bzw. Geländemerkmalen ein. Dann üben sie mit dem UA den Anflug auf die diversen Zielpunkte und gleichen ihre visuelle Distanz-Schätzung mit den Karten Eintragungen bzw. Systemanzeigen der Bodenkontrollstation ab. Durch stetige Wiederholung wird die Erinnerung trainiert.

6.5.3.1.2 Die Vergleichsmethode

Diese Methode verwendet den Vergleich vertrauter Größenwerte mit den Abmessungen des fliegenden UA. Dazu muss die „Spannweite" des UA bekannt sein und vergleichen werden mit der bekannten Größe wie z.B. einem Gebäude oder einem anderen Gegenstand (Auto, Baum, Person). Aus der bekannten Größe kann dann der Abstand des UA zu einer Person abgeschätzt werden. Auch hier bringt Übung den Meister im Schätzen.
Die anderen aufgeführten Methoden (c. bis f.) gleichen in etwa der Vergleichsmethode b. bei unterschiedlicher Vorgehensweise, liefern also nur sehr grobe Abschatzungen trotz viel Übung.

Daumenmethode – einfach erklärt
Die Daumenmethode hilft dabei, Entfernungen oder Größen von Objekten grob und schnell abzuschätzen – ganz ohne technische Hilfsmittel. Sie stammt aus dem Vermessungswesen und funktioniert mit ausgestrecktem Arm und einem Finger (meist dem Daumen).

Was braucht man dafür?

- Den eigenen Arm
- Den eigenen Daumen oder Finger
- Ein Auge oder beide Augen
- Eine bekannte Größe (z. B. die Größe der Drohne)

Es gibt zwei Varianten:

1. **Daumensprung-Methode (mit beiden Augen)**
   Du streckst den Arm aus und peilst ein Objekt abwechselnd mit dem rechten und linken Auge über deinen Daumen an. Der Daumen „springt" dabei scheinbar vor dem Hintergrund.
   Die Strecke, die der Daumen beim Augenwechsel „springt", ist etwa ein Zehntel der Entfernung zum Objekt.
   Beispiel: Wenn der Daumen beim Wechsel ca. 2 m „springt", ist das Objekt etwa 20 m entfernt.

Abb 90: Skizze zur Anwendung der Daumensprungmethode. Quelle: Nico Ninov

2. **Daumenbreite-Methode (mit einem Auge)**
   Du peilst das Objekt mit nur einem Auge über deinen ausgestreckten Daumen an. Die Breite oder Länge deines Daumens verdeckt einen Teil des Objekts.
   Je nachdem, ob du die Daumenbreite oder -länge nutzt, kannst du die Entfernung abschätzen:
   - Daumenbreite × 25 = ungefähre Entfernung
   - Daumenlänge × 10 = ungefähre Entfernung

   Beispiel: Wenn dein Daumen bei ausgestrecktem Arm etwa 4 cm breit ist und damit ein Objekt verdeckt, das du auf 100 m Entfernung vermutest, passt das Verhältnis (4 cm × 25 = 100 cm = 1 m → grobe Orientierung).

Wofür ist das nützlich?
Mit dieser Methode kannst du:
- den Abstand zur Drohne abschätzen
- die Flughöhe grob bestimmen
- Mindestabstände zu Personen oder Gebäuden besser einschätzen

Tipp: Die Werte sind individuell verschieden. Wer möchte, kann seine eigenen Maße (Armlänge, Daumenbreite etc.) einmal genau ausmessen und damit noch präziser rechnen.

Hinweis: Die genaueste Entfernung bekommst du natürlich über die Anzeige in der Fernsteuerung oder über die Bodenkontrollstation deiner Drohne.

6.5.3.2 Mögliche Fehlerquellen beim Entfernungsschätzen

Das menschliche Auge ist nicht optimal konstruiert, um Entfernungen zu erfassen. Das Stereo-Sehen mit zwei Augen ergibt zwar ein gewisses räumliches Sehen (s.a. Daumensprungmethode), die Sehfunktion des Menschen ist aber störanfällig.

6.5.3.2.1 Orientierung der Distanz im Raum

Alle Bewegungen und Distanzen quer zu unserer Sichtlinie erfassen wir z.B. besser als longitudinal (für uns hintereinander) ausgerichtete. Bei zusätzlicher Höhendifferenz zwischen den zu vergleichenden Objekten wird es noch schwieriger, da es sich um Schrägentfernungen handelt.
Unterschiede der Abschätzgenauigkeit ergeben sich durch Helligkeit, Kontrast, Blendung, Sichtweite, Farbgebung, Oberflächenstruktur/Bewuchs, Reflektion, Objektgröße, Objektbewegung, etc. (siehe auch Kapitel 7.6).
Bei der Wahrung des Mindestabstands zu unbeteiligten Personen sind zu den Fehlern durch Abschätzung zusätzlich noch Einflüsse wie Wind, Bewegung der Personen zu berücksichtigen, was die Sache nicht einfacher macht.

6.5.4 1:1 Regel

Mit dieser Regel wird den Fernpiloten ein einfaches Hilfsmittel an die Hände gegeben, mit dem das Betriebsrisiko klein gehalten werden kann. Sie basiert auf der Erfahrung, dass die ballistische Flugbahn eines außer Kontrolle geratenen UA nicht weiter reicht als die Ausgangshöhe.
Sie definiert somit einen sicheren Mindestabstand, bei dem ein abstürzendes UA keine unbeteiligte Person treffen würde:
Die Flughöhe darf nicht größer sein als der horizontale Abstand zu unbeteiligten Personen (siehe Abbildung 94), die maximale Flughöhe der Betriebskategorie OFFEN von 120 m über den Fernpiloten bzw. senkrecht zur Geländekontur gilt davon unabhängig.

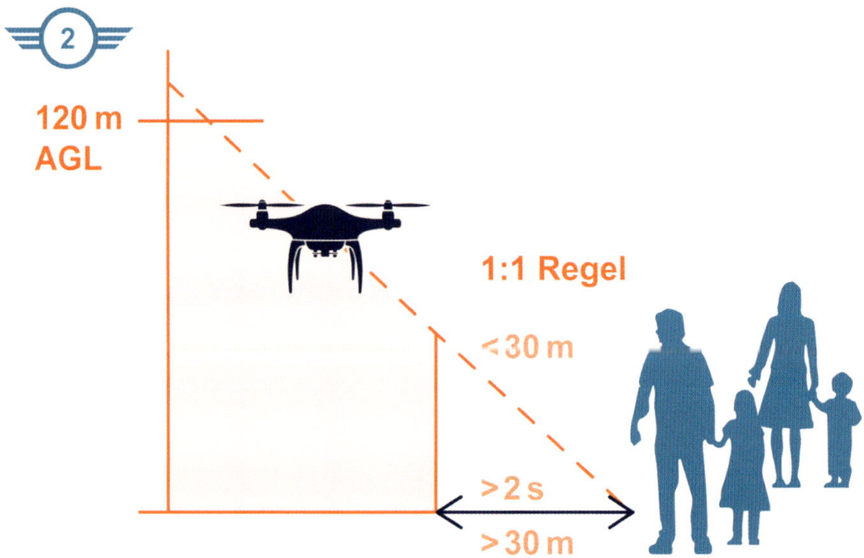

Abb 91: Darstellung der 1:1-Regel bei Betrieb mit einem UAS.

Die 1:1-Regel der EASA wird noch weiter erläutert in den AMC1 zu UAS.OPEN.030(1) sowie .040(1):

In jedem Fall ist bei Betriebsunterkategorie OFFEN A2

- bei aktiviertem Langsamflugmodus (3 m/s) ein Mindestabstand von 5 m einzuhalten, diese Festlegung gilt aber nur für Drehflügler.
- Bei unbemannten Ballonen und Luftschiffen beträgt der Mindestabstand 5 m.
- ansonsten gilt ein genereller Mindestabstand von 30 m

Bei Betrieb gemäß Unterkategorie OFFEN A3 gilt der Sicherheitsabstand von 30m ebenfalls als genereller Mindestwert, sowie ergänzend:

- nicht weniger als die Flughöhe (1:1-Regel) Kapitel 6.5.4,
- mindestens die Strecke, die das UA in 2 Sekunden bei maximaler Fluggeschwindigkeit zurücklegen kann (Annahme: 2 Sekunden Reaktionszeit des Fernpiloten).

Da der sichere Abstand aber sehr stark von der Leistung und den Eigenschaften des verwendeten UAS sowie den Witterungsverhältnissen abhängt, können höhere Werte als Sicherheitsmindestabstand herauskommen. Beispiel Sicherheitslandung am Fallschirm bei 30 Knoten Windgeschwindigkeit, bei der aus 120 m GND gut eine horizontale Distanz von 800m zurückgelegt werden kann. Die Fernpiloten haben deshalb die Bestimmung der sicheren Entfernung selbst vorzunehmen und zu verantworten.

THEMENFELD 7 – Leistungsbeschränkungen des Menschen/Tauglichkeit

Fernpiloten bilden das Fundament jedes UAS-Teams. Von ihnen wird ein hohes Maß an Verantwortungsbewusstsein gefordert, um auch in kritischen Flugphasen stets kompetent zu agieren. Das schließt das Bewusstsein über die eigenen Fähigkeiten und Grenzen ein und warum das Zurückgreifen auf bewährte Verhaltensstrategien in kritischen Situationen essentiell wichtig ist.

Deshalb liegt der Schwerpunkt der notwendigen Kenntnisse auf grundlegenden Informationen zu den Themen der Wahrnehmungs- und Handlungskette und deren Beeinflussungsmöglichkeiten durch:

- Persönliche Gesundheit
- Fitness
- Wahrnehmungshindernisse
- Sinnestäuschungen

Abb 92: Die Orientierung und Wahrnehmung kann auch durch eine FPV Brille gestört sein.

Eine gut funktionierende Wahrnehmungs- und Handlungskette beginnt mit der Fähigkeit:

- Reize unserer Sinnesorgane aufzunehmen,
- diese Reize sicher und richtig zu interpretieren,
- die daraus gewonnenen Informationen zu einem Lagebild zu verarbeiten,

und erfordert die Denkleistung:

- diese Lage mit Erfahrungswerten zu vergleichen,
- daraus Handlungsoptionen abzuleiten,
- diese auf Umsetzbarkeit zu prüfen, und danach
- die optimal geeignete Handlung einzuleiten,

und endet schließlich mit der Umsetzung der Handlungsoption durch physische Leistung mittels geeigneter Akteure.

An jedem Element dieser Kette können Beeinträchtigungen von Gesundheit und Fitness das Ergebnis stören, verfälschen oder gar unterbinden. Solche Beeinträchtigungen entstehen durch:

- geistige oder körperliche Erschöpfung (Müdigkeit),
- Einfluss berauschender Mittel,
- Wirkung von Medikamenten, oder
- krankheitsbedingte Ausfallerscheinungen.

7.1 ERSCHÖPFUNGSZUSTÄNDE / MÜDIGKEIT

Wer schon mal beim Autofahren kurzzeitig eingenickt ist, weiß um die Gefährlichkeit von Müdigkeit. Es ist dabei unerheblich woher diese geistige und/oder körperliche Erschöpfung kam. Der kurzzeitige Totalausfall aller Sinne (Sekundenschlaf) führte im besten Fall zu einem kräftigen Schreck über den erlittenen Kontrollverlust.
Die Ursachen für einen solchen gefährlichen Erschöpfungszustand können vielfältig sein. Sei es Schlafmangel oder lange geistige oder körperliche Beanspruchung, die Wirkung auf die Flugsicherheit ist in jedem Fall verheerend:

- die Reizaufnahme wird behindert oder gebremst,
- die Wahrnehmung wird verringert (evtl. Haluzinationen),
- die Aufmerksamkeit ist gestört.

Im Ergebnis ist das Bewusstsein für die Einschätzung der Flugsituation eingeschränkt. Die Auswirkungen ähneln leichtem Alkoholkonsum.
Studien zufolge entsprachen 17 Stunden Schlafentzug einem Blutalkoholgehalt von 0,5 Promille. Im Straßenverkehr gelten 0,5 Promille als Grenze der Fahrtüchtigkeit, in der Luftfahrt liegt die zulässige Grenze bei 0,2 Promille.
Wie sich die Beeinträchtigung der eigenen Leistungsfähigkeit infolge Müdigkeit bei jedem Einzelnen persönlich auswirkt, ist schwierig abzuschätzen. Das hängt klar von der allgemeinen Konstitution sowie der individuellen Situation ab und ist ganzheitlich zu betrachten.

A1/A3

7.2 BERAUSCHENDE MITTEL

Die Liste der berauschenden Mittel ist lang. Alkohol und Drogen gehören in jedem Fall dazu. Das Führen von Luftfahrzeugen unter Einfluss von berauschenden mitteln ist nicht ohne Grund untersagt:

- die persönliche Wahrnehmung ist teilweise massiv verfälscht,
- die Fehlerrate und die Risikobereitschaft der Fernpiloten erhöhen sich,
- die räumliche Orientierung wird stark beeinflusst,
- die kognitive Leistung nimmt stark ab.

7.3 MEDIKAMENTE

Medikamente sollen im Körper Wirkungen erzeugen, sonst würde man ja auch keine einnehmen. Die Wirkungen können Erschöpfung oder Müdigkeit gleichen oder aber auch berauschenden Mitteln gleichkommen. Wenn Sie Medikamente benötigen, egal ob diese verschreibungspflichtig sind oder nicht, fragen Sie sich in jedem Fall: Warum (nehme ich die)? Welche anderen Medikamente nehme ich noch?
Oft ist die Ursache für die Einnahme von Medikamenten, also das medizinische Problem selbst, nicht mit der Flugsicherheit vereinbar. Auswirkungen auf die Flugtauglichkeit können sich durch Wechselwirkung von Medikamenten noch verstärken.
Piloten der bemannten Luftfahrt konsultieren deshalb auf jeden Fall ihren Fliegerarzt zur Abschätzung der Auswirkungen auf die Flugtauglichkeit.
Beim geringsten Zweifel muss das (unbemannte) Luftfahrzeug am Boden bleiben.

7.4 KRANKHEITEN

Wie gerade festgestellt hat das medizinische Problem selbst schon gravierende Nebenwirkungen auf die Tauglichkeit Luftfahrzeuge sicher zu führen. Schon geringfügige medizinische Probleme wie z.B. eine Erkältung, Grippe, Magen-Darm-Probleme oder Kopfschmerzen können die persönliche Leistungsfähigkeit stören oder vom sicheren Betrieb des unbemannten Luftfahrzeugs ablenken.
Die so genannten kognitiven Fähigkeiten wie:

- Denkvermögen,
- Urteilskraft,
- das Ziehen von Schlussfolgerungen, und
- die räumliche Vorstellung

verschlechtern sich bereits bei geringem Unwohlsein.

Prüfen Sie vor jedem Flug Ihre persönliche Fitness und lassen Sie bereits bei geringem Zweifel das unbemannte Luftfahrzeug (UA) am Boden!

7.5 I'M SAFE (ICH BIN SICHER)

Bei dieser aus dem Amerikanischen bekannten Checkliste (FAA) werden alle Einflussfaktoren der menschlichen Leistungsfähigkeit abgefragt und bewertet. Nur wenn alle Fragen zufriedenstellend (mit nein) beantwortet werden können, sind Fernpilot:innen dazu in der Lage, mit einem UAS am Luftverkehr teilzunehmen.

Buchstabe	Bedeutung	Fragestellung	nein	etwas	ja
I	Illness (Krankheit)	Bestehen Krankheitssymptome, welche die Steuerungsfähigkeiten eines unbemannten Luftfahrzeugs beeinflussen könnten?			
M	Medication (Medikamente)	Nehmen Sie aktuell Medikamente?			
S	Stress	Stehen Sie unter Stress oder psychischem Druck?			
A	Alcohol (Alkohol)	Haben Sie in den letzten 8-24 Stunden Alkohol getrunken?			
F	Fatigue (Müdigkeit)	Hatten Sie ausreichend Schlaf, Essen und Trinken?			
E	Emotion (Gefühle)	Haben Sie ausreichend Abstand zu extremen Gefühlssituationen?			

Tabelle 10: I'M SAFE Checkliste

7.6 WAHRNEHMUNGSHINDERNISSE

Am Ende der Wahrnehmungskette soll eine korrekte, situationsgerechte Handlung stehen, die erforderlich ist, um den UAS-Betrieb sicher weiterzuführen. Sie ist von der Gesamteinschätzung der „Luftlage" (situational awareness) abhängig.

7.6.1 Luftlagebild/ Situational Awareness

Unter Situational Awareness ist die Fähigkeit zu verstehen, alle Einflüsse auf die dreidimensionale Bewegung des UAS zu erfassen, und darauf reagieren zu können. Insgesamt sind zu jedem Zeitpunkt für alle im Betriebsvolumen befindlichen Objekte die Dimensionen:

- geografische Koordinaten (laterale Position im Referenz-System Erdoberfläche),
- Höhe über Grund,
- zugehörige Uhrzeit

zu erfassen und miteinander zu korrelieren.

A1/A3

Durch Differenzbildung der UAS-eigenen Daten mit den Umgebungsdaten (Hindernisse, Personen, Konfliktverkehr) erhält man die relative Distanz und deren Änderungsgeschwindigkeit.

Aus der zeitlichen Veränderung dieser Daten kann eine Vorhersage getroffen werden, wann was und mit welcher Wahrscheinlichkeit als nächstes passieren wird, sei es

- das Überschreiten einer Höhenlimitierung, oder
- das Verlassen eines Betriebsbereichs, oder
- der evtl. Einflug in ein geografisches Gebiet.

Die Fülle an eingehenden Daten kann Fernpiloten schnell an die Grenzen ihrer Leistungsfähigkeit führen. Da sie ihrem UAS gedanklich immer einen Schritt voraus sein müssen, erfordert die Erfassung und Verarbeitung dieser zahlreichen Signale die uneingeschränkte kognitive Kapazität und fachliche Kompetenz des Steuerers. Erschwerend kommt hinzu, dass die Datenqualität infolge Störungen erheblich schwanken kann.
Der Mensch ist mit seinen Sensoren und der Verarbeitung der Signale nämlich recht begrenzt. Daraus ergeben sich viele Hindernisse in der reellen Erfassung und Beurteilung der Luftlage.

7.6.2 Erfassung von Geschwindigkeiten

Noch schwieriger ist die Abschätzung der zeitlichen Veränderung von Distanzen, also der Geschwindigkeit. Dabei variiert die Genauigkeit stak mit der relativen Be- wegungsrichtung zu den Fernpiloten.

- Quer zur Sichtrichtung der Fernpiloten: höchste Genauigkeit
- Parallel zur Sichtrichtung der Fernpiloten: geringste Genauigkeit

Störend kommt noch die Objektgröße hinzu. Je größer die Abmessungen eines Flugzeuges (z.B. A380), desto langsamer sieht es aus.

7.6.3 Sichtverhältnisse

Wenn die Sicht auf die zu erfassenden Objekte „getrübt“ ist durch z.B.:

- Dämmerung / Dunkelheit,
- Dunst / Nebel,
- Gegenlicht/ Blendung,
- schlechte Kontraste (Farbe / Form vor dem Hintergrund),
- schlechte oder fehlende Brille,
- beeinträchtigte Sehleistung (Alkohol, Medikamente, Müdigkeit),

wird die Wahrnehmung u.U. so gestört, dass keine valide Erfassung der Luftlage-Werte möglich wird. Meteorologische Einflüsse, welche sich auf die Sichtverhältnisse auswirken sind im Kapitel 8.2.6 beschrieben.

7.6.4 Dämmerung und Dunkelheit

Wie geschildert ist bei Dämmerung oder Dunkelheit eine reduzierte Signalerfassung zu erwarten.
Hinzu kommt, dass das menschliche Auge viel Zeit braucht, um sich unterschiedlichen Lichtverhältnissen anzupassen (Akkomodation). Bei plötzlichen Helligkeitsänderungen kann das bis zu 30 Minuten dauern, bis die volle Sehleistung wieder erreicht ist.

Faktoren, die sich auf die sogenannte Nachtsichtfähigkeit auswirken:

- Die Sehstärke: Bei Kurzsichtigen ist die Nachtsichtfähigkeit eingeschränkt. Jede Gegenlichtquelle überstrahlt dann alle anderen visuellen Signale und führt zur Blendung.
- Die Spektralfarbe des Lichts: Je näher die Wellenlänge am weißen Licht, desto energiereicher und besser sichtbarer ist die Strahlung. Grünes Licht erscheint z.B. heller als rotes Licht, was den Eindruck erwecken kann, dass die grüne Lichtquelle näher ist. Rotes Licht erscheint hingegen dunkler und vermittelt die Illusion weiter hinten zu sein.
- Toxische Einflüsse: Nicht zu vernachlässigen ist, dass eine durch Rauchen oder das Einatmen von Abgasen verursachte Kohlenmonoxidexposition die Nachtsichtfähigkeit aufgrund einer so genannten „anämischen Hypoxie“ (Vergiftung) negativ beeinträchtigt.

7.6.5 Nachtbetrieb

Nachtbetrieb mit UAS ist nur mit geeigneten hellen Leuchten durchzuführen, die am UA gemäß SERA angeordnet und durch eine grüne Rundum-Blinkleuchte ergänzt sind, damit die Fluglage für die Fernpiloten sicher erkennbar ist und keine Verwechslung mit bemannten Luftfahrzeugen möglich ist (siehe Kapitel 5.2.4).
Die übrigen, die Sichtverhältnisse störenden Effekte sind im Kapitel 8.2.6 beschrieben.

Abb 93: UAS startet mit geeigneter Nachtbeleuchtung in der Dämmerung.

THEMENFELD 8 – Meteorologie

8.1 DIE ATMOSPHÄRE

Die im Vergleich zur Erdkugel relative dünne Lufthülle der Erde wird Atmosphäre genannt.
Die Atmosphäre ist ein Gasgemisch und besteht zu 78 % aus Stickstoff, zu 21 % aus Sauerstoff, zu 1 % aus Edelgasen (wie Argon). Außerdem sorgen die Treibhausgase in der Atmosphäre dafür, dass die Durchschnittstemperatur auf der Erdoberfläche bei 15 °C anstatt nur sehr kalten -18 °C liegt (Treibhauseffekt).
Die Treibhausgase machen jedoch nur etwa 1 % des gesamten Gasgemisches in der Luft aus. Neben dem Wasserdampf ist Kohlendioxid (CO_2) eines der wichtigsten Treibhausgase, obwohl der CO_2-Gehalt nur etwa 0.038 % in der Atmosphäre beträgt. Neben der Erwärmung der bodennahen Luftschichten durch die Treibhausgase schützt uns die Atmosphäre vor der schädlichen, kurzwelligen Ultravioletten (UV) und Röntgenstrahlung der Sonne, lässt aber das lebenswichtige Sonnenlicht zur Erdoberfläche durch.
Außerdem spielt sich ein Großteil des Wasserkreislaufes in der Atmosphäre ab: das Wasser verdunstet vom Erdboden und ist als Wasserdampf vorhanden, kondensiert dann wieder und bildet dabei Wolken und fällt schließlich als Niederschlag wieder zur Erde.

8.1.1 Zusammensetzung

Die vertikale Verteilung der Temperatur in der Erdatmosphäre zeigt einen charakteristischen Verlauf (Abb. 94). Aufgrund der Temperaturverteilung kann die Atmosphäre in fünf Schichten mit folgenden mittleren Höhenwerten unterteilt werden:

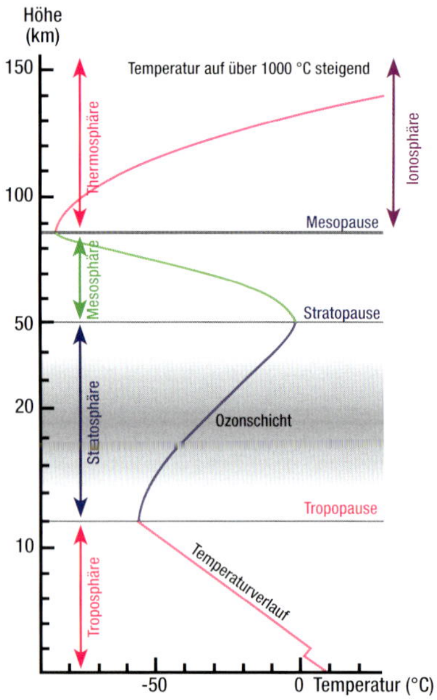

Temperaturgradient:
Temperaturänderung mit der Höhe (im Normalfall Abnahme), Mittelwert für Troposphäre: 0.65 °C/100 m oder 2 °C/1000 ft

Abb 94: Vertikaler Temperaturverlauf und die verschiedenen Schichten in der Erdatmosphäre.

Die aus der Abbildung 94 ersichtlichen Wendepunkte des vertikalen Temperaturverlaufes werden in aufsteigender Reihenfolge bezeichnet als:

- Tropopause
- Stratopause
- Mesopause

Troposphäre	0 bis 12 km
Stratosphäre	12 bis 50 km
Mesospäre	50 bis 85 km
Thermosphäre	85 bis 500 km
Exosphäre	über 500 km

Tabelle 11: Schichtung der Atmosphäre

A2

90 % der gesamten Luft sowie fast der gesamte Wasserdampf der Atmosphäre befinden sich in der Troposphäre. Aufgrund des Wasserdampfes spielt sich in ihr der Großteil des Wettergeschehens ab.

8.1.2 Die Standardatmosphäre

Die ICAO (International Civil Aviation Organization) hat für die Luftfahrt eine Norm-Atmosphäre aus Durchschnittswerten definiert, die sich aus Erfahrungswerten ergeben haben:
Sie dient zum Vergleich von Leistungsparametern von Flugzeugen und Triebwerken und zur Eichung von Fluginstrumenten wie Höhenmesser und Korrekturskalen.

Die wichtigsten Daten der ICAO-Standardatmosphäre zeigt Tabelle 12:

Lufttemperatur (MSL=mean sea level)	15 °C
Luftdichte	1.225 kg/m^3
Luftdruck	1013.2 hPa
Temperaturabnahme bis 11km Höhe (Troposphäre)	0.65 °C/100 m bzw. 2 °C/1000 ft
rel. Feuchte	0%
Höhe der Tropopause	11 km
Temperatur an der Tropopause	-56.5 °C

Tabelle 12: ICAO-Standardatmosphäre

Die Temperaturabnahme mit der Höhe ist nicht zu verwechseln mit dem feuchtadiabatischen Temperaturgradienten (siehe Kapitel 8.3).

8.2 WETTERBESTIMMENDE GRÖSSEN

8.2.1 Temperatur

Die Temperatur ist die physikalische Maßzahl für den Wärmezustand von Materie. Nach der kinetischen Gastheorie ist die Temperatur proportional zur Bewegungsenergie der Moleküle.

A2

Die Luft der Atmosphäre wird nur zu einem sehr kleinen Teil direkt von der Sonne erwärmt. Im Bereich der Troposphäre durchdringt deshalb die Sonneneinstrahlung fast komplett die Luftschicht und erwärmt tagsüber den Erdboden. Der erwärmte Boden gibt wiederum einen Großteil der Wärme an die bodennahen liegenden Luftschichten ab. Der Großteil des Wärmetransportes innerhalb der ganzen Troposphäre erfolgt dann durch Konvektion.
Dieser Begriff bezeichnet eine vertikale Bewegung von am Boden erwärmten Luftpakete, die durch die thermisch bedingte geringere Dichte aufsteigen. Kühle Luft sinkt gleichzeitig aufgrund der höheren Dichte zum Boden hin ab. Dieser konvektive Luftmassenaustausch führt letztendlich zu einer turbulenten Durchmischung der Atmosphäre.

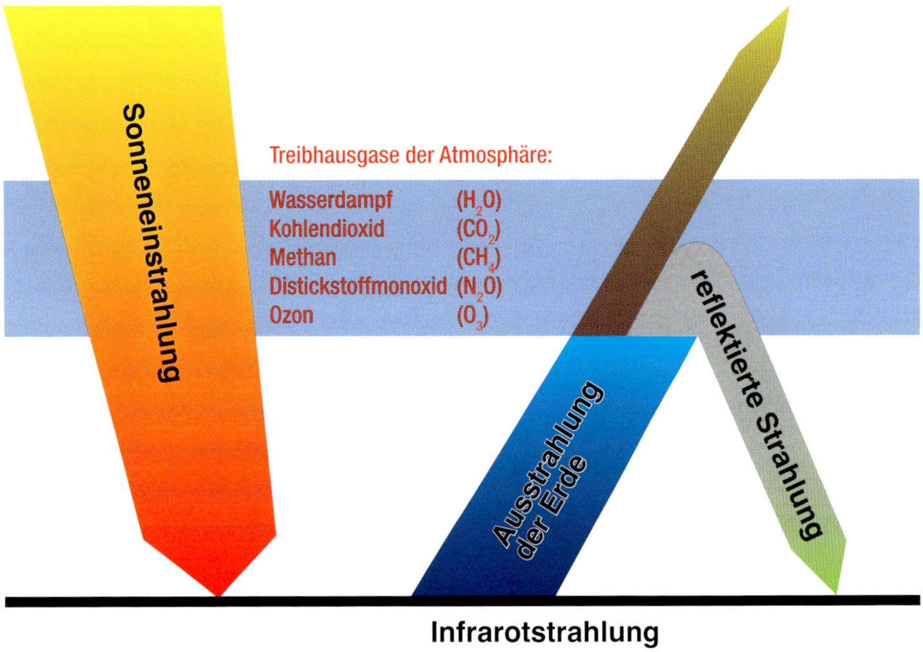

Abb 95: Einfache schematische Darstellung des Strahlungshaushaltes in der Erdatmosphäre.

8.2.2 Luftdruck

Luftdruck entsteht durch die Gewichtskraft der darüber liegenden Masse der Luftsäule und ist definiert als die Schwerkraft der Luftsäule pro Flächeneinheit. Mit zunehmender Höhe nimmt der Luftdruck exponentiell ab, da sich die Zahl der Luftmoleküle verringert (Abb. 96). Die prozentuale Zusammensetzung des Luft-Gasgemisches bleibt jedoch erhalten. Wie in der Abbildung 96 aufgezeigt, halbiert sich bei einer Höhendifferenz von etwa 5500 m der Druck jeweils.
Die in der Luftfahrt verwendete Maßeinheit für den Luftdruck ist Hektopascal (hPa). 1 hPa sind 100 Pascal (Pa) und entspricht 1 Millibar (mbar), einer der früher verwendeten Einheiten für den Luftdruck. Das am weitesten verbreitetste Messgerät für den Luftdruck ist das Barometer.

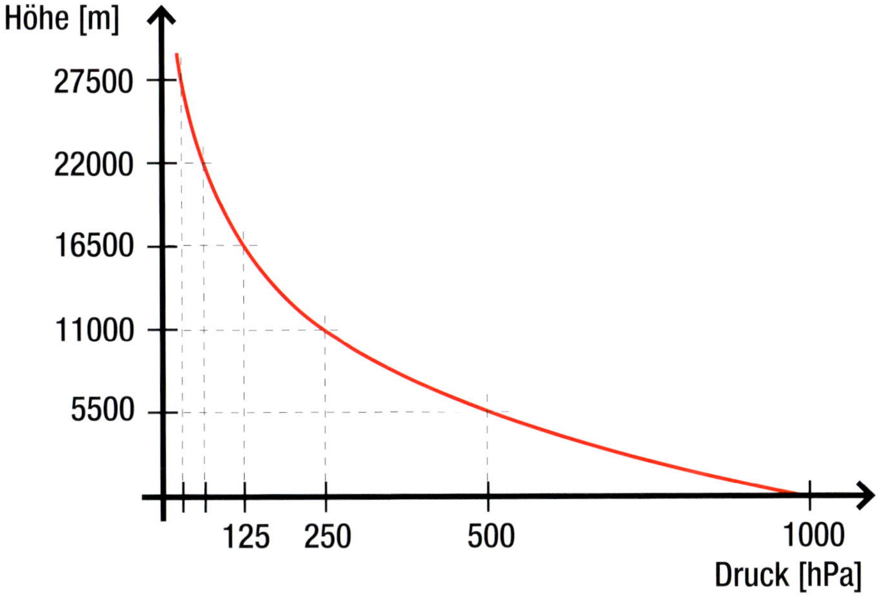

Abb 96: Luftdruckverlauf in der Erdatmosphäre.

Der Luftdruck unterliegt ständigen Schwankungen in der Atmosphäre. Auslöser für Veränderungen der Luftdichte und damit der Schwankung des Luftdruckes sind Temperaturunterschiede und Strömungen der Luftmasse. Wenn bei gleichbleibendem Luftdruck die Temperatur steigt, nimmt die Luftdichte ab.

Die Entstehung des Wetters wird maßgeblich durch regionale Schwankungen des Luftdruckes beeinflusst. Deshalb messen Wetterstationen weltweit kontinuierlich den Luftdruck und leiten diese Daten an Wetterämter weiter. Dort werden die Druckdaten in Wetterkarten eingetragen. Linien gleichen Druckes heißen Isobaren. Durch die Isobaren werden auf der Bodenwetterkarte Gebiete mit Hoch- oder Tiefdruck erkennbar. Aufgrund des Druckunterschiedes zwischen den Hoch- und Tiefdruckgebieten setzt der Wind als Ausgleichsströmung ein. Sind die Isobaren in der Wetterkarte dicht beieinander, so sind dies Gebiete mit hohen Windgeschwindigkeiten. Wenn sich der Isobarenabstand hingegen auf der Wetterkarte vergrößert, wird der Wind schwächer.

8.2.3 Barometrische Höhenmessung

Eine weit verbreitete Methode, um die Flughöhe eines UA zu bestimmen, ist die barometrische Höhenmessung. Höhenmesser sind Barometer, die eine dem Luftdruck (unter Normalbedingungen), entsprechende Höhe anzeigen.

Zur Abschätzung der absoluten Flughöhe (wahre Höhe, engl. true altitude) müssen jedoch die lokalen Luftdruckschwankungen aufgrund von Wetterumschwüngen regelmäßig berücksichtigt werden. Dies geschieht durch das Nachstellen der Bezugsfläche (Nullmarke) des barometrischen Höhenmessers.

Wetterumschwünge führen Luftdruckänderungen herbei, da der Luftdruck neben der

Höhe auch von der aktuellen Temperatur- und Luftfeuchtigkeit abhängt. So hat warme Luft eine geringere Dichte als kalte Luft und dehnt sich daher mehr im Vergleich zur Kalten aus. Dies führt dazu, dass die gleiche Druckfläche (hier die 500 hPa-Fläche als Beispiel in Abbildung 97) in warmer Luft eine größere Höhe über Grund hat als kalte Luft.

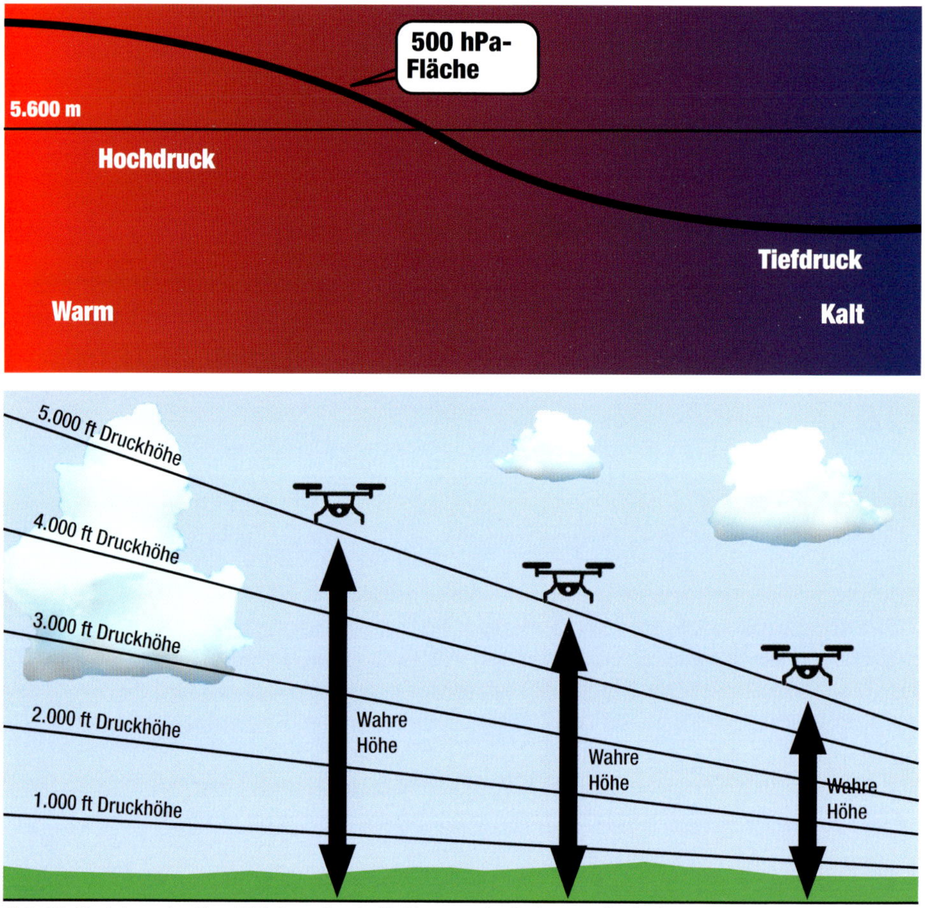

Abb 97: Absinken der Druckflächen durch die Temperaturänderung der Luftmasse.

8.2.4 Luftdichte

Die Luftdichte (oft auch als Dichte von Luft oder Dichte der Luft bezeichnet) gibt an welche Masse der Luft in einem bestimmten Volumen enthalten ist und wir daher normalerweise mit der Einheit kg pro m^3 angeben. Die Flugleistung, wie z.B. der Aufrieb und Schub des UA sind direkt abhängig von der Luftdichte

Die Luftdichte ist von der Temperatur und vom Luftdruck abhängig. Auf Meeresniveau bei einer Temperatur von 15 °C und bei einem Luftdruck von 1013,25 hPa (entspricht der Standardatmosphäre) beträgt die Luftdichte 1,225 kg pro m^3.

Mit aufsteigender Höhe wird die Luft immer dünner. Wäre die Temperatur in allen Höhen gleich, so würden Luftdruck und Luftdichte mit zunehmender Höhe nach der barometrische Höhenformel exponentiell abnehmen. Die Luftdichte nimmt mit der Höhe jedoch im Verhältnis weniger schnell ab, da die Temperaturabnahme mit der Höhe dem entgegenwirkt. Kalte Luft ist dichter als warme Luft bei gleichbleibendem Umgebungsluftdruck.

8.2.5 Luftfeuchte

8.2.5.1 Eigenschaften

Mit dem Begriff Luftfeuchtigkeit (kurz Luftfeuchte, Feuchte), wird der Anteil des Wasserdampfs am Luft-Gasgemisch bezeichnet. In der Luft vorkommendes flüssiges oder gefrorenes Wasser wie Regentropfen, Wolkentröpfchen, Nebel oder Schnee-

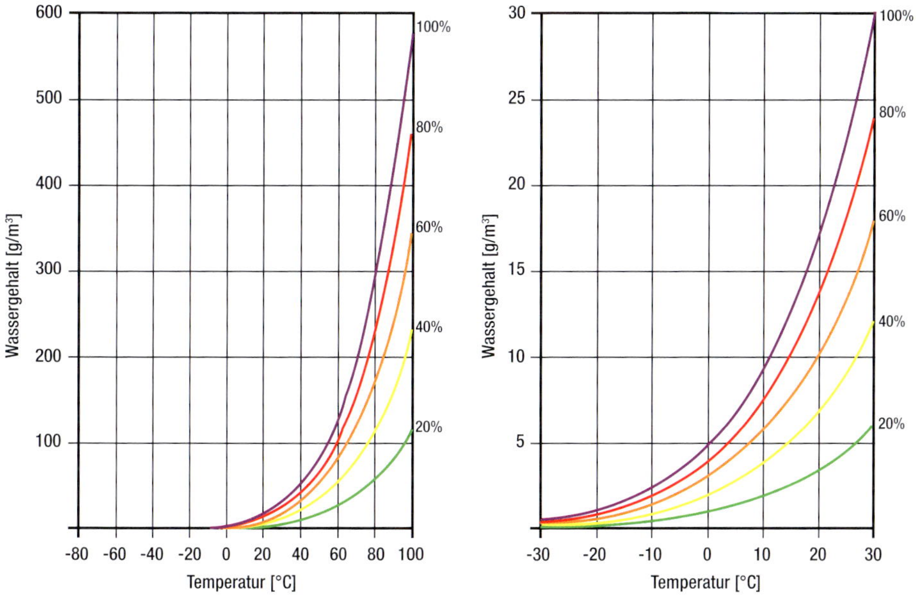

Abb 98: Sättigungsmenge von Wasserdampf in der Luft in Abhängigkeit der Lufttemperatur.

kristalle werden der Luftfeuchtigkeit nicht zugerechnet. Erst die Tatsache, dass Luft Wasser in Form Dampf aufnehmen kann, ist die Ursache für die Vielzahl von Wettererscheinungen.

Die Luft kann jedoch abhängig von der Temperatur nur eine bestimmte Menge an Wasserdampf aufnehmen. Mit zunehmender Lufttemperatur steigt der maximale aufnehmbare Wasserdampf in der Luft, wie in Abbildung 98 dargestellt.

Neben dem Dampf kann Wasser auch noch weitere Aggregatszustände einnehmen. Wasser kann als Eis (fest), in Tropfenform (flüssig) und als Dampf (gasförmig) erschei-

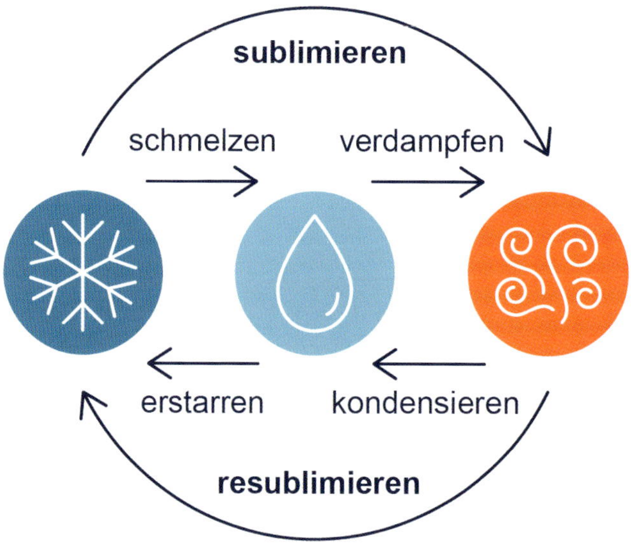

Abb 99: Schematische Darstellung der Aggregatzustände des Wassers. Quelle: Nico Ninov

nen (Abb. 99). Die dazugehörigen Übergänge werden als „schmelzen - erstarren, verdampfen - kondensieren und sublimieren – resublimieren“ beschreiben. Um von einem in den anderen Aggregatszustand zu wechseln, ist immer die Aufnahme oder die Abgabe von Energie notwendig. So ist im Wasserdampf latente Wärmeenergie gespeichert, welche bei der Kondensation des Wasserdampfes frei wird.
Auch bei niedrigen Temperaturen kann Wasser von dem festen oder flüssigen Zustand in den gasförmigen übergehen (Sublimation bzw. Verdunstung). Ist ein bestimmtes Maß an Feuchtigkeit in Form von Wasserdampf in der Luft erreicht, kondensiert genauso viel Wasserdampf, wie verdunstet. Es stellt sich ein Gleichgewicht ein, die Luft ist gesättigt, sie hat ihre maximale Feuchte (Wasserdampfgehalt) erreicht.

8.2.5.2 Luftfahrtrelevante Begriffe der Luftfeuchte

In der Meteorologie wie auch in der Luftfahrt wird eine Vielzahl von Begrifflichkeiten verwendet, um die Luftfeuchte zu charakterisieren.

Maximale Feuchte:
Der höchstmögliche Wasserdampfgehalt, welchen die Luft bei einer bestimmten Temperatur aufnehmen kann. Die Aufnahmefähigkeit der Luft für Wasserdampf nimmt mit zunehmender Temperatur zu (siehe Abbildung 46).

Absolute Feuchte:
Der tatsächlich in der Luft enthaltene Wasserdampf in g/m^3.

Relative Feuchte:
Verhältnis des tatsächlich vorhandenen Wasserdampfgehaltes zum maximal möglichen in Prozent angegeben.

relative Luftfeuchte = (absolute Luftfeuchte / maximale Luftfeuchte) x 100

A2

z.B.: Enthält 1 m^3 Luft nur 3,9 g kann aber maximal 7,8 g Wasserdampf aufnehmen, so liegt die relative Luftfeuchte bei 50 %.

Taupunkt:
Diejenige Temperatur, bei der die maximale Luftfeuchte erreicht wird. Anders ausgedrückt: Am Taupunkt beträgt die relative Luftfeuchtigkeit 100 % und die Luft ist mit Wasserdampf (gerade) gesättigt. Kühlt feuchte Luft ab, so sinkt die maximale Luftfeuchte, die relative Luftfeuchte steigt bis zur Sättigung. Wird die Luft noch weiter unter den Taupunkt abgekühlt, bleibt die relative Feuchte bei 100 % und überschüssiger Wasserdampf muss kondensieren. Es bildet sich Nebel oder Wolken. Je mehr Wasserdampf die Luft enthält (bei gleicher Temperatur), desto höher liegt deren Taupunkttemperatur. Der Taupunkt kann daher zur Bestimmung der absoluten Luftfeuchtigkeit dienen.

Taupunktdifferenz (Spread):
Differenz zwischen tatsächlicher Temperatur und Taupunkt. Mit Hilfe des Spreads kann u.a. mögliche Nebelbildung vorhergesagt werden. Eine Verkleinerung des Spread führt bei sonst gleichbleibenden Bedingungen zu Sichtrückgang und verschlechtert die Sichtbarkeit des UA für den Steuerer und für andere Verkehrsteilnehmer im Luftraum.

z.B. Spread = 10 °C: Die Luft muss sich um 10° C abkühlen, um den Taupunkt zu erreichen.

8.2.6 Sichtweite

Sicht ist weder eine wetterbestimmende Größe noch eine Wettererscheinung, sie ist aber essenziell für den Betrieb mit UAS. In der Betriebskategorie OFFEN darf der Flugbetrieb ausschließlich nur in direkter Sichtweite des UA stattfinden. Eine ungehinderte und klare Sicht ist hierfür eine wesentliche Voraussetzung. Eine Verschlechterung der Sichtbedingungen kann sonst zu einer erhöhten Gefahr des Zusammenstoßes mit anderen Luftfahrzeugen, oder Personen und Gegenständen am Boden führen. Es ist daher wichtig sich über Einflussfaktoren der Sichtweite bewusst zu werden.
Allgemein wird als Sichtweite oder Sicht die Entfernung definiert, bis zu der ein Objekt noch als solches erkennbar ist. Maßgeblich für das Erkennen eines Objektes ist, inwieweit es sich vom Hintergrund abhebt. Diese Definition der Sichtweite ist unabhängig von geometrischen Beschränkungen durch Hindernisse wie Gebäude und Berge oder der Erdkrümmung. Im physikalischen Sinne ist Sicht nichts anderes als die Wahrnehmung von Lichtstrahlen der Oberfläche des zu beobachtenden Gegenstandes. Alle Faktoren die den Strahlungsverlauf zwischen den Augen des Betrachters und des Gegenstandes einschränken oder Faktoren, welche die Strahlungsintensität dämpfen, vermindern die Sichtbarkeit bzw. die Sichtweite.

Davon ausgehend haben folgende meteorologische Faktoren einen Einfluss:

- Nebel und Dunst besitzen relativ kleine Wassertropfen. Je nach Dichte (hiermit ist die Anzahl der Wassertropfen pro Luftvolumen gemeint) des Nebels und des Dunstes wird die Strahlungsintensität eingeschränkt. Die Dichte kann über die Höhe der relativen Feuchte bzw. die Taupunktdifferenz abgeschätzt werden. Je höher die relative Feuchte der Luft ist, desto schlechter die Sichtweite und die Sichtbarkeit des UA.
- Große Wolken unterbrechen durch die große Anzahl an Wassertropfen den Strahlungsverlauf komplett und sind als Sichthindernis zu verstehen.
- Fallender Niederschlag: umso intensiver dieser stattfindet umso stärker wird der Strahlungsdurchgang beeinträchtigt. Bei Schneeflocken als Niederschlag ist der Sichtrückgang noch stärker ausgeprägt als bei Regen.
- Aerosol Partikel: Ähnlich wie Wassertröpfchen bei Dunst und Nebel können Staub oder Rußpartikel den Strahlungsdurchgang dämpfen und die Sichtweite einschränken.

Ferner führt Gegenlicht oder Blendung zu einer starken Störstrahlung. Dies bedeutet, dass die vom UA ausgehende schwache Strahlungsintensität (das UA ist tagsüber nur sichtbar, da es Sonnenstrahlung an seiner Oberfläche reflektiert) in Konkurrenz zu einem intensiven Strahler, wie zum Beispiel der Sonne selbst steht. Das UA ist in diesem Fall nicht mehr zu erkennen.

Im Gegensatz dazu ergeben sich für Sie als Fernpilot die besten Sichtbedingungen bei sommerlichem Rückseitenwetter mit der Sonne im Rücken. Unter Rückseitenwetter versteht man die Wetterlage nach dem Durchzug einer Kaltfront. Typisch hierfür ist eine besonders klare, saubere und staubfreie Luft, die eine extrem hohe Sichtweite ermöglicht. Da die Sonne in diesem Szenario hinter dem Piloten steht, wird das UA optimal ausgeleuchtet und erzeugt einen maximalen Kontrast zum Hintergrund, ohne dass störende Blendeffekte die Wahrnehmung beeinträchtigen.

8.3 ADIABATISCHER VORGANG

Betrachten wir ein Luftpaket (ähnlich wie ein Heißluftballon) aus ungesättigter Luft, welches wärmer sein soll als seine Umgebungsluft. Aufgrund seiner höheren Temperatur ist seine Dichte geringer. Das Luftpaket steigt daher auf (Archimedisches Prinzip) und gelangt dabei in höhere Sichten geringeren Luftdrucks (siehe Kapitel 8.2.2). Durch die Druckabnahme mit zunehmender Höhe wird sich das Luftpaket ausdehnen, also sein Volumen vergrößern. Ein Gas, welches expandiert kühlt sich ab. Das Luftpaket wird beim Aufsteigen somit seine Temperatur verringern. Umgekehrt wird absinkende Luft durch den höheren Umgebungsdruck komprimiert, und erwärmt sich dabei.
Wichtig hierbei ist, dass zwischen umgebender Luft (sogenannte Zustandskurve der umgebenden Luft) und der vertikal bewegten Luft (Luftpaket) unterschieden wird.

Die Zustandskurve
Ist der vertikale Temperaturverlauf der umgebenden Luft bzw. Luftschichtung in der Atmosphäre und wird überwiegend mit einem Wetterballon gemessen. Die Zustandskurve, oft auch als Temperaturgradient bzw. als tatsächlicher Temperaturverlauf in der Atmosphäre bezeichnet, variiert je nach Wetterlage, Jahreszeit und Klimazone. In den mittleren Breiten beträgt der Gradient im Mittel 0,65 °C pro 100 m Höhendifferenz. Dieser Wert wird auch weltweit für die ICAO-Standard-Atmosphäre verwendet.

Vertikal bewegte Luft
Für das vertikale bewegte Luftpaket müsste man eigentlich einen Wärmeaustausch mit der umgebenden Luft berücksichtigen. Dieser kann aber vernachlässigt werden. Daher spricht man hier auch von adiabatischen Vorgängen, da kein Wärmeaustausch stattfindet.

8.3.1 Trockenadiabatisch

Liegt während der vertikalen Bewegung eines Luftpaketes seine Feuchte unterhalb der Sättigungsgrenze, dann findet ein trockenadiabatischer Vorgang statt. Der trockenadiabatische Temperaturgradient, also die Temperaturänderung des vertikal bewegten ungesättigten Luftpaketes mit der Höhe, beträgt ziemlich genau -1 °C / 100 m Höhenunterschied. Ein aufsteigendes Luftpaket kühlt sich alle 100 m um 1 °C ab (Abb. 100). Ein absteigendes Luftpaket erwärmt sich hingegen um 1 °C pro 100 m.

Beachte: Der adiabatische Temperaturgradient ist unabhängig von der umgebenden Luftschichtung (Zustandskurve) und nicht zu verwechseln mit dem ICAO-Standard-Temperaturgradient von 0,65 °C/100 m, der ebenfalls die Zustandskurve beschreibt!

8.3.2 Feuchtadiabatisch

Ein Luftpaket kühlt sich beim Aufstieg nur solange trockenadiabatisch ab (-1 °C / 100 m), solange die relative Luftfeuchtigkeit in dem Luftpaket unter 100 % bleibt, also keine Unterschreitung des Taupunkts und damit keine Kondensation erfolgt. Kühlt sich das Luftpaket während des Aufstieges unter den Taupunkt ab, kondensiert der Wasserdampf in dem Luftpaket und es wird Kondensationswärme (latente Wärme) frei. Gesättigt aufsteigende Luft wird sich deshalb weniger stark beim weiteren Aufstieg abkühlen als trockene. Die Temperaturabnahme liegt hier etwa zwischen -0,5 und -0.6 °C pro 100 m.
Ab der Höhe, in der das Luftpaket feuchtadiabatisch aufsteigt – also das Höhenniveau in der sich das Luftpaket bis zu seinem Taupunkt abgekühlt hat – bildet sich aufgrund der Kondensation des Wasserdampfes sichtbare Wassertröpfchen. Es entsteht eine Wolke. Diese Höhe wird auch als Kondensationsniveau bezeichnet (Abb. 100).

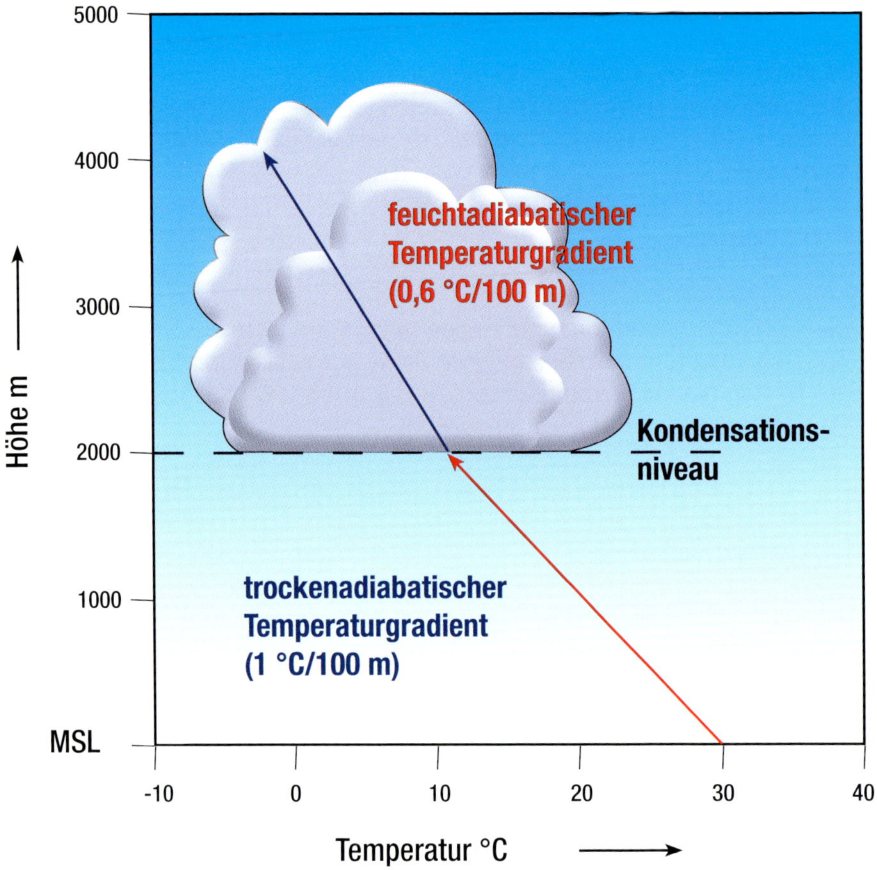

Abb 100: Illustration des trocken- und feuchtadiabatischen Temperaturgradienten und der Wolkenbildung auf Höhe des Kondensationsniveaus. In dieser Höhe erreicht das aufsteigende Luftpaket seinen Taupunkt und der Wasserdampf kondensiert. Es bilden sich kleine Tröpfchen, die wir als Wolke wahrnehmen.

8.4 LUFTSCHICHTUNG

Für die Entstehung von Thermik, Turbulenz, Wolken und Gewitter und damit für das Wettergeschehen ist der vertikale Temperaturgradient, die Schichtung der Luft und deren Stabilität entscheidend.
Um das Maß der vertikalen Stabilität einer Luftschichtung zu bestimmen, muss man die aktuelle Zustandskurve mit dem trockenadiabatischen Temperaturgradienten (1 °C/100 m) vergleichen. Dabei wird die Zustandskurve in drei verschiedene Schichttypen unterteilt:

- stabile Luftschichtung: Die Temperaturabnahme der Schichtung mit der Höhe ist weniger als 1 °C/100 m.
- labile Luftschichtung: Die Temperatur nimmt um mehr als 1 °C/100 m mit der Höhe ab.
- indifferente (neutrale) Luftschichtung: Die Temperaturänderung entspricht genau dem trockenadiabatischen Gradienten von 1 °C/100 m.

Nimmt die Temperatur mit der Höhe stattdessen zu, wird dies als eine Inversion bezeichnet (siehe Kapitel 8.4.2). Um die aktuellen Verhältnisse der umgebenden Lufttemperatur mit der Höhe (Zustandskurve) festzustellen, lässt man weltweit etwa zweimal täglich an über 900 Orten Wetterballone aufsteigen, die u.a. Temperatur und Luftfeuchtigkeit messen.

8.4.1 Stabile und labile Luftschichtung

Schon die geringste Erwärmung der bodennahen Schichten durch Sonneneinstrahlung genügt, um ein Luftpaket wie eine Warmluftblase aufsteigen zu lassen. Das Luftpaket wird jedoch nur so weit aufsteigen, bis es in eine Schicht gelangt, welche die gleiche Temperatur hat wie das Luftpaket selbst. Da sich das Luftpaket beim Aufstieg immer trockenadiabatisch abkühlt (solange es nicht gesättigt ist) ist die Abnahme der um- gebenden Luft mit der Höhe entscheidend. Beträgt diese weniger als 1 °C pro 100 m, ist die Luftschicht stabil geschichtet. Das trockene Luftpaket wäre bereits nach dem Abheben vom Boden kälter als die umgebende Luft und würde sofort zurücksinken. Das Luftpaket wird somit am Aufsteigen gehindert (Abb. 101). Nimmt hingegen die umgebende Lufttemperatur mit mehr als 1 °C pro 100 m ab, so ist diese labil geschichtet. Das Luftpaket bleibt dabei beim Aufstieg immer wärmer als die Umgebung, die Temperaturdifferenz vergrößert sich sogar mit zunehmender Höhe (Abb. 101). Da sich dabei die Auftriebskraft vergrößert wird das Luftpaket im Aufstieg beschleunigt.
Eine labile Luftschichtung ist durch Konvektion, also thermische Turbulenz (Thermik), gekennzeichnet. Durch die Konvektion können sich bei ausreichender Feuchte Wolken, Schauer und bei hoher Labilität Gewitter bilden. Im Gegensatz dazu ist bei einer stabilen Schichtung mit keiner thermischer Turbulenz und Gewitterbildung zu rechnen.

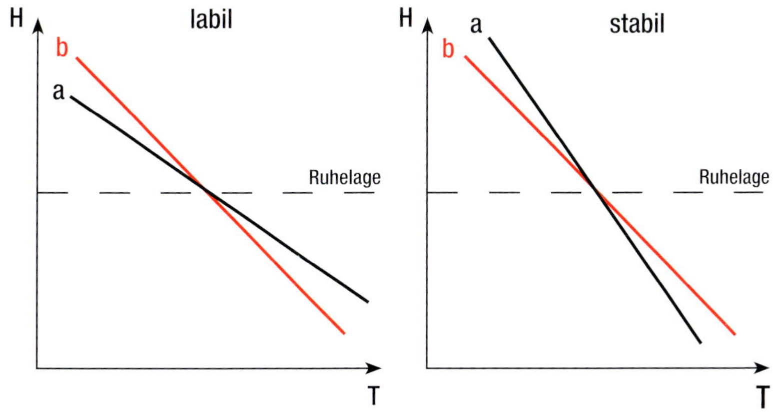

Abb 101: a - Zustandskurve (tatsächlicher Temperaturverlauf)
b - trocken-adiabatischer Temperaturgradient
Die Schichtung der Atmosphäre ist labil, wenn die Zustandskurve einen höheren Temperaturgradienten hat als der trocken-adiabatische Temperaturgradient. D.h. die Temperatur in der Atmosphäre nimmt mit der Höhe mit mehr als 1° C pro 100 m ab.
Hingegen ist die Schichtung der Atmosphäre stabil, wenn die Zustandskurve einen niedrigeren Temperaturgradienten hat als der trocken-adiabatische Temperaturgradient. D.h. die Temperatur in der Atmosphäre nimmt mit der Höhe mit weniger als 1° C pro 100 m ab.

8.4.2 Inversion

Eine Schicht, innerhalb derer die Temperatur entgegen den normalen Verhältnissen mit der Höhe zunimmt, wird Inversionsschicht (kurz Inversion) oder Temperaturumkehr genannt (Abb. 102).
Eine Inversionsschicht kann von aufsteigender Luft nicht durchdrungen werden, daher bildet die Inversion eine sehr stabile Luftschichtung. Inversionen können durch verschiedene atmosphärische Prozesse entstehen. Eine in den mittleren Breiten häufig vorkommende Entstehungsart ist die nächtliche Ausstrahlung des Erdbodens, wodurch sich die unmittelbar über dem Boden liegenden Luftschichten stärker auskühlen als die darüber liegenden. Diese Art der Temperaturzunahme mit der Höhe wird Bodeninversion genannt.

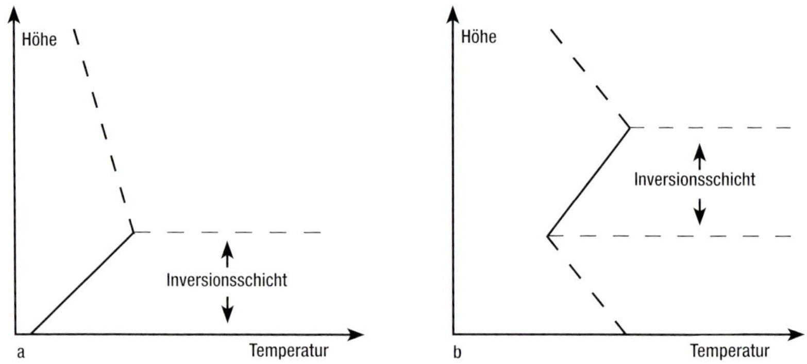

Abb 102: Links: Bodeninversion; Rechts: Inversion in einer höheren Luftschicht

8.5 WOLKEN

Wolken sind eine Ansammlung in der Luft schwebender Teilchen aus winzigen Wassertröpfchen oder aus Eiskristallen oder beidem gleichzeitig.
Wolken entstehen, wenn sich aufsteigende Luft adiabatisch abkühlt und ihren Taupunkt erreicht (Spread wird null). Der überschüssige Wasserdampf kondensiert zu Wolkentropfen, die Luft steigt weiter feuchtadiabatisch auf (siehe Kapitel 8.3.2).
Erwärmte, selbst aufsteigende Luft, auch Thermik oder Konvektion genannt, führt bei entsprechender Feuchte zu konvektiver Bewölkung (Cumulus-Wolken, kurz Cu) oder oft auch als Quellbewölkung, Haufenwolke oder Schäfchenwolken bezeichnet. Konvektion entsteht hauptsächlich während der Tageszeit über durch Sonneneinstrahlung erwärmten Oberflächen. In der Nacht tritt Konvektion nur geringfügig über Flächen mit großer Wärmekapazität wie Gewässern oder Städten, die als Wärmeinsel fungieren, auf.
Wird Luft hingegen in einer stabilen Schichtung gezwungen aufzusteigen, zum Beispiel an einem Berghang oder an großräumigen Luftmassenfronten, führt dies zur Schichtwolkenbildung (stratiforme Bewölkung, Stratus). Geschieht dies durch Abkühlung der Luft über kälterem Boden, entsteht Nebel.

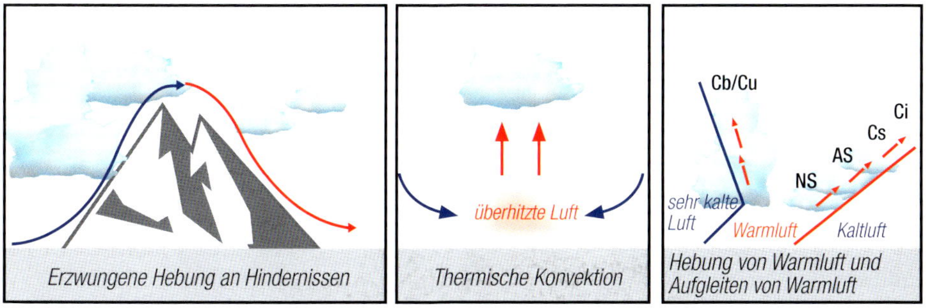

Abb 103: Entstehungsarten von Wolken durch erzwungene Hebung, aufgrund von thermischer Konvektion und durch Aufgleitprozesse an Luftmassenfronten (siehe Kapitel 8.13.1).

8.5.1 Wolkenarten

Anhand von Wolken lässt sich auf typische Wetterlagen und Anzeichen für zu künftige Wetterentwicklung schließen. Um die Wolkenbeobachtungen zu vereinheitlichen, hat die World Meteorological Organisation (WMO) Wolkenarten unterteilt (Abb. 104). Dabei werden Wolken durch zwei Hauptkriterien unterschieden:

Durch das Wolkenstockwerk
Wolken werden in vier Wolkenstockwerke eingeordnet: tiefe, mittelhohe und hohe Wolken sowie Wolken mit einer großen vertikalen Ausdehnung, die mehrere Stockwerke gleichzeitig abdecken. Daraus ergeben sich die Wolkengattungen wie in Abbildung 104 gezeigt.

- vom oberen zum unteren Stockwerk ausgehend: Cirrus, Cirrocumulus, Cirrostratus, Altocumulus, Altostratus, Stratocumulus, Stratus, Cumulus.
- Über mehrere Stockwerke: Cumulonimbus und Nimbostratus.

Durch ihre Entstehung:

- Stratus-/Schichtwolken (St) Diese entstehen, bei stabiler Schichtung, wenn Luft z.B. an einer Warmfront oder an einem Berghang aufgleitet (Advektion). Stratuswolken bilden eine einheitliche Schicht und sind vom übrigen Himmel nicht scharf abgegrenzt. Es ist eine tiefe konturlose Wolke, die z.T. Berge einhüllen kann und daher auch als Hochnebel bezeichnet wird. Nimbostratus (Ns): Ist ähnlich aber vertikal mächtiger als Stratus.
- Cumulus-/Quellwolken: Entstehen bei labiler Schichtung, wenn Luft aufsteigt (Konvektion). Cumulus-Wolken besitzen deutliche Konturen (scharfe Unterkante auch Wolkenbasis genannt) und durch die aufsteigende Luft muss in der Nähe und unter einer Cumulus-Wolke mit erhöhter Vertikalböigkeit gerechnet werden.

WOLKEN

Hohe Wolken	
Ci spi	Cirrus spissatus
Ci fib	Cirrus fibratus
Ci unc	Cirrus uncinus
Cc flo	Cirrocumulus floccus
Cs fib	Cirrostratus fibratus
Cs neb	Cirrostratus nebulosus

Mittelhohe Wolken	
Ac flo	Altocumulus floccus
Ac cas	Altocumulus castellanus
Ac len	Altocumulus lenticularis
As	Altostratus

Niedrige Wolken	
Cu fra	Cumulus fractus
Cu hum	Cumulus humilis
Cu med	Cumulus mediocris
Sc	Stratocumulus
St	Stratus
Ns	Nimbostratus

Abb 104: Unterschiedliche Wolkentypen (Wikipedia Antonio Ciccolella, CC-BY-SA-4.0)

R T E N

H

en mit großer vertikaler Ausdehnung & und spezielle Wolkenerscheinungen			
	Cumulus congestus	*An*	Anvil
	Cumulonimbus calvus	*Vg*	Virga
	Cumulonimbus incus	*Ro*	Roll cloud
	Overshooting Top	*Sh*	Shelf cloud
	Mammatus	*Wa*	Wall cloud
	Pileus	*Fu*	Funnel cloud

mit Bodenkontakt	
Br	Brume
Fg	Fog

Realized by Antonio Ciccolella
05/2015

8.6 NEBEL

H

Nebel ist physikalisch identisch mit Wolken, die Kondensation des in der Luft enthalten Wasserdampfes erfolgt dabei aber nicht durch Hebungsvorgänge wie bei der Wolkenbildung. Nebel kann die Sichtweite stark einschränken.
Es gibt drei verscheiden Arten von Nebel (Abb. 105), die auf ihre Entstehungsart zurückzuführen sind:

- Strahlungsnebel: Abkühlung der Luft bis zum Taupunkt. Die in Mitteleuropa während der kalten Jahreszeit am häufigsten auftretende Nebelart, besonders bei einer ausgeprägten Hochdruckwetterlage und in tiefen Niederungen, aufgrund der geringen Windgeschwindigkeiten und der starken Abkühlung der bodennahen Luftschichten während der Nacht. Zunehmende Luftbewegung und Erwärmung begünstigen die Auflösung eines Strahlungsnebels.
- Advektionsnebel: Warme und feuchte Luft strömt über ausgekühlte Oberflächen. Diese Nebelart kann großräumig an der Küste beobachtet werden, wenn warme feuchte Meeresluft über das kalte Festland fließt.
- Mischungsnebel: Zufuhr von Wasserdampf mit oder ohne gleichzeitiger Abkühlung der Luft. Dies geschieht meistens, wenn sich feuchte Luftmassen unterschiedlicher Temperatur begegnen. Bei einer Inversionswetterlage, wenn warme Luft über kalter Bodenluft liegt, entsteht dabei entlang der Mischungszone anhaltender Hochnebel. Diese Wetterlagen sind oft im Herbst und Winter vorhanden wenn ein Hochdruckgebiet stationär über Mitteleuropa liegt.

Generell begünstigen Geländeformen wie Talbecken und Senken mit feuchtem Untergrund die Nebelbildung, insbesondere wenn die Luft schon sehr feucht ist, also der Spread klein ist. Auch bei fallenden Temperaturen sollte mit der Gefahr von schneller Nebelbildung gerechnet werden. Flüge im Nebel sind unbedingt zu vermeiden wegen der schlechten Sichtflugbedingungen.

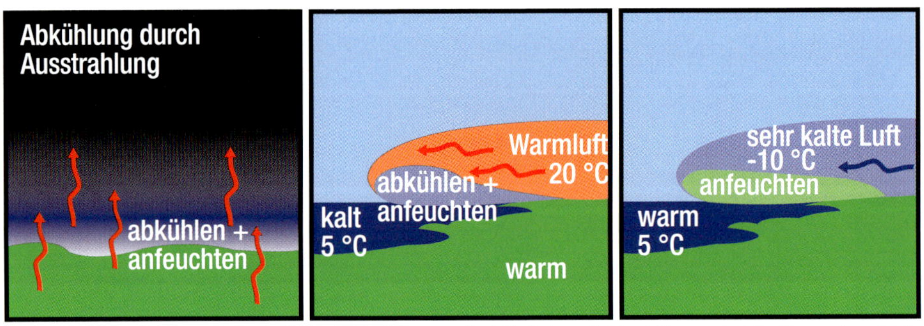

Abb 105: Entstehungsarten von Nebel. Strahlungsnebel (links) und Advektionsnebel (mitte und rechts).

8.7 NIEDERSCHLAG

In der Meteorologie wird mit Niederschlag Wasser bezeichnet, das in flüssiger und fester Form inklusive seiner Verunreinigungen aus Wolken Richtung Erdboden fällt. Beim Kondensieren feuchter Luft entstehen winzige Wassertröpfchen, die sich an Kondensationskeimen anlagern. Dies sind kleinste Staub- oder Schmutzpartikel, Eiskristalle oder andere Schwebeteilchen (Aerosole). Eine Wolke besteht aus unzähligen dieser kleinen Tropfen. Diese können zu größeren Tropfen zusammenwachsen und fallen ab einer bestimmten Größe aus einer Wolke heraus. Handelt es sich um Eiskristalle anstatt Tropfen fällt Schnee, Hagel oder Graupel.

Niederschläge setzen je nach Stärke die Sichtweite gravierend herab. Am stärksten wird die Sichtweite dabei von Schneeschauern beeinträchtigt, fast bis zu 0 m. Bei starkem Regen kann durch die Veränderung des aerodynamischen Profils an Tragflächen oder Rotorblättern ein UA zum Absturz gebracht werden.

Wolken aus denen Niederschlag fällt:

- Stratus (St): Nieselregen oder leichter Schneefall sind aus diesen Wolken möglich, meist großflächig und entstehen in der Aufgleitbewölkung einer Warmfront.
- Nimbostratus (Ns): Niederschlag in Form von Dauerregen auch Landregen genannt, Schnee oder Graupel meist großflächig und entstehen in der Aufgleitbewölkung einer Warmfront.
- Cumulus (Cu): kurzeitiger schauerartiger Regen jedoch nur aus hochquellenden Cumulus-Wolken und lokal begrenzt
- Cumulonimbus (Cb): Gewitterwolke mit Regen-, Schnee-, Graupel- oder Hagel-Schauer

8.8 VEREISUNG

Vereisungen bzw. Reifbildung an UA, insbesondere an den angeströmten Stirnflächen von Propeller und/oder Tragfläche oder Staurohr, treten im Nebel bzw. in Wolken oder in Niederschlagszonen bei Temperaturen zwischen 0 °C und –15 °C auf.

Bei zunehmender Kälte wird die Vereisungsgefahr geringer, da sich weniger Eiskristalle an den angeströmten Flächen anlagern können. Es gibt zwei Arten von Eisbildung an Luftfahrtzeugen:

8.8.1 Klareisbildung

Ist die schnellste und gefährlichste Entstehungsart von Vereisung und entsteht durch gefrierenden Regen. Gefrierender Regen entsteht durch Abkühlung von Regentropfen innerhalb einer Kaltluftschicht unter 0 °C, die beim Auftreffen auf Gegenstände sofort gefrieren. Dieser bildet auf den angeströmten Flächen eine sehr glatte und sehr rasant wachsende Eisschicht (Abb. 106), besonders bei Temperaturen zwischen -5 und 0 °C und großtropfigem Regen.

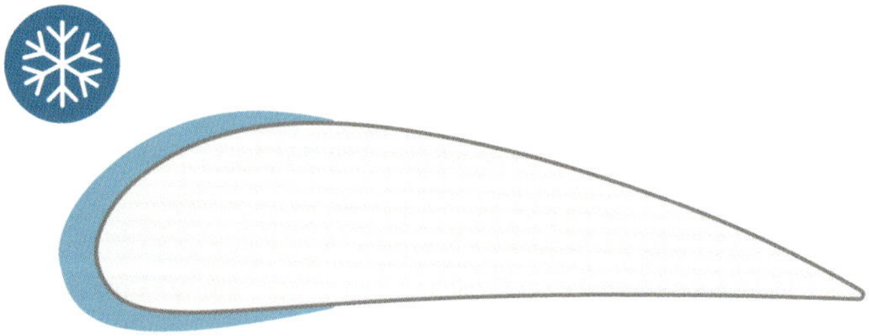

Abb 106: Schematische Darstellung einer Klareisschicht an einer Tragfläche. Quelle: Nico Ninov

8.8.2 Raueisbildung

Entsteht vorwiegend bei Temperaturen zwischen -9 und -5 °C durch kleintropfigen Regen und wird durch Schnee und Eiskristalle verstärkt. Dieser Eisansatz kann oft bizarre Auswüchse mit einer sehr rauen Oberfläche annehmen (Abb. 107). Jede Vereisunsgsart führt zu einer Verschlechterung der aerodynamischen Verhältnisse und die Propellerleistung wird geringer. Der Auftrieb an einer Tragfläche kann sich erheblich vermindern und zugleich der Luftwiderstand bei Tragflächen und Propellern erhöhen. Zudem können Steuerflächen wie Ruder blockiert werden und der Schwerpunkt kann sich verlagern. Fahrtsensoren wie das Staurohr (Pitot-Sonde) können zufrieren, Elektronikbauteile können ausfallen. Alle Faktoren können bei starker Eisbildung bis zur Fluguntüchtigkeit und/oder Verlust der Steuerbarkeit führen.

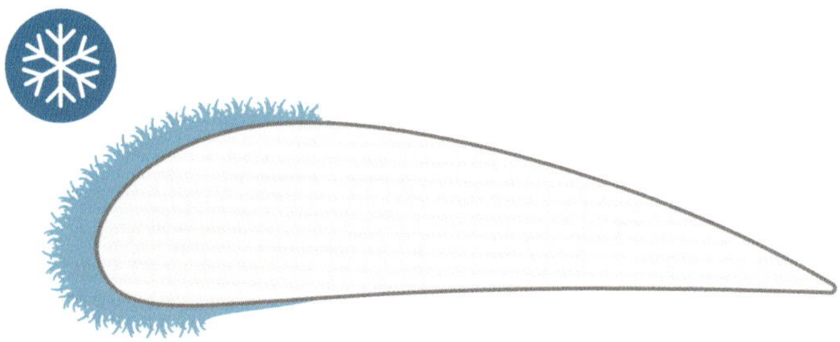

Abb 107: Schematische Darstellung einer Raueisschicht an einer Tragfläche. Quelle: Nico Ninov

8.8.3 Raureifbildung

Raureif entsteht, wenn feuchte Luft auf kalte Oberflächen trifft und das Wasser aus der Luft direkt gefriert. Dabei handelt es sich um ein Absetzen von Wasserdampf in Form von Eiskristallen, die sich auf kalten Oberflächen bilden. Die Temperaturen der Oberflächen müssen dabei unter den Gefrierpunkt sein, also unter 0°C. Reif kann sich auch während des Fluges bilden, wenn eine Luftschicht unter dem Gefrierpunkt verlassen und in eine wärmere, feuchtere Luftschicht eingeflogen wird.

8.9 GEWITTER

Bei starker, hochreichender labiler Schichtung, demnach bei starker Temperatur-Abnahme mit der Höhe und dem Vorhandensein von feucht-warmer Luft können Quellwolken eine vertikale Ausdehnung von mehreren Kilometern erreichen, oft bis an die Obergrenze der Troposphäre. In unseren Breiten sind dies etwa 12 km. Dabei gelangen die Oberteile der sehr hochquellenden Cumulus-Wolke in Temperaturbereiche, die zu einer Vereisung der Wolkentröpfchen führt (ab etwa -15 °C). Dann geht eine Cumuluswolke immer mehr in einen Cumulonimbus (Cb), also eine Gewitterwolke, über. Aus der Wolke fallen Niederschläge in heftigen Schauern. Elektrische Entladungen sorgen für Donner und im Extremfall fällt Hagel. Hagel entsteht durch Zusammenwachsen von unterkühlten Wassertropfen mit Eiskristallen im Aufwindbereich der Cumulonimbuswolken.

Hauptgefahren unter einem Gewitter im Reifestadium und in dessen Nähe:

- Aufwindgeschwindigkeiten: bis 30 m/s, oft nicht aussteuerbar, UA wird unkontrolliert in die Gewitterwolke eingesaugt.
- Abwindgeschwindigkeiten: bis 10-15 m/s, oft mit Motorleistung nicht zu kompensieren.
- Starke Turbulenz: oft nicht aussteuerbar, Autopilot versagt.
- Blitzschlag: Blendwirkung, Störung des Flugelektronik, Gefahr für Steuerer.
- Sichtverringerung in den starken Niederschlagszonen führt zu Verlust des Sichtkontakts und der Fluglagenorientierung.
- Stärkste Vereisung und Hagelschlag unterhalb der gesamten Wolkenbasis.
- Stress des UA-Steuerers gefährdet die sichere Führung des Fluggerätes.

Deswegen gilt: Während eines Fluges bei überraschend einsetzendem Unwetter: So schnell wie möglich landen! (Siehe Kapitel 5.3.1.5). Oft helfen Wetterradarbilder und Blitzkarten für ein frühzeitiges Erkennen eines aufziehenden Gewitters.

8.10 WIND UND TURBULENZ

Die horizontale Bewegung der Luft wird Wind bzw. Strömung genannt. Der Zustand der Strömung ist dabei entweder laminar oder turbulent. Eine laminare Luftströmung ist dadurch gekennzeichnet, dass die Luftteilchen in Schichten strömen, die sich nicht vermischen. Dabei können die Teilchen in benachbarte Schichten sogar unterschiedliche Geschwindigkeiten besitzen, so, dass sogenannte Scherungen auftreten.
Das Gegenteil einer laminaren Strömung ist die turbulente Strömung. Hierbei laufen die Luftteilchen in der Strömung nicht mehr parallel nebeneinander. Es bilden sich Wirbel und die Teilchen vermischen sich. Die Geschwindigkeit und Richtung der Teilchen können sich in dieser Strömung plötzlich ändern. Diese Eigenschaft wird Turbulenz genannt.
Um die Charakteristik des Windes zu beschrieben wird die Windrichtung und Windgeschwindigkeit angegeben:

Windrichtung ist die Himmelsrichtung, aus der der Wind kommt. Oft wird dabei die 360°-Skala der Kompassrose zur Angabe der Windrichtung verwendet. Wind, der aus Norden kommt, ist zum Beispiel = 0° oder 360°, Wind aus Süden 180° usw.

Windgeschwindigkeit ist die Geschwindigkeit der bewegten Luft gegenüber dem Boden, oft auch als Windstärke bezeichnet. Die Einheit in der Luftfahrt und Flugwetterdienst sind Knoten (kt). (1 kt = 1, 852 km/h bzw 1 m/s = 2 kt)

Wind und Turbulenz haben einen maßgeblichen Einfluss auf die Flugeigenschaften eines UA. So können sie die Steuerbarkeit, die Tragfähigkeit des UA und den erforderlichen Bodensicherheitsbereich beeinflussen. Es gilt daher die Angaben der maximalen Windgeschwindigkeit im Betriebshandbuch auf welche das UA ausgelegt ist zu beachten und diese während des Betriebes nicht zu überschreiten.

Besondere Aufmerksamkeit gilt dabei vertikalen Luftbewegungen. In der Praxis stellt sich oft die Frage, auf welche Systeme Abwinde bauartbedingt höhere Auswirkungen haben: Hierbei ist festzuhalten, dass Abwinde sowohl Starrflügler als auch Drehflügler gleichermaßen betreffen. Unabhängig von der Bauweise führen sie zu einem unmittelbaren Höhenverlust und fordern die volle Antriebsleistung, um die Fluglage stabil zu halten. Die extremsten Formen dieser vertikalen Luftmassenbewegungen treten im Zusammenhang mit Gewitterzellen auf. Wie im Kapitel 8.9 über Gewitter beschrieben, entstehen dort die stärksten Auf- und Abwinde, die selbst für große Luftfahrzeuge kritisch sind und für ein UA meist zum sofortigen Kontrollverlust führen.

8.10.1 Entstehung des Windes

Wind entsteht letztlich durch die Sonneneinstrahlung, die wiederum Temperaturunterschiede auf der Erde erzeugt. Warme Luft dehnt sich aus und besitzt eine niedrigere Dichte als kalte Luft. Kalte schwere Luft erzeugt daher einen größeren Druck als warme leichte Luft. Gase wie die Luft haben immer das Bestreben Druckunterschiede auszugleichen. Um den Unterschied zwischen benachbarten Luftmassen auszugleichen, strömt Luft von hohem Druck (Hochdruck) in Gebiete mit tiefem Druck (Tiefdruck). Das geschieht umso schneller, je größer die Druckunterschiede zwischen Tiefdruck und Hochdruck sind. Die dabei auftretende Kraft wird Druckgradient genannt. Diese Kraft wirkt immer senkrecht auf die Isobaren. Isobaren sind Linien, die Orte mit gleichem Luftdruck verbinden. Auf einer Wetterkarte werden Isobaren für gewöhnlich mit einem Luftdruckabstand von 5 hPa eingezeichnet.
Umso geringer die räumlichen Isobarenabstände auf einer Wetterkarte sind, desto höher ist die Druckgradientkraft und desto höher die resultierende Windgeschwindigkeit. Vergrößert sich hingegen der Isobarenabstand auf der Wetterkarte, wird der Wind schwächer.
Wenn keine weiteren Kräfte auf die Luftmasse einwirken, dann muss der Wind immer direkt vom Hoch zum Tief wehen, also senkrecht zu den Isobaren. Nur die Druckgradientkraft (DGK) wirkt auf die Luftteilchen. Der Windvektor ist daher wie in der Abbildung 108 gezeigt parallel zu dem DGK-Vektor.

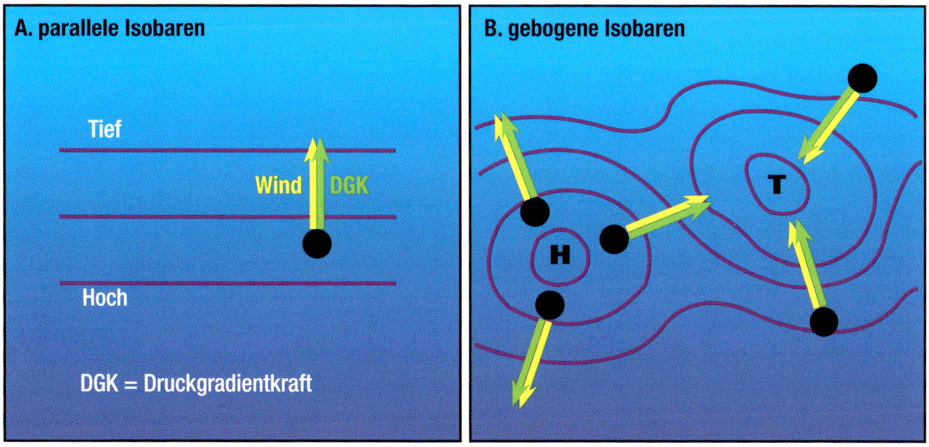

Abb 108: Wind ohne Erdrotation. Der Wind weht parallel zur Druckgradientenkraft und daher senkrecht zu den Isobaren (lila Linien).

8.10.2 Wind mit Erdrotation (Geostrophischer Wind)

Auf der Erde ist die Luftbewegung jedoch noch einem weiteren Einfluss unterworfen, der aufgrund der Erdrotation herrührt. Zum Druckgradient wirkt auch noch die Corioliskraft. Die Corioliskraft lenkt auf der Nordhalbkugel bewegte Luftteilchen immer nach rechts ab, solange bis sich Druckgradient und Corioliskraft im Gleichgewicht befinden. Der Windvektor ist hier deshalb senkrecht zu der DGK und parallel zu den Isobaren gerichtet.
Bei reibungsfreier Luftbewegung (freie Strömung), welche über der planetarischen Grenzschicht (in Höhen ab etwa 1500 m über dem Boden) nahezu erreicht ist, bewegen sich daher die Luftströmungen entlang den Isobaren (Abb. 109). Durch diese Ablenkung wird der Wind immer im Uhrzeigersinn um das Hochdruckgebiet herum und im Gegenuhrzeigersinn um das Tiefdruckgebiet geleitet, es gilt das sogenannte

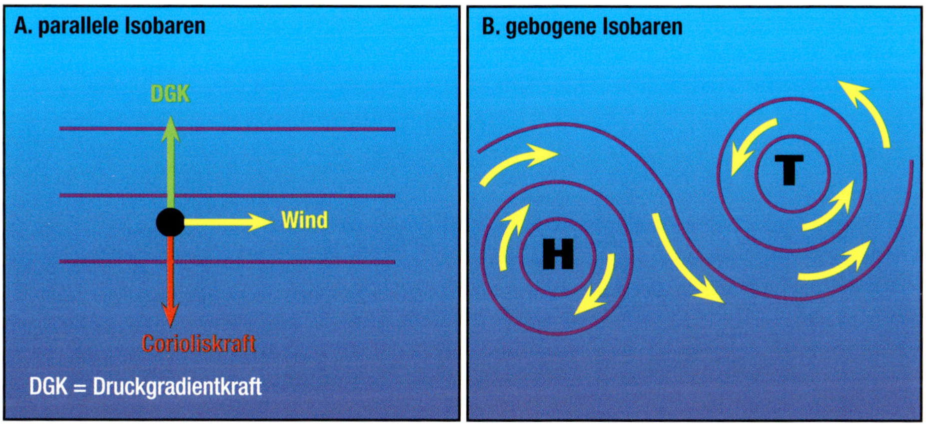

Abb 109: Der geostrophische Wind weht aufgrund der Ablenkung durch die Corioliskraft parallel zu den Isobaren (lila Linien).

„Barische Windgesetz“. Der Wind, der den Einfluss der Corioliskraft mit einbezieht, wird „Geostrophischer Wind“ genannt.
Es folgt daraus, dass aus Sicht eines Beobachters, welcher dem Wind den Rücken zukehrt, auf der Nordhalbkugel das Tiefdruckgebiet links und etwas vor sich und das Hochdruckgebiet rechts und etwas hinter sich befindet (Abb. 110). Dies gilt jedoch nur für Regionen, in denen der Wind oberflächennah nicht sehr stark abgelenkt und abgebremst wird, wie zum Beispiel über dem offenen Meer oder für gewöhnlich dort, wo der Wind nur wenig Bodenreibung oder Ablenkung durch Hindernisse erfährt.

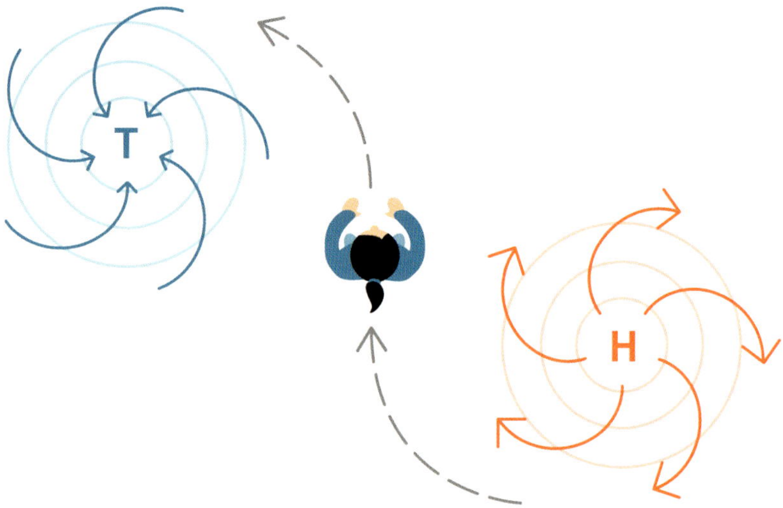

Abb 110: Graphische Darstellung des Barischen Windgesetzes auf der Nordhalbkugel. Quelle: Nico Ninov

8.10.3 Einfluss der Reibung

Der Windvektor des Bodenwindes innerhalb der planetarischen Grenzschicht wird zusätzlich neben der Druckgradientkraft und Corioliskraft durch die Bodenreibung beeinflusst (siehe Abbildung 111). Die planetarische Grenzschicht ist die unterste Luftschicht in der Atmosphäre, die im direkten Kontakt mit der Erdoberfläche ist. Ihre vertikale Erstreckung ist variabel und reicht im Sommer vom Boden bis etwa 1500 m Höhe. Eine charakteristische Eigenschaft dieser Schicht ist der zum Boden hin immer weiter zunehmende Einfluss der Bodenreibung auf die Luftströmung im Vergleich zur fast reibungsfreien ungestörten Strömung (Geostrophischer Wind) oberhalb.
Je nach Bodenrauigkeit wird der Wind in Bodennähe mehr oder weniger stark abgebremst und nimmt in der Grenzschicht mit der Höhe, bis zum Erreichen der geostrophischen Windgeschwindigkeit (logaritmisch) zu. Über Land ist die Rauigkeit aufgrund von Gebäuden, des Geländes oder des Bewuchses immer groß genug damit sich eine turbulente Strömung in der Grenzschicht ausbildet. Nur über weit ausgedehnten Wasserflächen ist die Rauigkeit gering genug, dass eine laminare Strömung existieren kann.

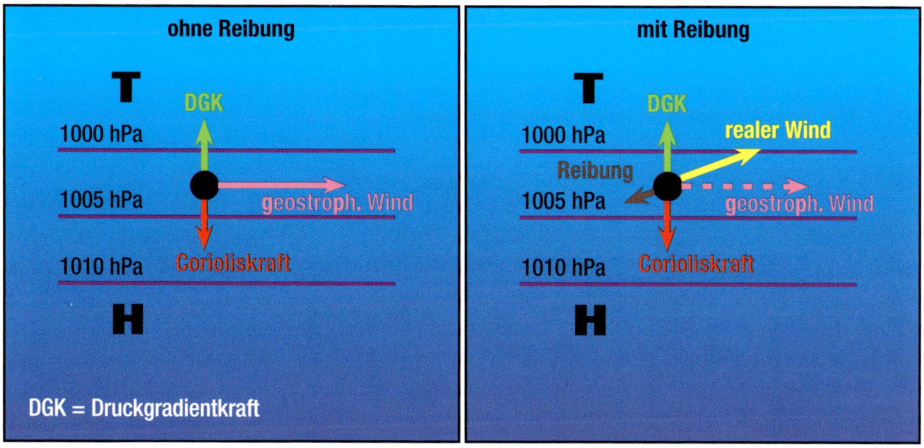

Abb 111: Vergleich Wind ohne Bodenreibung (geostrophischer Wind) und Wind mit Einfluss durch die Bodenreibung (Reibungswind). Die Wirksamkeit der Bodenreibung nimmt mit der Höhe zunehmend ab und kann bis etwa 1000 m über Grund Einfluss auf die Windgeschwindigkeit und Windrichtung haben.

Insgesamt hat aber der größte Einfluss der Bodenreibung auf den Wind schon nach etwa 100 bis 300 m abgenommen. Da UA jedoch hauptsächlich in diesem Bereich betrieben werden, müssen Fernpiloten mit einer starken Zunahme der Windgeschwindigkeit im Vergleich zum Bodenwind rechnen.

Als Faustformel gilt etwa:
Der Wind gemessen am Boden ist im rauen Gelände bis zur Hälfte langsamer als in 100 m Höhe.

8.10.4 Winddrehung

Durch die veränderte Windgeschwindigkeit wird auch die Windrichtung beeinflusst. Die Ablenkung der Corioliskraft ist am Boden durch die verminderte Windgeschwindigkeit geringer als mit zunehmender Höhe. Bewirkt durch die zusätzlich wirkende Reibungskraft, verläuft der Wind am Boden nicht mehr parallel zu den Isobaren wie beim Geostrophischen Wind. Dadurch wird der Windvektor auf der Nordhalbkugel zum Boden hin nach links etwa 20-30 Grad Richtung Tiefdruckgebiet abgelenkt und vom Hochdruckgebiet weg.

8.11 KLEINRÄUMIGE LOKALE WINDSYSTEME

8.11.1 Das Seewind-Landwindsystem

H

Neben den globalen Windsystemen, die über Großwetterlagen und durch die atmosphärische Zirkulation ausgelöst werden wie die Westwindzone in unseren Breiten oder Passatwinde, Monsune usw., gibt es auch lokale Zirkulationsphänomene. Ein solches ist der Land- und Seewind, der einen tagesperiodischen Ablauf beschreibt und besonders stark an den Meeresküsten, in abgeschwächter Form auch an den Ufern größerer Binnenseen auftritt.
Die Ursache für die Herausbildung des Land oder Seewindes ist von thermischer Natur und beruht auf der zwei- bis dreimal so schnellen Erwärmung bzw. Abkühlung der Luft über einer Landoberfläche im Vergleich zu einer Wasseroberfläche.

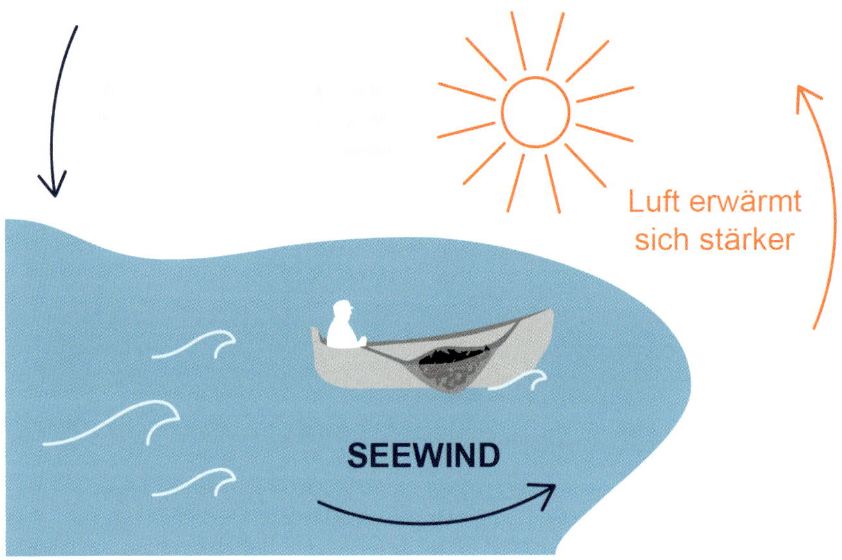

Abb 112: Seewind-System

So weht beispielsweise beim Land-See-Windsystem am Tag ein Seewind (vom Meer zum Land) und in der Nacht ein Landwind (vom Land zum Meer). Am Tag erwärmt die Sonneneinstrahlung die Erdoberfläche. Dabei erhitzt sich das Land aber stärker als das Wasser. Die Luft über dem Land wird wärmer und steigt auf. Von der See her strömt kalte Luft nach. Der Kreislauf schließt sich in der Höhe (siehe Abbildungen 112 & 113). Der Seewind weht am stärksten am späten Nachmittag
In der Nacht kehrt sich die Strömung um, weil sich die Landoberfläche schneller abkühlt als das Wasser. Der Wind bläst jetzt bodennah vom Land zur See und erreicht sein Maximum vor Sonnenaufgang.

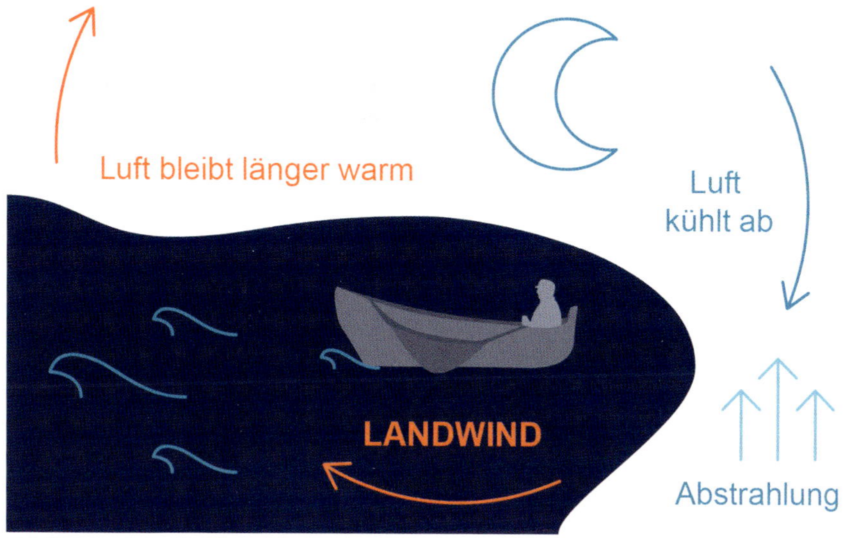

Abb 113: Landwind-System

8.11.2 Berg- und Talwind

Ein weiteres lokales und tagesperiodisches Windphänomen ist die Berg- und Talwind-Zirkulation, die nach einem ähnlichen Muster wie der Land-Seewind funktioniert.
An einem Schönwettertag erwärmen sich die Berghänge durch die Sonneneinstrahlung stärker als umgebend Luft im Tal, insbesondere in den frühen Morgenstunden, wenn die Sonnenstrahlen das Tal noch nicht erreichen. Die warme Luft steigt über den Hängen auf, aus dem Tal fließt Luft nach, es weht der Talwind (Hangaufwind).

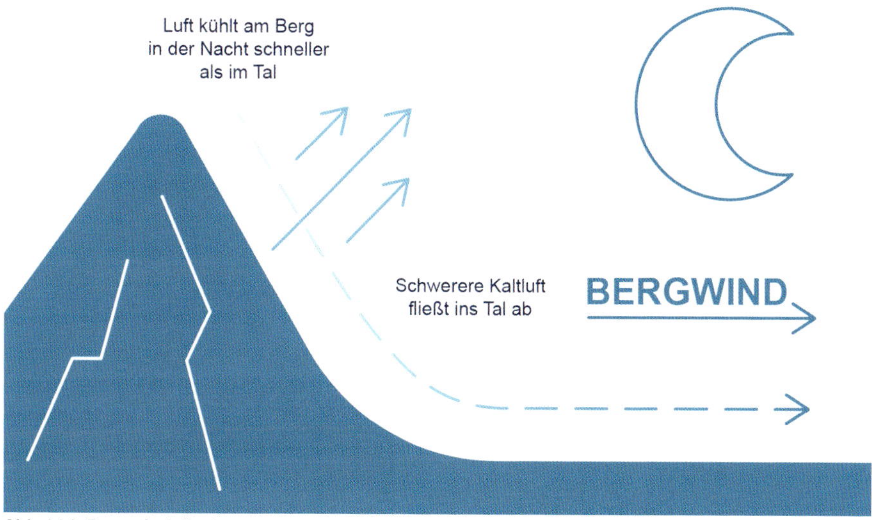

Abb 114: Bergwind-System

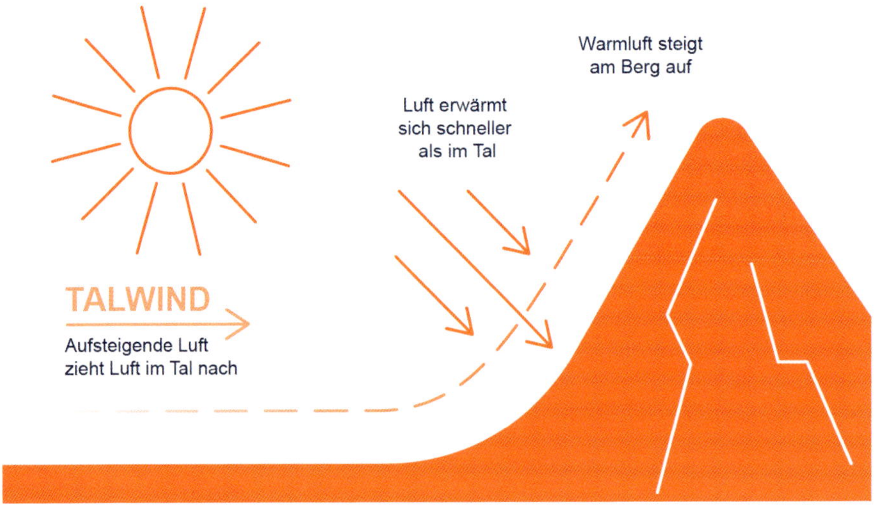

Abb 115: Talwind-System

Am Abend und in der Nacht kehrt sich die Zirkulation um. Die Berghänge kühlen sich gegenüber dem Tal aufgrund einer stärkeren Wärmeausstrahlung mehr ab. Die schwere Kaltluft fließt von den Berghängen ins Tal – es weht der Bergwind (Hangabwind), siehe Abbildungen 114 und 115. Die Berg-Talwindzirkulation und der Land- und Seewind haben einen ähnlichen Tageszyklus, ist jedoch aufgrund der Vielfalt des Reliefs und der Überlagerung mit Hangauf- und -abwinden um einiges komplexer.
Wenn die abgekühlte Luft von zwei gegenüberliegenden Hängen nach unten abfließt und in der Talmitte aufeinandertrifft, kann dort sogar in der Nacht mit Aufwinden gerechnet werden (sogenannte Umkehrthermik).
Die Hangauf- und Abwinde können im Extremfall vertikale Windgeschwindigkeit von bis zu 15 m/s annehmen und sind für ein UA dann nicht mehr aussteuerbar. Insbesondere Abwinde können bauartbedingt auf Multicopter und Starrflügler gleiche Auswirkungen haben und können zu einem sehr schnellen und unerwarteten Kontrollverlust des UA führen.

8.12 TURBULENZ

Unter Turbulenz und Böen versteht man die plötzlichen Schwankungen der horizontalen oder vertikalen Luftbewegung. Dieser Strömungszustand der Luft wird durch die Bildung und den Zerfall von Luftwirbeln gekennzeichnet. Turbulenz wird anhand ihrer Entstehung in zwei Hauptarten unterteilt:

- Thermische Turbulenz entsteht durch aufsteigende Warmluftblasen über erhitzten Bodenflächen und durch kältere Luft die als Ausgleich wieder absinkt. Thermische Turbulenz ist somit nichts anderes wie Auf- und Abwinde und wird auch oft als „Thermik“ oder thermische Konvektion bezeichnet (Abb. 116);
- Dynamische Turbulenz entsteht aufgrund von Windscherungen in der Atmosphäre und/oder Reibung an der Erdoberfläche.

o Scherungsturbulenz (Windscherung) entsteht bei Veränderungen der Windrichtung und/oder der Windgeschwindigkeit zwischen zwei verschiedenen Luftschichten und tritt an der Grenze zwischen den beiden auf.

o Reibungsturbulenz (oder orographische Turbulenz genannt) entsteht durch die Störung einer laminaren Strömung (wirbelfreie Strömung) in Bodennähe durch Überstreichen von Rauigkeitselementen wie Bebauung in Städten, Wälder usw (Abb. 117). Bei der Überströmung dieser Hindernisse bilden sich turbulente Wirbel. So entsteht zum Beispiel im Lee von einem Gebirge oder einer Baumreihe die sogenannte Leeturbulenz mit großen Wirbeln, je nach Windgeschwindigkeit auch Walze oder im Gebirge Leerotoren genannt (siehe Abbildung 118). Auch eine Windkraft-Anlage kann bei starkem Wind selbst produzierte dynamische Turbulenz durch Blattspitzenwirbel im Nachlauf erzeugen, die bis zur Grenze der Steuerbarkeit des UA führen kann.

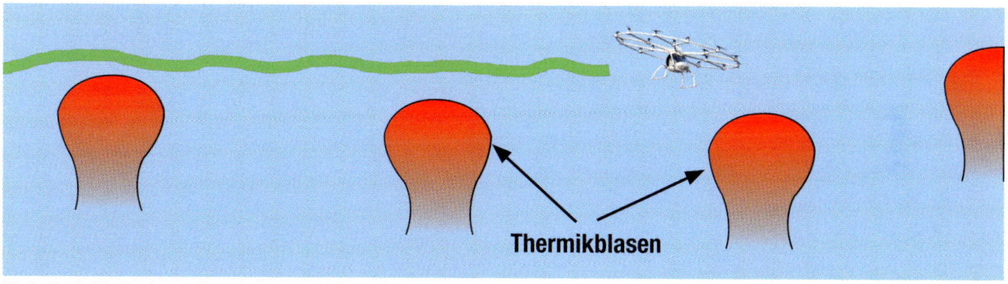

Abb 116: Turbulenz durch Konvektion, Quelle: Nico Ninov

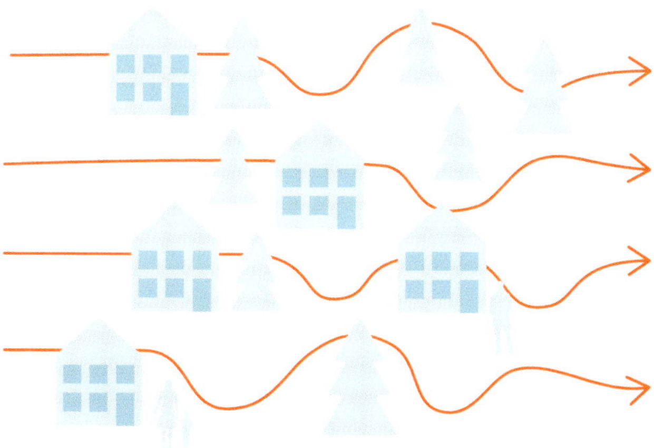

Abb 117: Turbulenz durch Hindernisse, Quelle: Nico Ninov

Hindernisse unterschiedlicher Höhe sowie ein mäßiger bis starker Wind und/oder Thermik können daher den Betrieb des UA durch Erzeugung von Turbulenz stark beeinflussen. Daher ist bei Turbulenz immer zu beachten:

- Das UA kommt durch Böigkeit schneller an die Betriebsgrenzen.
- Die Reaktionen des Fluggerätes lassen sich nicht voraussehen, das UA kann schnell in einen unkontrollierten Flugzustand geraten.

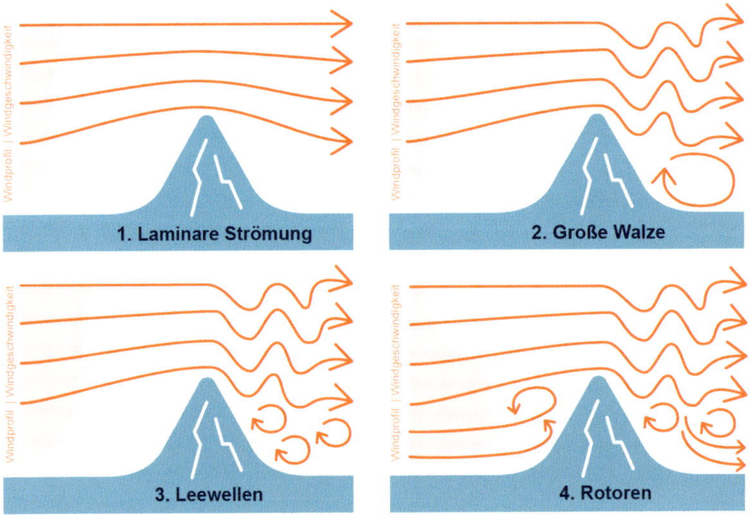

Abb 118: Turbulenz im Nachlauf von Gebirgen

- Bei turbulenten Wetterlagen daher immer ausreichende Abstandsreserven zu Hindernissen und Personen einplanen!
- Turbulentes Wetter führt zu einer Verminderung der Flugzeit infolge eines erhöhten Stromverbrauchs, da das UA den turbulenten Wind permanent ausgleichen und gegensteuern muss.

Böen können oft größere Windgeschwindigkeiten annehmen als die mittlere Windgeschwindigkeit. Ein wichtiger Wert, den der UA-Steuer daher immer kennen muss, ist die maximal zulässige Windgeschwindigkeit seines UA. Diese Daten stehen im Flug- & Betriebshandbuch des verwendeten UA.
Insbesondere bei der Landung können Windböen oder Windgeschwindigkeiten, die im Bereich der zulässigen Werte oder darüber liegen, das Halten der UAS Position erschweren oder die Gefahr des Umkippens des UA verursachen. Zusätzlich können Umströmungs- oder Tunneleffekte die Windgeschwindigkeit der freien Strömung weiter beschleunigen. Flüge mit UAS zwischen hohen Gebäuden oder am Stadtrand sollten daher nicht bei Windgeschwindigkeiten im Bereich der maximalen zulässigen Geschwindigkeit durchgeführt werden.

8.13 GROSSRÄUMIGES WETTERGESCHEHEN

Mitteleueropa liegt in den gemäßigten Breiten (45-60° nördliche geographische Breite), wo das Klima überwiegend von subtropischer Warmluft und polarer Kaltluft und der damit resultierenden westlichen Grundströmung beeinflusst wird. In dieser gemäßigten Zonen grenzen die beiden warme und kalten Luftmassen aneinander. Da wo sich der stärkste Temperaturgradient zwischen warm und kalt befindet, ist die planetarische Frontalzone.

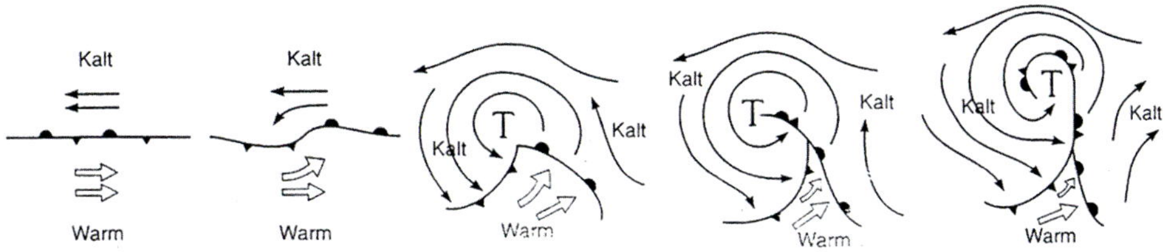

Abb 119: Entstehung einer Idealzyklone mit Warm- und Kaltfront entlang der planetarische Frontalzone.

Zunächst verläuft diese Front geradlinig. Ausgelöst durch eine kleine Störung bildet sich entlang der Front eine Wellenstörung aus.
Auf der Wellenvorderseite (östlicher Bereich) dringt Warmluft polwärts (nach Norden). Auf der Wellenrückseite (westlicher Bereich) strömt, die polare Kaltluft äquatorwärts (nach Süden). Es bildet sich auf der Wellenvorderseite eine Warmfront und Rückseitig eine Kaltfront aus. Auf einer Wetterkarte ist die Kaltfront immer gezackt und die Warmfront mit Halbkreisen entlang der Frontlinie dargestellt. Durch die westliche Grundströmung in unseren Breiten wird diese Luftmassenfronten nach Osten hin verlagert. Dabei werden Hebungsvorgänge ausgelöst, da die leichte Warmluft entlang der Frontfläche auf die schwere Kaltluft aufgleitet, wohingegen sich die Kaltluft unter die Warmluft schiebt. Durch die Hebungsvorgänge bildet sich im Bodenniveau eine Frontalzyklone, das sogenannte Tiefdruckgebiet mit Warm- und Kaltfront, und es kommt zu großflächiger Wolkenbildung.

8.13.1 Warm- und Kaltfront

Warmfront

An einer Warmfront gleitet wärmere Luft auf die Vorderseitenkaltluft auf. Verbunden damit ist eine typische Aufgleitbewölkung, die sich zuerst durch einzelne hohe Cirruswolken, Altocumulus, Stratus und schließlich durch Nimbostratus mit kräftigen, zum Teil länger andauernden Niederschlägen (Landregen) bemerkbar macht. Dabei liegen

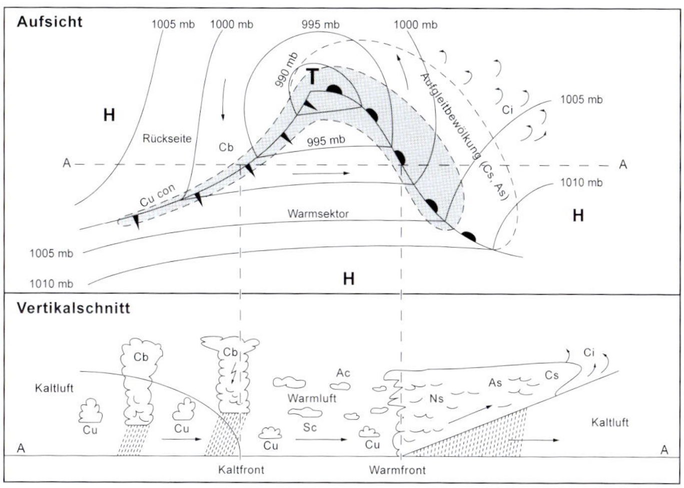

Abb 120: Schematische Darstellung einer Idealzyklone mit Warm- und Kaltfront (oben), den typischen Wolkenarten während des Durchganges der Warm und Kaltfront (unten). Grafikgestaltung: Maximilian Pucher (mpucher.de)

insbesondere in Höhenlagen und im Bergland die Wolken meist auf, die Sicht ist auch unterhalb der Wolken aufgrund der dichten Niederschläge schlecht.
Ein Fernpilot muss deshalb mit folgenden Gefahren rechnen, wenn er mit seinem UA innerhalb einer Warmfront fliegt: Geringe Wolkenhöhe, schlechte Sicht, Regen, im Winter Vereisungsgefahr.

Kaltfront
Die Kaltfront ist eine Luftmassengrenze, der im Allgemeinen eine Abkühlung folgt. Dabei schiebt sich kalte Luft keilförmig unter eine wärmere Luftmasse und drückt diese nach oben. Bei stabiler Warmluft kommt es dann zu hochreichenden Schichtwolken (Nimbostratus) mit großflächigen Niederschlagsgebieten. Bei einer labilen Warmluft kommt es zur Bildung Cumulonimben (Cb), deren ein Böenkragen in Bodennähe vorauseilt und eventuell starker Gewitterbildung. Diese Art von Kaltfront mit labiler Warmluft wird auch als labile Kaltfront bezeichnet. Ein Fernpilot muss daher bei einer herannahenden Kaltfront mit kräftig quellenden Cu- und Cb-Wolken und daraus entstehenden Gewittern, kräftigen und böigen Wind, starker Vereisung und durch die Regenschauer stak beeinträchtigter Sicht rechnen.

8.14 SONNENWINDE

Der Sonnenwind ist ein Strom geladener Teilchen, der von der Sonne ins All geschleudert wird. Da der Sonnenwind ein Plasma darstellt, verformt er sowohl das Magnetfeld der Sonne als auch das der Erde. Das irdische Magnetfeld hält den Teilchenschauer zum größten Teil von der Erde ab. Bei einem starken Sonnenwind jedoch können die Teilchen in die hohen Schichten der Erdatmosphäre eindringen und dort Polarlichter hervorrufen.
Starke Sonnenwinde haben zudem Einfluss auf die Ausbreitung von elektromagnetischen Wellen und können unter anderem den Kurzwellenfunk, oder die Satelliten-Kommunikation stören – mit zum Beispiel negativem Einfluss auf den GPS-Empfang. Da die Teilchen der kosmischen Strahlung eine ionisierende Wirkung besitzen, sind sie im schlimmsten Fall sogar in der Lage Schaltkreise von Computerchips auch auf der Erdoberfläche unerwünscht elektrisch aufzuladen. Das führt zu einem Fehlerstrom und damit möglicherweise zu einer Fehlfunktion des Bauelements.
Ein Einfluss des Sonnenwindes auf UA, insbesondere auf dessen Navigation, muss deshalb in Betracht gezogen werden. Es empfiehlt sich daher neben der normalen Wettervorhersage auch Informationen über das aktuelle Weltraumwetter einzuholen. Die Vorwarnzeit für Sonnenwind beträgt dabei etwa 2-3 Tage.

Auf der Webseite http://www.aurora-service.eu/aurora-forecast/ sind hierfür kostenlose Vorhersagen vorhanden.

8.15 FLUGWETTERBERATUNG *(auch A2)*

UAS werden nach den luftrechtlichen Vorschriften als Luftfahrzeuge gesehen (LuftVG §1) und unterliegen damit allen Rechten und Pflichten für Luftfahrzeugführer. Der Fernpilot als Luftfahrzeugführer ist daher verpflichtet eine ordnungsgemäße Flug- vorbereitung durchzuführen. Darunter fällt auch eine amtliche Flugwetterberatung. Der Nachweis über eine korrekte Vorbereitung muss von den Fernpiloten schriftlich erbracht werden, außer bei einer individuellen Beratung. Diese wird immer aufgezeichnet.
Aufstiege mit einem UAS in der Kategorie OFFEN dürfen nur in Sichtweite eines Fernpiloten (VLOS) stattfinden. Dies bedeutet zugleich, dass auch die entsprechenden Sichtverhältnisse aufgrund der vorherrschenden Wettergegebenheiten das geplanten Flugvorhaben erlauben müssen. Kann ein Sichtverlust zwischen Fernpilot und UA durch z.B. aufkommenden Nebel oder tiefen Wolken nicht ausgeschlossen werden, muss das Flugvorhaben abgebrochen werden.
Amtliche Flugwetterinformationen können in Deutschland ausschließlich nur über die Flugwetterdienststellen und -medien des Deutschen Wetterdienstes (DWD) erhalten werden, zum Beispiel auf der Webseite des DWD (www.dwd.de).

Grundsätzlich werden die Flugwetterinformationen in zwei Kategorien unterteilt:

- Flugwettermeldungen, hierbei handelt es sich um Berichte mit aktuellen Wetterdaten.
- Flugwettervorhersagen, hierbei wird auf Basis von Wettermodellrechnungen eine zukünftige Prognose über den Zustand der Atmosphäre gegeben.

Für Flüge in Sichtweite beschränkt sich die meteorologische Flugvorbereitung auf die Erfassung und Berücksichtigung des aktuellen Wetters kurz vor dem Start. Sind aufwändigere Aufstiege geplant empfiehlt sich trotzdem eine zusätzliche Vorhersage für den geplanten Aufstiegszeitraum am Tag davor einzuholen, um frühzeitig nicht-fliegbare Wettergegebenheiten zu erkennen.
Ferner muss der UAS-Betreiber auf die Einhaltung der wetterbedingten Betriebsbeschränkungen des UAS achten. Diese Beschränkungen wie z.B die zulässige maximale Windgeschwindigkeit sind grundsätzlich im Betriebshandbuch niedergeschrieben.

Für die Wettervorbereitung stellt der DWD im Bereich des Luftsports unter

www.dwd.de/luftsport

Flugwetterinformationen für ein Internet-Selbstbriefing zur Verfügung. Dort findet sich auch eine extra Rubrik, die Nutzer von Drohnen und Flugmodellen anspricht. Die dort kostenlos zur Verfügung gestellten Dienstleistungen umfassen Produkte wie u.a.:

- aktuelle Niederschlagsradar- und Blitzkarte,
- Bodenwindvorhersagen,
- Windprofil-Rechner zur Abschätzung der Varianz der mittleren Windgeschwindigkeiten in der unteren Atmosphäre in Abhängigkeit von Höhe und Geländebeschaffenheit.

A1/A3

A2

Der volle Leistungsumfang der Flugwetterinformationen kann über das kostenpflichtige Selfbriefingsystem „pc_met“ des DWD abgerufen werden. Darüber hinaus steht allen UAS-Betreibern die kostenpflichtige telefonische Flugwetterberatung des DWD unter der Telefonnummer 09005 0 77 22 0 zur Verfügung.

THEMENFELD 9 – Praktische Kompetenzen

Die Prüfungen der theoretischen Kompetenzen der EU-Nachweise enthalten keine Anforderungen für praktische Fähigkeiten. Lediglich zum Erwerb des EU-Fernpilotennenzeugnisses wird ein Nachweis praktischer Übung in Form eines selbstdeklarierten Trainings als Prüfungs-Voraussetzung gefordert (siehe Kapitel 2.4.4).

9.1 PRAKTISCHE SELBSTSCHULUNG

Dazu hat die EASA einen Katalog der nachzuweisenden Fertigkeiten formuliert, die sicherstellen sollen, dass der Fernpilotenjederzeit:

(1) ein UAS der Klasse C2 innerhalb seiner Beschränkungen betreibt,
(2) alle Manöver mit Präzision ausführt und abschließt,
(3) ein gutes Urteilsvermögen hat und eine gute Flugdurchführung gewährleistet,
(4) die theoretischen Kenntnisse anwendet, und
(5) die Kontrolle über das UA jederzeit so behält, dass der erfolgreiche Ausgang einer Mission oder eines Manövers nie ernsthaft in Frage gestellt wird.

Um diese Fähigkeiten zu erreichen, sollten Fernpiloten bei der praktischen Selbstschulung so viele Flüge durchführen, wie sie für notwendig erachten, um ein angemessenes Niveau an Kenntnissen und Fähigkeiten für den Betrieb des UAS zu erwerben.

Das beinhaltet gemäß EASA AMC1 die folgende Liste praktischer Kompetenzen der Fernpiloten:

a) Vorbereitung des UAS-Betriebs:
   (1) Sie stellen sicher, dass:
      i) die gewählte Nutzlast mit der für den UAS-Vorgang verwendeten UAS kompatibel ist,
      ii) die Zone des UAS-Betriebs für den vorgesehenen Betrieb geeignet ist, und
      iii) das UAS die technischen Anforderungen des geografischen Gebiets erfüllt.
   (2) Sie definieren das Betriebsgebiet, in dem der beabsichtigte Vorgang durchgeführt wird, gemäß UAS.OPEN.040 der EU-Verordnung 2019/947;
   (3) Sie legen das Einsatzgebiet unter Berücksichtigung der Merkmale des UAS fest.
   (4) Sie ermitteln die von den Mitgliedstaaten für die geografische Zone veröffentlichten Beschränkungen (z.B. Flugverbotszonen, Sperrzonen und Zonen mit besonderen Bedingungen in der Nähe der Einsatzzone) und holen erforderlichenfalls eine Betriebs- Genehmigung durch die für diese Zonen zuständige Stelle ein.

(5) Sie ermitteln die Ziele des UAS-Betriebs.
(6) Sie ermitteln evtl. Hindernisse und die potenzielle Anwesenheit unbeteiligter Personen im Einsatzgebiet, die die beabsichtigte UAS-Operation behindern könnten, und
(7) Sie überprüfen die aktuellen meteorologischen Bedingungen und deren Prognose für den für die Operation geplanten Zeitraum.

Abb 121: Fernpiloten und Hilfspersonen beim Briefing während der Flugvorbereitung.

b) Vorbereitung des Fluges:
(1) Sie bewerten den allgemeinen Zustand des UAS und stellen sicher, dass die Konfiguration des UAS den Anweisungen des Herstellers im Benutzerhandbuch entspricht.
(2) Sie stellen sicher, dass alle abnehmbaren Komponenten der UA ordnungsgemäß befestigt und gesichert sind.
(3) Sie stellen sicher, dass die auf dem UA und auf der Remote-Pilotstation (RPS) installierte Software die neueste vom UAS-Hersteller veröffentlichte Konfiguration hat.
(4) Sie stellen sicher, dass die Instrumente an Bord der UA gegebenenfalls zu kalibrieren sind.
(5) Sie ermitteln mögliche Bedingungen, die den beabsichtigten UAS-Betrieb gefährden könnten.
(6) Sie überprüfen den Status der Batterie und stellen sicher, dass sie mit dem beabsichtigten UAS-Betrieb kompatibel ist.
(7) Sie aktualisieren des Geo-Awareness-Systems, und
(8) stellen bei Bedarf das Höhenbegrenzungssystem ein.

Abb 122: Der erste Flug unter normalen Bedingungen sollte unter Anleitung eines erfahrenen Fernpiloten im Lehrer-/Schüler Betrieb mit zwei Fernsteuerungen durchgeführt werden.

c) Flug unter normalen Bedingungen:
   (1) Unter Verwendung der vom Hersteller in der Bedienungsanleitung angegebenen Verfahren, machen Sie sich mit folgenden Informationen und Manövern vertraut:
      i) abheben (oder starten)
      ii) einen stabilen Flug durchführen bei:
         (A) Schweben (nur bei Multirotor UA),
         (B) koordinierte große Kurven,
         (C) koordinierte enge Kurven,
         (D) gerade Flüge in konstanter Höhe,
         (E) ändern von Richtung, Höhe und Geschwindigkeit,
         (F) folgen eines Pfades (gerade oder gekrümmte Konturen).
         (G) Rückkehr des UA zu den Fernpiloten, nachdem das UA in einem Abstand betrieben wurde, der es im Falle von Multirotor UA nicht mehr zulässt, seine Ausrichtung zu erkennen,
         (H) durchführen von horizontalen Flügen mit unterschiedlicher Geschwindigkeit (kritische hohe oder kritische niedrige Geschwindigkeit – im Falle von Starrflüglern).
      iii) halten des UA außerhalb von Flugverbotszonen oder Sperrzonen, es sei denn, Sie verfügen über eine Genehmigung,
      iv) verwenden einiger externer Referenzen, um den Abstand und die Höhe des UA zu bewerten,
      v) durchführen der Rückkehr zum Startplatz — automatisch oder manuell,
      vi) Berücksichtigen von Wohngrundstücken (oder Erholungsgebieten), und
      vii) Landeverfahren und Fehlanflug bei Starrflügel-UA durchführen, und

   (2) einhalten eines ausreichenden Abstands zu Hindernissen.

(d) Flug unter abnormalen Bedingungen:
   (i) den UAS-Flugweg in abnormalen Situationen beeinflussen,
   (ii) eine Situation bewältigen, in der die UAS-Positionierungsausrüstung beeinträchtigt ist,
   (iii) eine Situation des Eindringens einer Person in den Einsatzbereich bewältigen und geeignete Maßnahmen zur Aufrechterhaltung der Sicherheit treffen,
   (iv) das Verlassen der Betriebszone wie bei der Flugvorbereitung festgelegt zu verhindern,
   (v) angemessen auf das Eindringen eines bemannten Luftfahrzeugs in die Nähe des Einsatzgebietes zu reagieren,
   (vi) auf das Eindringen eines anderen UAS in das Betriebsgebiet zu reagieren,
   (vii) die für eine Situation relevanten Schutzmechanismen auswählen,
   (viii) Umgang mit dem Verlust der Lagehaltung oder Positionskontrolle, die durch externe Phänomene verursacht werden,
   (ix) Wiederaufnahme der manuellen Steuerung des UAS, wenn automatische Systeme die Situation gefährlich machen, und
   (x) das Loss-of-Link-Verfahren durchführen.

(e) Briefing, Nachbesprechung und Feedback abhalten:
   (i) eine Überprüfung des UAS-Betriebs durchführen, und
   (ii) Situationen identifizieren, in denen ein Ereignisbericht erforderlich ist, und den Ereignisbericht ausfüllen.

Diese praktischen Fertigkeiten sollten mit UAS der Klasse C2 auf freiem Feld unter den Betriebsbedingungen der Unterkategorie A3 trainiert werden.
Die Selbsterklärung erfolgt auf einem Formular das vom LBA auf seiner Webseite bereitgestellt wird (siehe Kapitel 2.4.4).

Abb 123: Beim Flug unter abnormalen Bedingungen sollten mehrere Hilfspersonen und AOs eingesetzt werden, um die Sicherheit zu erhöhen.

9.2 BEFÄHIGUNGSÜBERPRÜFUNG / SKILLTEST

Da praktische Fertigkeiten umso wichtiger sind, wenn anspruchsvolle Missionen erfüllt sein sollen, reicht vielen kommerziellen UAS-Betreiber die Selbsterklärung seiner Fernpiloten nicht aus.
Der UAVDACH-Verband empfiehlt deshalb die Teilnahme an einem Praxiskurs mit an- schließender Befähigungsüberprüfung durch qualifizierte Prüfer. Die Prüfstelle der droneLIONS Academy hat zusammen mit UAVDACH dazu im Rahmen europäischer Standardisierungsaktivitäten einen Skill-Test ausgearbeitet, der die wesentlichen praktischen Fertigkeiten von einem dafür zugelassenen Prüfer beurteilen und bestätigen lässt.

Skill Test RPL
Flugprogramm Multirotorsysteme

droneLIONS ACADEMY CERTIFICATE

UAV DACH

Flugprogramm

Nr.	Beschreibung	Höhe	Toleranz	Mode	Punkte /von max.	Bemerkung
2.1	**Start**	-	-	MM		
2.2	**Abheben**	-	-	MM		
2.3	**Steigflug**	2 m	H: ± 0,2 m	MM		
	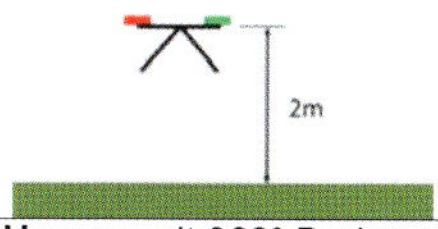 2m			ATTI		
				GPS an	/ 1 P.	
2.4	**Hovern** mit 360° Drehung um die Hochachse nach rechts	2 m	H: ± 0, 5 m P: r = 0,5 m	MM		
	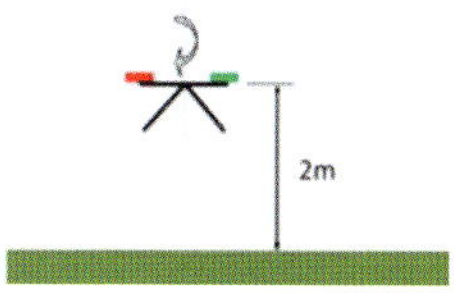 2m			ATTI	/ 2 P.	
				GPS an	/ 1 P.	

Abb 124: Auszug aus dem Skill-Test des UAVDACH e.V. in Zusammenarbeit mit der droneLIONS Academy.

Der Fernpilot erhält nach Bestehen der Praxisprüfung die UAVDACH-Fernpiloten-Lizenz als Nachweis der sicheren Beherrschung des UAS gemäß anerkanntem Standard (Abb. 125).

Abb 125: droneLINOS Certificate mit zusätzlichen Fähigkeiten

Durch Ergänzung mit weiterführenden Modulen und Betriebsschulungen bereitet die droneLIONS Academy gemeinsam mit dem UAVDACH-Verband die Teilnehmer eines professionellen UAS-Betriebs auf die unterschiedlichsten Einsatzgebiete vor, die von den Kunden gefordert werden.

Die Autoren

PD Dr. Andreas Platis
Dr. Andreas Platis ist promovierter Naturwissenschaftler im Bereich Physik-Meteorologie, Inhaber einer Privatpilotenlizenz und beruflich im Fachgebiet Flugmeteorologie an der Universität Tübingen in der Arbeitsgruppe Umweltphysik tätig. Durch seine dortige jahrelange Tätigkeit im Bereich der umbenannten Flugmessungen in der Atmosphäre und der zusätzlichen Lehrtätigkeit als Privatdozent an der Universität, verfügt er über umfassendes Wissen im Bereich der bemannten und umbenannten Fliegerei. Seine Erfahrungen gibt er als Sachverständiger und als anerkannter Prüfer für das EU-Fernpilotenzeugnis im Rahmen von Schulungen und Seminaren weiter.

Nico Ninov
Dipl.-Ing. Nico Ninov hat als Elektrotechniker bereits 2009 angefangen UAS im Studium zu bauen und Fernpiloten auszubilden. Seit 2016 ist er mit seinem Ausbildungsbetrieb droneLIONS Academy in Süddeutschland und der Nordschweiz selbständig und hat dabei über 500 Piloten durch die Drohnenführerschein-Prüfung begleitet. Seit 2017 ist er vom LBA genehmigter Prüfer für die Drohnenführerscheine und setzt erfolgreiche Geschäftsmodelle für andere Unternehmen und selbständige Fernpiloten um. Nico ist außerdem der Gründer der Plattform Dronemaps24 mit dem größten professionellen, deutschsprachigen Piloten-Netzwerk Europas.

Dr. Thomas Hieber
Dr. Thomas Hieber ist Rechtsanwalt und Partner der Kanzlei K&E Rechtsanwälte für Kultur & Entertainment in München. Er berät und vertritt Mandanten in allen Bereichen des Urheber- und Medienrechts. Ein Schwerpunkt seiner Tätigkeit liegt u.a. im Bereich des Foto- und Filmrechts und in der Gestaltung und Verhandlung von Verträgen für Fotografen, Bild- und Werbeagenturen, Filmproduktionen, Streaming-Plattformen usw. sowie in der Durchsetzung von Ansprüchen aufgrund von Verletzungen des Persönlichkeitsrechts. Thomas Hieber ist Verfasser des Themenbereichs Persönlichkeitsrecht, Datenschutz, Urheberrecht.

Danksagung

Besten Dank richtet sich an die Deutsche Flugsicherung bzw. den Verlag R. Eisenschmidt GmbH (Frau Weinmann) für die Genehmigung zahlreicher in dem Buch erschienenen Abbildungen. Dank auch an Winfried Kassera für die Zurverfügungstellung des Kapitels „ICAO-Karten der BRD“ aus seinem Band Motorflug kompakt, ebenso erschienen im Motorbuch Verlag. Ein großes Dankeschön an Alexander Burden vom Motorbuch Verlag für die Unterstützung und an Marcus Linke für die Illustrationen und das Anfertigen zahlreicher Grafiken und der Wahrnehmungs-Bilder. Zuletzt gilt unser Dank an Cora Bieß, Anna-Katharina Aardeck und Sigrid Aardeck für die tatkräftige Unterstützung bei der Formulierung und das Lektorieren von zahlreichen Abschnitten.

Das Magazin für die Allgemeine Luftfahrt
Der aerokurier informiert als Fachmagazin für Piloten über die Themen Motor-, Ultraleicht- und Segelflug, Business Aviation und Helicopter Operations sowie Luftsport und Luftfahrttechnik.
www.aerokurier.de / 70. Jahrgang
aerokurier
DAS MAGAZIN FÜR DIE ALLGEMEINE LUFTFAHRT
Leserwahl 2026
aerokurier
Mitmachen und gewinnen
Fliegeruhr Hanhart 417 ES Flyback
Pilot für einen Tag mit Heli Transair
Werkstattwagen Sonic NEXT S9
Comco Ikarus C42
Kleiner Flieger-großer Spaß
Segelflug
So fliegt der Ventus 3E
Business Aviation
Gulfstreams Neuheiten
32 Seiten EXTRA Flight Training
SPECIAL
Flight Training
Crossing USA • UL-Reise nach Marokko
JEDEN MONAT NEU
Aktuelle Ausgabe jetzt als Heft oder E-Paper bestellen:
Web: aerokurier.de/heft | Telefon: 0781 6396659
E-Mail: mps-bestellungen@burdadirect.de